New Work *unplugged*

W0057419

New Work. Unplugged.

Die Arbeitswelt von morgen heute gestalten

von

Kerstin Sarah von Appen

Verlag Franz Vahlen München

Kerstin Sarah von Appen berät Unternehmen, Führungskräfte und Teams in Veränderungs-, Wachstums- und Entwicklungsphasen. Dabei bewegt sie sich oft an der Schnittstelle zwischen Old und New Economy und gestaltet gemeinsam mit Unternehmen den Weg in die Arbeitswelt der Zukunft. In ihre Arbeit als Organisations- und Personalentwicklerin integriert sie ihre umfangreichen Erfahrungen aus langjähriger Tätigkeit u. a. in der Medien- und Digitalbranche, der Theaterwelt und der Automobilindustrie. Sie studierte Kulturwissenschaften mit den Schwerpunkten Kommunikation und Betriebswirtschaft und war u.a. bei Daimler, beim Kampnagel Theater und bei Axel Springer tätig. 2014 hat sie ihr eigenes Unternehmen gegründet.

Noch mehr New Work Unplugged gibt es auf dem Blog www.New-Work-Unplugged.de und auf www.von-appen-consulting.de

ISBN Print 978 3 8006 5944 9
ISBN E-Book 978 3 8006 5945 6

© Verlag Franz Vahlen GmbH,
Wilhelmstr. 9, 80801 München
Satz: Fotosatz Buck
Zweikirchener Str. 7, 84036 Kumhausen
Druck und Bindung: Druckhaus Nomos
In den Lissen 12, 76547 Sinzheim
Illustration: Nina Neef
Umschlaggestaltung: Ralph Zimmermann – Bureau Parapluie

Gedruckt auf säurefreiem, alterungsbeständigem Papier
(hergestellt aus chlorfrei gebleichtem Zellstoff)

Ein paar Worte vorab

Wie werden und wie wollen wir zukünftig arbeiten? Was müssen wir jetzt tun, um Arbeit in unserer komplexer werdenden Welt gut zu gestalten?

Ein großes Thema. Oft und mitunter kontrovers diskutiert. Mit vielen Lösungsansätzen, bisweilen holzschnittartig und ziemlich allgemein. Buzzwords schwirren umher.

Aber was passt für wen und für welches Unternehmen? Die vielen schnellen Antworten, ebenso wie die scheinbar allgemeingültigen Lösungen, waren für mich der Anlass, der aktuellen Dynamik auf den Grund zu gehen. Gibt es wirklich *die* eine Lösung? Muss plötzlich alles verändert werden, alles agil organisiert sein, müssen sämtliche Büros umgebaut werden, alle Hierarchien abgeschafft werden? Muss alles auf den Kopf gestellt werden?

Mit *New Work. Unplugged.* gebe ich einen Überblick über die aktuelle New-Work-Diskussion und derzeitige Trends der Arbeitswelt. Und ich nehme Sie mit auf die Reise in unterschiedlichste Unternehmen, die mir vielseitige Einblicke in ihre Herangehensweisen, mit Veränderungen umzugehen und Arbeit (umzu-)gestalten, gewährt haben. Global agierende Konzerne ebenso wie der deutsche Mittelstand, Unternehmen aus der sogenannten Old Economy und aus der Start-up-Szene. Unplugged, sprich ausgestöpselt und ungeschminkt, losgelöst von Hypes und Standardlösungen, haben sie mir von ihren Herausforderungen erzählt, von wichtigen Weichenstellungen ebenso wie von Hürden und Sackgassen.

Aus diesen Gesprächen, aus den vielfältigen Einblicken, Ideen und Learnings habe ich sieben Stellschrauben für New Work entwickelt: sieben Stellschrauben für Ihren individuellen Weg in die Zukunft.

Entscheidend dabei ist vor allem die Haltung, mit der man sich auf den Weg begibt: Offenheit für neue Ideen und Möglichkeiten sowie Freude daran, etwas auszuprobieren. Sich als Lernender mutig und neugierig auf den Weg zu machen heißt auch, offen zu sein für das, was an Bewährtem mit auf die Reise genommen werden kann.

Dieses Buch wendet sich somit an all jene, die Arbeit neu oder anders gestalten möchten, die neue Möglichkeiten ausloten wollen, um die Arbeit ihrer Teams anders zu organisieren, Führungsstile zu verändern, flexibler mit Raum und Zeit umzugehen, transparenter zu kommunizieren oder Weiterbildung im Unternehmen mit mehr Spaß zu gestalten. *New Work. Unplugged* soll dabei Impulsgeber sein, zum Nachdenken anregen und vor allem Lust auf das Gestalten der neuen Arbeitswelt machen.

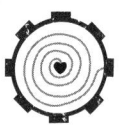

Inhalt

I Überblick

New Work. Worüber sprechen wir hier eigentlich?

Auf einmal gestalten Führungskräfte und Mitarbeiter gemeinsam ihr Unternehmen der Zukunft und sind sich von vornherein einig, dass es noch Veränderungen und Anpassungen geben wird. Teams, die früher einander argwöhnisch beäugt haben, finden zusammen, reißen starre Abteilungsgrenzen und die Wände in den Köpfen ein und entwickeln Seite an Seite Ideen, die alle ein Ziel haben: erfolgreich am Markt zu sein. Es werden zwar Pläne gemacht, aber wenn es sinnvoller scheint, diese noch einmal umzuwerfen, dann ist das auch okay. Es sind noch nicht alle Kompetenzen im Team vorhanden? Kein Problem, schnell einen Online-Kurs buchen, der sich gut in den Alltag einfügt. Und wenn es besser passt, von zu Hause aus zu arbeiten, dann klappt man den Laptop eben im Homeoffice auf. Das entscheidet jeder selbst, Hauptsache das Ergebnis stimmt.

„Ja, aber bei uns würde das nicht gehen! So leicht ist das nicht!", hören Sie da schon den einen oder anderen Kollegen rufen.

Zukunft der Arbeit. Agile Formen der Zusammenarbeit, flache Hierarchien, Transformation von Unternehmens- und Führungskulturen. Wie werden und wie wollen wir in Zukunft arbeiten? Was brauchen Organisationen, Führungskräfte und Teams, um (weiterhin) ganz vorne mit dabei zu sein? Muss alles agiler, schneller, anders werden? Gilt das, was wir bisher kannten, nicht mehr? Müssen wir uns radikal umstellen? Oder bleibt auch vieles? Übertreiben wir nur?

Wichtig ist vor allem, sich ehrlich und zur individuellen Situation passend mit diesen Fragen zu beschäftigen – und zwar mit dem Ziel vor Augen, genau das auf den Weg zu bringen, was für Ihren Erfolg als Unternehmer, Geschäftsführer, Führungskraft, Mitarbeiter oder Team erforderlich und hilfreich ist. Ein Patentrezept für New Work gibt es nämlich nicht.

Deshalb sollten wir denjenigen über die Schulter schauen, die sich bereits auf den Weg gemacht haben und so manche New-Work-Weiche gestellt haben. Verschiedene Unternehmen haben mir Einblicke gewährt. Unplugged, sprich ausgestöpselt, losgelöst von derzeitigen Hypes und heiß diskutierten Themen. Ungeschminkt und offen haben sie erzählt, was sie ausprobiert haben, welche Wege sie gegangen sind, wie es wirklich ist. Frei von Beschönigungen, ohne die üblichen Worthülsen. Sehr spannend war dabei auch, zu erfahren, was nicht funktioniert hat, welche Umwege nötig waren. Auf dem Weg durch die Unternehmen werden wir also auf ein paar nützliche, vielleicht sogar überraschende Werkzeuge und Stellschrauben stoßen.

Aber warum gerade jetzt?

Überall Wandel und Beschleunigung. Digitalisierung, Globalisierung, Flexibilisierung. Neue Wettbewerber kommen unerwartet um die Ecke und

stellen scheinbar Selbstverständliches infrage. Kunden ändern ihr Verhalten und ihre Kaufgewohnheiten. Unternehmen sind irritiert und fragen sich: Was müssen wir verändern, um erfolgreich zu bleiben?

Doch nicht nur „draußen" auf dem Markt ändert sich vieles. Auch „drinnen". Durch die dynamischen Veränderungen auf den Märkten, durch die Digitalisierung samt neuer technischer Möglichkeiten, durch veränderte Wünsche und Erwartungshaltungen sowohl von Führungskräften als auch Mitarbeitern wandelt sich die Art, wie wir arbeiten können und wollen. Alles wird flexibler. Büros werden umgebaut und mit mobilen Wänden versehen, Einzelbüros zu Besprechungsräumen umfunktioniert, Teams für wechselnde Projekte zusammengestellt, Dateien in die Cloud verlagert, Meetings via Videokonferenzen abgehalten, und Weiterbildung findet nicht mehr als klassisches Seminar, sondern als Lern-Nugget per App statt, während flexible Arbeitszeiten, Homeoffice-Möglichkeiten und Kinderbetreuung am Arbeitsplatz zum Aushängeschild für zeitgemäße Arbeitgeber werden. Unternehmen müssen sich also auf die eine oder andere Weise anpassen.

New Work: ein schillernder Begriff

Die Karriere des Begriffs New Work startete bereits in den frühen 1980er-Jahren. Während der Rezession in der US-amerikanischen Autoindustrie entwickelte der Sozialphilosoph Frithjof Bergmann ein alternatives Modell zur Lohnarbeit. Kern seines Konzeptes für „Neue Arbeit" war, Arbeiter in schlechten Zeiten nicht zu entlassen, sondern eine Alternative zu schaffen: Die Arbeit so aufzuteilen, dass jeder Arbeiter sechs Monate im Jahr arbeiten kann. In den verbleibenden sechs Monaten setzen sich die Arbeiter mit ihren Talenten, Fähigkeiten, Wert- und Wunschvorstellungen auseinander und finden heraus, welche Arbeit sie *wirklich, wirklich* tun wollen und ob sie hiermit ein ausreichendes Einkommen erzielen können, so dass sie in diesen sechs Monaten zukünftig eine andere Tätigkeit ausüben können. Bergmann stellte dem aus der industriellen Revolution stammenden System der Lohnarbeit somit das Konzept der neuen Arbeit – New Work – gegenüber. Neue Arbeit bedeutet hiernach vor allem, dass der Mensch nicht der Arbeit dient, sondern umgekehrt: Die Arbeit dient dem Menschen. Das heißt: Die Arbeit, die wir leisten, zehrt nicht unsere Kräfte auf, sondern verleiht uns Energie, weil wir sie mit Begeisterung machen; und sie unterstützt uns in unserer menschlichen Entwicklung. Mit seinem Modell ersetzt Frithjof Bergmann die klassische Erwerbsarbeit durch ein Modell der Drittelung, wonach jeder Erwerbstätige zu einem Drittel klassischer Erwerbsarbeit nachgeht, zu einem Drittel einer Beschäftigung, die er *wirklich, wirklich* will, und zu einem weiteren Drittel sogenannter Hightech-Eigenproduktion, also Selbstversorgung und gemeinschaftliche Produktion in nachbarschaftlichen Netzwerken auf höchstem technischen Niveau.

In der aktuellen Diskussion hat sich das New-Work-Verständnis in Teilen von der ursprünglichen Definition gelöst und wurde um vielfältige Aspekte erweitert. Inzwischen geht es um die Veränderung der Arbeit in all ihren Facetten, um den Weg in die Arbeitswelt der Zukunft. Es geht darum, wie digitale Technologien die Arbeit verändern, um neue Formen der Kommunikation und wie Arbeit anders gestaltet werden kann. Es geht um neue Arbeitsmethoden, flexibles und mobiles Arbeiten, neue Raumkonzepte, veränderte Teamzusammenstellungen, um neue Organisationsformen. Und es geht um das Zauberwort Agilität. Denn es besteht offenbar ein positiver Zusammenhang zwischen der Agilität eines Unternehmens und der emotionalen Bindung von Mitarbeitern, wie erste Studien zeigen.

Das knüpft an die ursprüngliche Suche nach *New Work* an. Die Suche danach, Arbeit auf eine Weise zu gestalten, die Freude, Energie und Sinn verleiht. Der jährlichen Gallup-Studie „Engagement Index Deutschland" zufolge sind tatsächlich nur 15 Prozent aller Arbeitnehmer mit Herzblut bei der Sache. Ein Großteil der Beschäftigten hingegen macht Dienst nach Vorschrift: Drei von vier Beschäftigten fühlen sich ihrem Job kaum verbunden. Diese innere Kündigung von Mitarbeitern hat enorme Auswirkungen auf die wirtschaftliche Lage von Unternehmen, denn Arbeitnehmer mit einer geringeren emotionalen Bindung sind häufiger krankgeschrieben und von Arbeitsunfällen betroffen. So berechnete die Studie die volkwirtschaftlichen Kosten infolge innerer Kündigung allein im Jahr 2018 auf mindestens 77 Milliarden Euro.

Das sind alarmierende Zahlen. Unternehmen wie Arbeitnehmer sollten sich fragen, woran das liegt. Was macht so unzufrieden? Wie können wir Arbeit anders gestalten? Müssen wir raus aus den bestehenden Modellen? Müssen wir Arbeit neu denken? Brauchen wir *New Work*?

Unterwegs in die neue Arbeitswelt

Also habe ich mich auf den Weg gemacht, quer durch Deutschland, um mit New-Work-Pionieren zu sprechen. Ich war in Großstädten und auf dem flachen Land unterwegs, in Coworking-Spaces und klassischen Bürogebäuden, saß in Café-Latte-Lounges und vor bunten Taskboards. Dort haben mir ganz unterschiedliche Unternehmen Einblicke gegeben, wie sie Arbeit organisieren, wie sie sich fit für die Zukunft machen und welche Bereiche sie komplett umgekrempelt haben. Manche haben unausweichlichen Veränderungen ins Auge geschaut, haben gemerkt: „Wenn wir weitermachen wie bisher, verlieren wir nicht nur unsere Kunden, sondern auch unsere Mitarbeiter ..." Und beschreiten nun neue Wege, indem sie sich von gewohnten Strukturen und Hierarchien verabschiedet haben und neue Herangehensweisen ausprobieren. Andere haben gleich bei ihrer Gründung beschlossen: „Wir machen es anders! Wir wollen anders arbeiten, andere Führungsmodelle ausprobieren, die Kunden enger mit einbeziehen."

In Teil II lernen Sie die Wege dieser Unternehmen in die Zukunft kennen. Mit dabei sind Riesen wie Bosch, RWE, BMW und T-Systems, Unternehmen der Digitalszene wie FlixBus, trivago, care.com, XING und Traum-Ferienwohnungen.de, Beratungsunternehmen sowie Unternehmen aus der Finanz- und Immobilienbranche und eine Hochschule. Sie haben unterschiedliche Wege, mitunter aber auch ähnliche Ansätze gewählt, um in der sich ändernden Arbeitswelt erfolgreich zu sein und die Zukunft aktiv mitzugestalten. Sie erfahren zum Beispiel, welche neuen Arbeitsmethoden und Führungsstile ausprobiert werden, ob es möglich ist, sich eine Position zu teilen, wie mit agilen Methoden frischer Wind ins Unternehmen kommt und wie Führungskräfte und Mitarbeiter damit umgehen, wenn traditionelle Hierarchien nicht mehr gelten. Sie erhalten Einblicke in Bürokonzepte, die sich an gallischen Dörfern orientieren, erfahren, wie eine gute Balance zwischen Homeoffice und Arbeiten im Büro entsteht oder wie mit Working Out Loud Lernen und Vernetzung in Unternehmen auf ein ganz neues Level gehoben werden.

2 Der Maloche auf der Spur. Was unser Verständnis von Arbeit geprägt hat.

Arbeit – was verstehen wir eigentlich darunter? Ist Arbeit nur das, wofür wir Geld bekommen? Muss Arbeit anstrengend sein? Was ist der Unterschied zwischen Arbeit und Beruf? Kann ein Hobby Arbeit sein? Menschen verbinden ganz Unterschiedliches mit Arbeit. Je nach Erfahrung und persönlicher Einstellung. Nehmen wir zum Beispiel die Arbeit im Garten: Rasenmähen?! Für den einen der Beruf als Gärtner, für den anderen Hobby und Entspannung und für einen Dritten einfach lästige Pflicht, weil man nun mal in einem Haus mit Garten wohnt.

Ist Arbeit das, wozu wir sagen: „Zum Glück ist schon Donnerstag, dann ist ja bald Wochenende!"? Auf einem meiner ersten Arbeitsplätze lag, eingeklemmt zwischen Schreibunterlage und darüber geklappter Klarsichthülle, ein Cartoon. Einer meiner Vorgänger hatte ihn dort im Bürolicht verblassen lassen. Nun hatte ich das Bild also vor Augen, für mich bis heute eine Mahnung, wie ich persönlich nicht leben und arbeiten möchte: Eine Art Wochenplan, wie man ihn aus der Schule kennt, darauf ein am Montag gebückt gehender Mensch, der sich im Laufe der Woche immer mehr aufrichtet und am Freitag in die Luft springt: „Endlich Wochenende!" Sieht so das allgemeine Verständnis von Arbeit aus? Mühsam, langweilig, stets auf den Feierabend und das Wochenende wartend? Sollte dem so sein, ist es höchste Zeit, daran etwas zu ändern …

Um zu verstehen, was unser Verständnis von Arbeit geprägt hat, springe ich mal etwa 200 Jahre zurück: ins frühe 19. Jahrhundert, in die Zeit der ersten industriellen Revolution. Mit der Erfindung der Dampfmaschine ergaben sich plötzlich völlig neue Möglichkeiten. Erste Fabriken entstanden, mechanische Produktionsanlagen machten die Fertigung von Stückzahlen in bisher unvorstellbaren Dimensionen möglich. Ganze Branchen, beispielsweise die Textilwirtschaft, veränderten sich grundlegend.

Wir befinden uns in der Frühindustrialisierung. Waren bisher die meisten Menschen in der Landwirtschaft tätig, ziehen nun immer mehr vom Land in die entstehenden Städte. Waren in ländlichen Strukturen und Manufakturen Wohn- und Arbeitsort kaum voneinander getrennt, entsteht nun zunehmend eine räumliche Trennung von Arbeits- und Wohnort. Viele Arbeiter leben sehr beengt in den sprunghaft wachsenden Städten. Und die Fabrik wird zu dem Ort, an dem man von früh bis spät „malocht", um sich seinen Lebensunterhalt zu verdienen. Man geht *zur* Arbeit.

Die Produktion in Fabriken bringt auch eine neue Form der Arbeitsteilung und -organisation mit sich; anders als vorher in den Manufakturen müssen nur noch einzelne Tätigkeiten und Handgriffe ausgeführt werden. Fortschritt ist das Leitbild der entstehenden Industriegesellschaft. Die Kehrseite der Medaille sind jedoch mitunter sehr harte Arbeits- und Lebensbedingungen für die Arbeiter. Die soziale Not führt schließlich dazu, dass sich die Arbeiterschaft zusammenschließt, Absicherung einfordert und Druck aufbaut. Um der enormen sozialen Kluft entgegenzu-

wirken, erlässt Reichskanzler Otto von Bismarck die Sozialgesetze. 1883 war Deutschland weltweit das erste Land, das eine Sozialversicherung auf nationaler Ebene einführte. Insofern hat die soziale Gesetzgebung eine lange Tradition in Deutschland und ist tief im gesellschaftlichen Selbstverständnis verankert.

Die Nutzung von Elektrizität und die Erfindung des Fließbandes läuten die zweite industrielle Revolution ein. Mit der beginnenden Massenproduktion im ausgehenden 19. Jahrhundert wurden die Arbeitsprozesse mehr und mehr standardisiert. Frederic W. Taylor prägte das Managementkonzept des Scientific Management: Unternehmen funktionieren wie perfekt geölte Maschinen, mit strikt arbeitsteiligen Prozessen, deren einzelne Schritte eindeutig festgelegt sind. Alles ist planbar, sowohl zeitlich als auch räumlich – die Organisation als Aufgabenerfüllungssystem mit festen Abläufen. Die Führungsebene plant, delegiert und kontrolliert die Arbeit, während die Arbeiter die einzelnen Arbeitsschritte ausführen. Der Arbeiter als verlängerter Arm der Maschine erhält strikte Vorgaben, eigenverantwortliches Arbeiten ist nicht erwünscht. Kurz: Der Chef denkt und ordnet an, der Arbeiter macht.

Gleichzeitig gab es bereits im frühen 20. Jahrhundert Überlegungen, wie Maschinen den Menschen das Leben und die Arbeit erleichtern können. Immerhin nehmen sie ihnen ja schwere Arbeit ab. So hat sich seit Beginn der Industrialisierung die wöchentliche Arbeitszeit immer weiter reduziert. John Maynard Keynes sah bereits in den 1930er-Jahren die 15-Stunden-Woche kommen. Er sah darin eine große Chance, denn die Menschen würden endlich frei sein, nachdem sie bisher immer geschuftet hatten, auf dem Feld, in Fabriken, in Büros. 2030 würde es nach seiner Prognose so weit sein.

In den folgenden Jahrzehnten schritt die Automatisierung immer weiter voran. Die dritte industrielle Revolution, die Computer-Revolution, setzte in den 1960er-Jahren ein. Erste Roboter traten auf den Plan und erleichterten die Arbeit in den Produktionsbetrieben. Auch im Alltag nahmen Informationstechnologien einen immer prominenteren Platz ein. So wurden in den 1970er-Jahren zum Beispiel in Supermärkten die ersten Scannerkassen eingeführt, so dass nicht mehr jeder Preis einzeln eingetippt werden musste. Ob man der Maschine dabei mehr trauen kann als dem Menschen?! Das auch heute viel diskutierte Spannungsfeld zwischen Mensch und Maschine ist also gar nicht so neu.

Seit den 1990er-Jahren wird die Kommunikation durch technische Möglichkeiten immer schneller und flexibler. Nachdem die ersten Anrufbeantworter in den 1980er-Jahren von Staunen begleitet Einzug in Büros und Haushalte gehalten hatten, waren die ersten Mobiltelefone schon die nächste Sensation. Brauchte man in den 1990er-Jahren noch ein Faxgerät, um Angebote zu verschicken und Aufträge anzunehmen, erscheint das in

Zeiten von Scanner und E-Mail wie aus einer längst vergangenen Zeit. Geschäftstermine, zu denen alle Teilnehmer persönlich anreisen müssen? In Zeiten von Smartphone, Skype und Zoom: von gestern. Durch die rasante technische Entwicklung in den vergangenen 20 Jahren sind völlig neue Formen des Austausches möglich geworden. Der eigentliche Arbeitsort verliert an Bedeutung. Wir sind zu jeder Zeit digital über Grenzen hinweg miteinander verbunden, Abteilungs- und Unternehmensgrenzen werden durchlässiger, neue transparente Formen der Zusammenarbeit werden möglich, komplett neue Arbeitsfelder entstehen. Die Entwicklungsdynamik ist enorm. Von „Old Work" ist anscheinend nicht mehr viel übrig.

Willkommen im Zeitalter von Arbeit 4.0! Unternehmen realisieren, dass sie mit dem in den letzten 200 Jahren gelernten Denken und Vorgehen nicht so recht weiterkommen, sie stecken mitten in einem kulturellen wie gesellschaftlichen Veränderungsprozess. Und probieren innovative Formen der Arbeit und der Organisation, neue Leadership-Ansätze und neue Projektmanagementmethoden aus.

Und nun?

Wenn man sich die Entwicklungen anschaut, wird deutlich, dass die Arbeitswelt immer im Wandel war und Zusammenarbeit immer wieder neu ausgehandelt wurde. Vieles, was heute als normal empfunden wird, hat seinen Ursprung in der Zeit der Industrialisierung und Massenproduktion: dass man zur Arbeit ins Büro oder in die Werkshalle geht, dass der Chef sagt, wer was zu tun hat, dass Hierarchieebenen den Kommunikationsfluss bestimmen. Da ist es kein Wunder, wenn angesichts des derzeitigen Veränderungstempos die Orientierung mal auf der Strecke bleibt.

Doch längst nicht alles, was in der „alten" Zeit galt, ist überholt, „von gestern" oder ungültig. Schließlich erleben wir, je nach Unternehmen und Branche, unterschiedliche Veränderungsanforderungen und unterschiedliche Schwerpunkte in der Arbeitsgestaltung. So sprach mich zum Beispiel der Geschäftsführer eines Mittelständlers auf flexible Arbeitszeiten an. Sein Problem: Die Mitarbeiter in seinem Unternehmen wollen viel lieber feste Arbeitszeiten von 7:30 bis 16:00 Uhr, um dann bei der Familie zu sein oder den Hobbys nachgehen zu können. Es sei sogar schwierig, erzählte er, den Freitag bis 15:00 Uhr zu organisieren … Verunsichert blicken diese Branchen in die Start-up-Stadt Berlin, wo anscheinend alle ganz flexibel arbeiten, in Coworking Spaces mit dem Laptop auf dem Sofa und agil sowieso.

Was können Unternehmen tun, wenn sie unter hohem Veränderungsdruck stehen und gezwungen sind, ihre bisherige Arbeitsweise infrage zu stellen? Immerhin schreitet der Umbruch der Arbeitswelt in Zeiten von Digitalisierung, Globalisierung und wachsender Vernetzung rasant voran. Die

Herausforderung ist, zu entscheiden, was verändert werden soll. Und was nicht. Denn kein Unternehmen ist mit einem anderen identisch. Die Kunst besteht darin, individuell passende Lösungen zu finden.

Mein Rat: bloß nicht hektisch werden. Entscheidend sind die ehrliche Analyse von Rahmenbedingungen und Marktentwicklungen sowie der ehrliche Blick auf die Unternehmenskultur und deren Zukunftsfähigkeit. Veränderungen gab es schließlich schon immer!

Was die Veränderung der Arbeitswelt antreibt

Was passiert da eigentlich gerade? Warum werden auf einmal alle unruhig? Denn, wie gesagt, Veränderungen gab es ja schon immer, sie sind eigentlich nichts Ungewöhnliches. Ungewohnt aber sind die Geschwindigkeit und Dynamik, mit der diese Veränderungen in unser Leben eingreifen. Viele Dinge kommen dabei zusammen: die Digitalisierung, die damit verbundenen Möglichkeiten, aber auch die empfundenen Bedrohungen, demografische Veränderungen und der Wertewandel in unserer Gesellschaft.

Megatrends: die Tiefenströmungen des Wandels

Um zu verstehen, was die Veränderung der Arbeitswelt antreibt, hilft ein Blick auf die Megatrends, die ich hier, unter anderem in Anlehnung an die Erläuterungen des Zukunftsinstituts, näher ausführe. Sie beschreiben Entwicklungen über Jahrzehnte hinweg und sie markieren prägende Veränderungen. Megatrends machen Dynamiken verständlicher, weil sie alle Ebenen der Gesellschaft umfassen: Wirtschaft und Politik, Wissenschaft, Technik und Kultur. Im Zusammenhang mit der modernen Arbeitswelt konzentriere ich mich insbesondere auf die Megatrends *Globalisierung*, *Konnektivität*, *Wissenskultur* und *Female Shift*, denn diese hängen wiederum eng mit dem Megatrend *New Work* zusammen.

Megatrend Globalisierung: Mit dem Begriff Globalisierung werden im Allgemeinen globaler Handel, weltweite Vernetzung und internationale Geschäftsbeziehungen verbunden, Geschäftspartner überall in der Welt, Skype-Konferenzen über Zeitzonen hinweg, Softwareentwickler „am anderen Ende der Welt". Aber auch Handelskriege, diplomatische Krisen und Cyber-Angriffe. Kurz: Bei dem Wort Globalisierung schwingen Chancen und Gefahren mit. Seit dem Fall der Mauer, der Öffnung der ehemals kommunistischen Ostblockstaaten sowie Chinas Beitritt zur WTO hat der weltweite Kapitalismus Hochkonjunktur. Völlig selbstverständlich werden Produkte in Deutschland geplant und entwickelt, die dann etwa in Ungarn, China oder Vietnam produziert werden.

Das weltweite Bevölkerungswachstum ist vor allem in den Städten spürbar: Wohnraum wird knapp, der Verkehr platzt aus allen Nähten, Versorgung muss anders organisiert, Lebens- und Arbeitsräume müssen neu gedacht werden. Insofern sind es gerade die innovativen Städte, die mehr und mehr zu ökonomischen, kulturellen und politischen Zentren der Weltwirtschaft, zu Knotenpunkten der Globalisierung werden. Aber auch ein derzeit spürbarer Gegentrend zur Globalisierung sei erwähnt: der vielerorts erblühende Neo-Nationalismus. Seine Anhänger plädieren für einen starken Staat, der seine Bürger vor äußeren Bedrohungen schützt. Seine Quelle ist die Sehnsucht nach „der guten alten Zeit", einer vermeintlich übersichtlichen Welt ohne komplexe Verflechtungen.

Megatrend Konnektivität: Die Informationstechnologie hat ein ganz neues Kapitel in der Evolution von Gesellschaften aufgeschlagen. Die neuen Möglichkeiten der Kommunikation verändern unser Leben grundlegend, denn neue Arten der Vernetzung bringen auch neue Lebensstile, Arbeitsformen und Verhaltensmuster hervor. Smart Devices, diese informationstechnischen Wunderwerke für den (Arbeits-)Alltag, sind intelligent vernetzt, mit Stimmerkennung ausgestattet, suchen automatisch GPS-Signale oder ermöglichen Videokommunikation. Smarte Citys bieten ihren Einwohnern intelligente, vernetzte Lösungen für die verschiedenen Herausforderungen der Stadt. Radar- und Ultraschallsensoren in Fahrzeugen ermöglichen autonomes Fahren und Carsharing via App verändert die individuelle Automobilität. Das Sammeln, Verarbeiten und Analysieren großer Mengen computergenerierter Daten (Big Data) wiederum verspricht bessere Einblicke in Nutzerbedürfnisse. Unternehmen optimieren die Kontaktmöglichkeiten zu ihren Kunden durch sogenanntes Omnichanneling: Neben physischen Standorten nutzen sie digitale Kanäle und soziale Medien wie Facebook und Instagram, Live-Webchats oder Apps. Kundenkontakt auf allen Wegen. Aber auch Industrieanlagen, medizinische Geräte und ganze Gebäude sind vernetzt und interagieren als Internet of Things. 3D-Printing wiederum ermöglicht neuartige Produktionsprozesse; künstliche Intelligenz befasst sich mit der Automatisierung und dem Maschinenlernen, sodass Computer in der Lage sind, Probleme eigenständig zu bearbeiten.

Inzwischen vernetzen sich Unternehmen und komplette Branchen in sogenannten Business-Ökosystemen, die Grenzen zwischen Unternehmen weichen auf. Unternehmen erhalten neue Service- oder Produktideen und Inspirationen, indem sie User oder eine Online-Community in den kreativen Prozess einbeziehen (Crowdsourcing). Digital Creatives sind permanent und überall online, digitale Technologien sind der Zugang zu ihrer Umwelt. So werden neue Formen der Zusammenarbeit möglich: für eine begrenzte Zeit, manchmal über Grenzen hinweg arbeitende Teams, sogenannte fluide, sprich fließende Teams entstehen, neue Ideen und Problemlösungen werden bereichs- und sogar unternehmensübergreifend erarbeitet.

Weitere Aspekte unserer „connected world" sind Online-Plattformen, auf denen Waren und Dienstleistungen bereitgestellt, Ressourcen ausgetauscht und Geschäftsbeziehungen vermittelt werden – zu den bekanntesten Beispielen gehören Airbnb und Uber, die ohne kostenintensive eigene Immobilien und Fuhrparks zu milliardenschweren Global Playern geworden sind: Die größte „Übernachtungsfirma" besitzt kein eigenes Bett, die größte „Taxifirma" hat kein eigenes Auto. Und zum anderen die Gig Economy. Darunter versteht man situative, befristete Jobs. Die Plattformökonomie schafft die Möglichkeit, zwischen Auftraggeber und Auftragnehmer zu vermitteln. Freiberufler hangeln sich auf diese Weise von

einem Auftrag zum nächsten, ähnlich Musikern, die sich von Gig zu Gig, also von Auftritt zu Auftritt, hangeln. Dank der Gig Economy bleiben Unternehmen einerseits flexibel, indem sie ihre Teams je nach Auftragslage verstärken und verkleinern können, anderseits fehlt den Freiberuflern oft die motivierende Identifikation mit dem jeweiligen Unternehmen.

Um in der „connected world" bestmöglich zurechtzukommen und Chancen souverän zu nutzen, brauchen Menschen wie Unternehmen ein ganzheitliches Verständnis für den digitalen Wandel. Eine zentrale Kompetenz wird die Digital Literacy sein: die Verarbeitung des digitalen „information overflow", die Stärkung des menschlichen Miteinanders in digitalisierten Kontexten und die generelle Bereitschaft, sich für die neuen Anforderungen digital vernetzter Kommunikation zu öffnen. In diesem Zusammenhang spielen auch die Aspekte Privatsphäre und Datenschutz eine immer wichtigere Rolle.

Megatrend Wissenskultur: Wir können uns darauf einstellen, dass lebenslanges Lernen ein fester Bestandteil unserer Lebens- und Arbeitswelt sein wird. Damit gehen nicht nur neue Formen der Wissensvermittlung und des gemeinsamen Forschens einher, ebenso verliert Wissen auch seinen elitären Charakter. Bildung wird zu einem immer wichtigeren Gut: Eltern investieren in die Schulbildung ihrer Kinder, Berufstätige nehmen Weiterbildungs- und Coachingangebote wahr. Wenn Arbeitsumfelder und Qualifikationsanforderungen sich ständig wandeln, reicht der einmal absolvierte Abschluss meist nicht lange aus. Jeder Einzelne ist gefragt, seine individuelle Beschäftigungsfähigkeit zu hinterfragen und zusätzliche Qualifikationen zu erwerben. Lebenslanges Lernen ist allerdings mehr als eine berufliche Notwendigkeit: Lebenslanges Lernen entspricht auch der natürlichen Neugier des Menschen. Edutainment- und Gamification-Formate mit ihrer Kombination aus Wissensvermittlung und Unterhaltung sorgen für Spaß beim Lernen. Augmented Learning ermöglicht das Lernen in virtuellen Lernumgebungen, wodurch Wissen besonders anschaulich und lebendig vermittelt wird. Open Knowledge sorgt dafür, dass der Zugang zu Informationsquellen und -ressourcen geöffnet wird. Mooc wiederum steht für massive open online courses: Wissenszugang wird herkunfts- und regionenübergreifend möglich. Ob in Indien, Tokio oder im schwäbischen Heidenheim – die Kursteilnahme ist vom Internetzugang, nicht vom Wohnort abhängig. Populäres Beispiel sind die millionenfach abgerufenen Online-Vorlesungen des Harvard Professors Michael Sandel.

Über sogenannte Open-Innovation-Formate entwickeln Unternehmen gemeinsam mit Kunden, Partnern, Zulieferern oder der Crowd neue Produkte. Aktuelle Produktentwicklungen werden auf Online-Plattformen diskutiert, während Unternehmen und Kunden in virtuellen und realen Kreativitätsworkshops zusammen an neuen Ideen tüfteln. Damit bei all dem Lernen und Tüfteln der Kopf nicht ständig schwirrt, hilft spielerisches

Denken. Playfulness ist das ergebnisoffene, spielerische Ausprobieren, bei dem Scheitern als wertvolles Feedback für notwendige Veränderungen verstanden wird. Immer mehr Unternehmen entdecken die spielerische Herangehensweise, wenn es darum geht, komplexe Dinge leichter erfahrbar zu machen und neue, kreative Lösungen zu finden.

Megatrend Gender Shift: Auch die Auflösung klassischer Rollenmuster treibt die Veränderung der Arbeitswelt voran. Geschlechterstereotype brechen auf, eine neue Kultur des Pluralismus in Wirtschaft und Gesellschaft entsteht. Die Vielfalt von Mitarbeitern, sei es im Hinblick auf Alter, Geschlecht, Herkunft, kulturellen Hintergrund oder Qualifikationen, macht Organisationen produktiver und damit sowohl widerstandsfähiger als auch langfristig erfolgreicher. Unternehmen setzen deshalb auch zunehmend auf die Expertise und Führungskompetenz von Frauen. Selbstbestimmtheit, wirtschaftliche Gleichstellung und die faire Organisation von Haus- und Familienarbeit – so will es die Feminismusbewegung. Und neue Technologien bringen das in greifbare Nähe. Familie, Partnerschaft und Kinder sind wichtig, beruflicher Erfolg allerdings ebenso. Bei der Berufswahl, der Kindererziehung, den Freizeitaktivitäten oder Konsumpräferenzen verliert das Geschlecht an Bedeutung. Unternehmen reagieren auf die neuen Bedürfnisse, indem sie zum Beispiel auf eine typisch weibliche oder männliche Ansprache ihrer Käufer/innen verzichten und stattdessen Design, Individualität, Funktionalität oder Unternehmenswerte in den Vordergrund der Kommunikation stellen.

Megatrend New Work: In diesem Megatrend spiegeln sich die vier genannten Megatrends wider. Die Arbeitswelt verändert sich. Ein enormer Umbruch findet statt. Was diese Veränderung so anders und besonders macht: Wir alle können sie mitgestalten! Denn New Work stellt die Potenzialentfaltung jedes Einzelnen in den Mittelpunkt. Kooperation ist das Erfolgsmodell der Zukunft. Gemeinsam wird über Innovationen und Problemlösungen nachgedacht, durch aktiven Informationsaustausch entstehen neue Verbindungen und Sichtweisen, sogenannte Synnovationen. Co-opetition geht sogar noch einen Schritt weiter: In loser Zusammenarbeit mit der Konkurrenz sucht man nach neuen Wegen bei Herausforderungen und nach möglichen Synergien. Gründer und Jungunternehmer geben ihr Angestelltendasein zugunsten freier Arbeit in Start-up-Kulturen auf und werden mit ihren Geschäftsideen, ihrer Art, interdisziplinär zu arbeiten und an Probleme heranzugehen, zu Vorbildern in Sachen Arbeitskultur. Permanent Beta beschreibt die Haltung von New Work, frei übersetzt: Alles ist im Werden.

Die steigende Mobilität von Beschäftigten, der Wunsch nach Flexibilität und nach neuen Formen des Austausches lässt auch neue Orte zum gemeinsamen Arbeiten und Teilen von Wissen entstehen. Coworking Spaces sind in den letzten Jahren vor allem in den Ballungszentren, mittlerweile

aber auch in kleineren Städten wie Pilze aus dem Boden geschossen. Selbstständige, in der Entstehung befindliche Unternehmen, aber auch Projektteams großer Unternehmen mieten hier feste oder temporäre Arbeitsplätze. Denn nur im stillen Kämmerlein, im Homeoffice zu arbeiten scheint für viele Menschen wenig reizvoll zu sein. Lieber arbeitet man Seite an Seite mit Gleichgesinnten, tauscht sich aus und findet vielleicht sogar Kooperationspartner.

Dank der Möglichkeit, mobil zu arbeiten, das Arbeitsgerät jederzeit zur Hand, sind die Grenzen zwischen Berufs- und Privatleben fließend geworden. Man kann von unterwegs, im Zug, am Strand oder zu Hause arbeiten. Und wenn es am besten passt, lassen sich die E-Mails auch noch nachts beantworten. In diesem Zusammenhang steht Work-Life-Blending für einen neuen Ansatz zur Verbindung von Berufs- und Privatleben: Arbeitgeber und Arbeitnehmer finden gemeinsam individuell zugeschnittene Lösungen.

Die Megatrends zeigen auf, in welche Richtung es geht. Sie liefern die Anhaltspunkte dafür, warum sich die Arbeitswelt ändert – und warum sie sich ändern muss.

Treiber und Enabler: Digitalisierung und technische Veränderungen

Schnelle Kommunikation, ortsunabhängiges Arbeiten durch Cloudlösungen – also das Speichern von Dokumenten und Daten auf den Servern von IT-Dienstleistern, sodass man online von überall Zugriff hat –, unkomplizierte Formen des Austausches und neue Lernumfelder in digitalen Räumen machen es Unternehmen leichter als je zuvor, auf die Bedürfnisse von Arbeitnehmern einzugehen. Insofern treibt die Digitalisierung nicht nur den Wandel der Arbeitswelt immens voran, sondern bietet gleichzeitig Möglichkeiten, dem Wandel souverän zu begegnen und das Beste daraus zu machen.

Nach wie vor wächst die Zahl der Internetnutzer von Jahr zu Jahr. Laut der jährlich erhobenen ARD/ZDF-Online-Studie waren in Deutschland 2018 etwa 90 Prozent der Bevölkerung online; das sind 63,3 Millionen Menschen. Beeindruckend, wenn man sich die Entwicklung der vergangenen Jahre anschaut: Noch vor 20 Jahren waren gerade einmal 11,2 Millionen der Deutschen online. Inzwischen nutzen 54 Millionen Deutsche das Internet täglich, noch vor drei Jahren waren es erst 44,5 Millionen. Im Schnitt sind die über 14-Jährigen 196 Minuten, also etwas mehr als drei Stunden, täglich online, die 14- bis 29-Jährigen sogar fast sechs Stunden. Außerdem surfen Menschen zunehmend unterwegs, in der Bahn, im Bus, im Restaurant. Sie chatten, mailen, posten, informieren sich über das aktuelle Weltgeschehen oder den neuesten Klatsch und Tratsch, überbrü-

cken Wartezeiten. Aber es wird auch immer mehr mobil gearbeitet, wo es eben gerade passt, ob am Flughafen oder in der Bahn.

Und der größte Zuwachs der Internetnutzung geht aktuell von den über 60-Jährigen aus. Die Digitalisierung ist nun also fast überall und bei jedem in Deutschland angekommen. Allein die Infrastruktur hinkt noch ein wenig hinterher, wenn man sich den schleppenden Breitbandausbau in manchen Regionen Deutschlands anschaut. Dabei finden im Internet Kommunikation und gesellschaftliches Leben statt. Vieles ist mittlerweile ganz selbstverständlich mit unserem (Arbeits-)Alltag verwoben. Wir kaufen online ein, verabreden uns über Social Media, das Bahnticket wird nicht mehr ausgedruckt, denn der QR-Code auf dem Handy genügt. Für den nächsten Flug checken wir online ein, und wo das nächste Auto steht, erfahren wir über die Carsharing-App.

Weitere Treiber der Veränderung: demografischer Wandel und Wertewandel

Die Lebenserwartung steigt, wir werden im Schnitt immer älter. Gleichzeitig werden seit geraumer Zeit immer weniger Kinder geboren. Prognosen gehen davon aus, dass die Zahl der Erwerbspersonen bis zum Jahr 2030 auf etwa 41 Millionen sinken wird. Studien prognostizieren für das Jahr 2030 etwa 3,3 Millionen fehlende Arbeitskräfte. Erhebliche Auswirkungen auf den Arbeitsmarkt werden bereits ab 2020 erwartet, denn dann scheiden die geburtenstarken Jahrgänge nach und nach aus dem Erwerbsleben aus. Doch was, wenn Fachkräfte und Expertise fehlen? Die Wettbewerbsfähigkeit von Unternehmen steht auf dem Spiel und damit ihre Existenz.

Noch aber sind vier Generationen auf dem Arbeitsmarkt: die sogenannten Babyboomer und die Generation X, also die geburtenstarken Jahrgänge von 1954 bis 1964 und von 1965 bis 1980, sowie die Generation Y, geboren zwischen 1981 und 1995, und schließlich die Generation Z, geboren nach 1996.

Diese vier Generationen sind mit ganz unterschiedlichen Erwartungen an die Arbeitswelt aufgewachsen und unter völlig anderen Voraussetzungen ins Berufsleben gestartet. Entsprechend verschieden sind Werte und Einstellungen. Babyboomer und Generation X mussten sich auf dem Arbeitsmarkt behaupten. Wer Karriere machen wollte, musste viel und hart arbeiten. Beliebter Spruch, wenn ein Kollege mal um 18 Uhr das Büro verließ: „Ach, machst du heute einen halben Tag frei?"

Menschen der Generationen Y und Z hingegen sind von anderen sozialen, ökonomischen und politischen Entwicklungen geprägt. Aufgewachsen in einer friedlichen, sozial abgesicherten Welt mit vergleichsweise guten Bildungschancen, haben sie auch andere Erwartungen, Bedürfnisse

und Wünsche. Selbstbestimmtheit, Wertschätzung und Augenhöhe sind ihnen wichtig. Ein wertschätzender Umgang auf Augenhöhe wurde von den meisten natürlich schon immer geschätzt; heute wird er allerdings regelrecht eingefordert.

Für die Unternehmen bedeutet der Geburtenrückgang in den Generationen Y und Z, dass sie sich im „War for Talents" um gut ausgebildete und kreative Köpfe etwas einfallen lassen müssen. Immerhin können sich die jungen Generationen viel mehr aussuchen, für wen sie wo arbeiten und wie sie ihre Tätigkeit gestalten wollen. Diese Veränderung am Arbeitsmarkt und der wachsende Fachkräftemangel bergen aber auch Chancen für Arbeitnehmer aus der Babyboomer-Generation: Wer gefragte Kompetenzen mitbringt und Lust hat, etwas zu leisten, der hat gute Chancen. Unabhängig vom Alter.

Um Mitarbeiter zu gewinnen und zu halten, sind neue Unternehmenskulturen und Führungshaltungen gefragt. Viele Unternehmen sind längst dabei, ihre Strukturen und die Art des Umgangs miteinander zu überdenken, und gehen viel stärker auf individuelle Bedürfnisse ihrer (potenziellen) Mitarbeiter ein. Es wird sogar darüber diskutiert, ob der Begriff Human Resources noch angemessen ist. Steckt da nicht irgendwie der Gedanke dahinter, der Mensch sei nur Mittel zum Zweck, eine von vielen Ressourcen zur Erwirtschaftung von Unternehmensgewinnen? Manche Unternehmen haben ihre Personalabteilungen bereits umbenannt, zum Beispiel in People & Culture; sie gewähren ihren Mitarbeitern selbstverständlich Sabbaticals oder Elternzeit für Väter. Noch vor ein paar Jahren wäre das undenkbar gewesen. Da hätte es geheißen: „Na, dann ist ja klar, dass es mit der Karriere vorbei ist!" Hier hat sich viel getan. Zum Wohle aller. Mitarbeiter wissen es zu schätzen, wenn auf ihre Bedürfnisse eingegangen wird, wenn sie bei der Arbeit nicht so tun müssen, als hätten sie kein Privatleben und keine Probleme. Das macht die Mitarbeiter zufriedener, leistungsfähiger, hebt die Stimmung am Arbeitsplatz, stärkt Teams und macht Unternehmen erfolgreicher. Schließlich werden aus den Sabbaticals neue Inspirationen und aus der Elternzeit neue Perspektiven ins Unternehmen mitgebracht.

Während die Generationen X und Z mit digitalen Medien aufgewachsen sind, sie diese ganz selbstverständlich nutzen und mit Neuerungen lässig umgehen, müssen die Babyboomer sich die neuen Technologien oft erst erarbeiten. Die Digitalisierung wird aber nicht wieder verschwinden (mit dieser Hoffnung trug sich mancher tatsächlich eine Zeit lang) und auch die bisweilen formulierte Verweigerung – „Ach, ich bin jetzt Mitte 50, die nächsten zehn Jahre schaffe ich noch so" – weicht immer häufiger dem Ausprobieren. Wäre ja auch schade, seine Zeit damit zu verbringen, sich vor den Veränderungen der Digitalisierung wegzuducken, zumal davon auszugehen ist, dass sich die Technologien exponentiell entwickeln werden.

Was Studien zur Zukunft des Arbeitsmarktes sagen

Carl Benedikt Frey und Michael Osborne, zwei Forscher der Oxford University, sind den Überlegungen von John Maynard Keynes nachgegangen. Dieser hatte in den 1930er-Jahren prognostiziert, dass wir ab 2030 nicht mehr arbeiten müssen, weil die Maschinen bis dahin alles übernommen hätten. Frey und Osborne haben deshalb in ihrer Studie „The future of employment: how susceptible are jobs to computerisation" anhand von Experteneinschätzungen und beruflichen Tätigkeitsstrukturen die Automatisierbarkeit von Berufen untersucht und daraus abgeleitet, welche Berufe in den USA voraussichtlich bis 2030 durch Maschinen ersetzt werden könnten. Ihr Schluss: Etwa 47 Prozent der Beschäftigten in den USA arbeiten in Berufen, die in den nächsten zehn bis 20 Jahren mit einer mehr als 70-prozentigen Wahrscheinlichkeit automatisiert werden. Auch wird es für den Menschen nach Einschätzung von Frey und Osborne in Zukunft schwieriger, sich im Wettlauf mit den Maschinen durchzusetzen. Denn künstliche Intelligenz, maschinelles Lernen und mobile Robotik entwickeln sich rasant und dringen immer weiter in Tätigkeitsbereiche vor, die bislang menschliches Hoheitsgebiet waren.

Das Zentrum für Europäische Wirtschaftsforschung (ZEW) hat diese Studie auf Deutschland übertragen. Demnach arbeiten hierzulande 42 Prozent der Beschäftigten in Berufen, die mit hoher Wahrscheinlichkeit in den nächsten zehn bis 20 Jahren automatisierbar sein werden. Allerdings merkt das ZEW an, dass es sich dabei genaugenommen um automatisierbare Tätigkeiten, aber nicht um Berufe handele. Würden diese Aspekte mit berücksichtigt, so seien in Deutschland nur 12 Prozent – insbesondere Geringqualifizierte und geringfügig Beschäftigte – von der Automatisierung betroffen.

Keine Frage: Maschinen werden Arbeits- und Tätigkeitsbereiche weiter verändern. Die dadurch gewonnenen Freiräume können jedoch für andere, nicht so leicht automatisierbare Tätigkeiten genutzt werden. Auch wird die Automatisierung zweifellos zu Arbeitsplatzverlusten führen, anderswo aber entstehen durch den Wandel neue Arbeitsplätze. Eine Bitkom-Studie aus dem Jahr 2014 interpretiert die zunehmende Nutzung von Informations- und Kommunikationstechnologien sogar als Chance für zusätzliches Wirtschaftswachstum, steigende Exporte und mehr Beschäftigung: Pro Jahr liege der Wachstumsbeitrag durch die Digitalisierung für die bundesdeutsche Wertschöpfung bei rund 0,5 Prozent. Dabei profitierten alle Branchen von der Digitalisierung, denn dank des zusätzlichen Wachstums entstehe wiederum Beschäftigung. Laut Bitkom-Studie wirke sich die Digitalisierung jedoch auch auf den einzelnen Mitarbeiter aus, weil Arbeit virtueller und flexibler werde, sodass Arbeit und Privates stärker zusammenrücken könnten.

Neue Technologien, Globalisierung und demografischer Wandel verändern die Welt und damit auch die Arbeitswelt. Die Geschichte zeigt, dass sich neue Technologien, die Vorteile wie Produktivitätsgewinne und Arbeitserleichterungen mit sich brachten, bisher immer durchgesetzt haben. Manche Jobs wird es nicht mehr geben, neue werden entstehen. Es ist also immens wichtig, sich mit den Auswirkungen, den Aussichten und auch den möglichen Bedrohungen durch die digitale Transformation auseinanderzusetzen, um bestmöglich gewappnet zu sein.

Wir haben jetzt die Möglichkeit, neu über den Sinn von Arbeit und den Sinn von Unternehmen nachzudenken. Über die Art und Weise, wie wir leben und arbeiten wollen, über eine gelungene Symbiose von Leben und Arbeiten. Also Augen auf und ran an die Zukunft!

4

Ist jetzt alles VUCA?

Bisher gültige Zusammenhänge und vermeintliche Sicherheiten stehen zur Debatte. So wurde die Musikindustrie als eine der ersten durch die Digitalisierung durcheinandergewirbelt, schnell gefolgt von der Medienbranche. Die Taxibranche ärgert sich über Uber, Videotheken sind out, weil sie mit den Angeboten von Netflix und Amazon Prime nicht mehr mithalten können. Und hat die Autobranche gestern noch bange ins Silicon Valley Richtung Tesla geschaut, lautet die Frage nun, ob in ein paar Jahren alle in autonomen Flugtaxis unterwegs sein werden. Scheinbar ganz plötzlich ist auf einmal so vieles anders und die eigentlichen Ausmaße werden uns erst nach und nach bewusst. Scheinbar war in der industrialisierten Arbeitswelt doch alles planbar. Und nun – ständig etwas Neues! Keine Langfristigkeit mehr? Der eine oder andere mag sich da nach der vermeintlich stabilen Welt zurücksehnen.

Was aber ist es, das als so disruptiv, auch als beängstigend empfunden wird? Die sogenannte VUCA World beschreibt die neue Dynamik und Vielschichtigkeit in der Unternehmens- und Arbeitswelt, die Veränderung der Wirkungszusammenhänge. VUCA steht für Volatility, Uncertainty, Complexity und Ambiguity, zu Deutsch: Volatilität, Unsicherheit, Komplexität und Vieldeutigkeit.

Volatilität heißt, dass die gewohnte Stabilität in Unternehmen und Systemen abgelöst wird durch Unbeständigkeit. Häufige Schwankungen, sprunghafte Veränderungen wie aus dem Nichts, zum Beispiel durch Wettbewerber, mit denen man nicht gerechnet hat. Alles scheint unbeständig, flüchtig, Dinge entwickeln sich ganz anders als früher, keine ruhigen und gewohnten Bahnen mehr.

Unsicherheit: Dinge sind nicht mehr vorhersehbar, eindeutige Planungen werden immer schwieriger. Was gestern noch galt, gilt heute schon nicht mehr. Zusammenhänge sind nicht mehr klar, Ursache-Wirkungs-Beziehungen können nicht mehr eindeutig ausgemacht werden. Man weiß nicht, was man nicht weiß oder wo man nach Lösungen suchen soll. Zu viele Ungewissheiten lassen Unternehmen zögerlich werden.

Hinzu kommt eine neue Komplexität. Diverse Parameter beeinflussen das Zusammenspiel unzähliger Variablen, viele davon unbekannt. In den vielfältigen Vernetzungsmöglichkeiten der digitalen Welt ist kaum noch zu überblicken, welche Aktion an welcher Stelle welche Auswirkungen hat. Alles hängt mit allem zusammen. Es scheint immer schwieriger, gezielt Einfluss zu nehmen, da niemand vorhersagen kann, was genau geschehen wird.

Und schließlich die Vieldeutigkeit. Je nach Blickwinkel ergeben sich unterschiedliche Einschätzungen und Ergebnisse. Wahrscheinlich kennen Sie die optische Täuschung: Sehen Sie eine Vase oder zwei Gesichter? Je nach Vorinformationen, Situation und Zusammenhang unterscheidet sich die Beschreibung ein und desselben Bildes. Es gibt nicht die eine richtige

Antwort – es kann so, aber auch anders sein. Das, was in dem einen Zusammenhang Sinn ergibt, funktioniert auf dieselbe Weise in einem anderen Zusammenhang überhaupt nicht.

Für Unternehmen und für jeden Einzelnen bedeutet die VUCA World, dass das Feld der Unbekannten und der Ungewissheiten immer größer wird. Es gibt offenbar unendlich viele Möglichkeiten, die Interpretierbarkeit wird immer schwieriger. Chancen und Risiken müssen ständig neu eingeschätzt, Signale permanent neu gedeutet werden. Mit klassischen Managementtheorien, mit eindeutigen Ursache-Wirkungs-Zusammenhängen kommt man da nicht weiter. Neue Unternehmens- und Führungskulturen sind gefragt. Denn nicht nur das „Außen" der Unternehmen ändert sich, auch das „Innen" ist in Bewegung. Das Selbstverständnis von Arbeit an sich ist in einem enormen Wandel. Unternehmen müssen Lösungen finden für die neuen Herausforderungen. Und zwar nicht hektisch, sondern mit einer Vision für die Zukunft und einem Schritt-für-Schritt-Vorgehen. Hilfreich ist das Bild des Biotops: Das Unternehmen als lebendes System, das sich immerfort an veränderte Umweltbedingungen anpasst, dessen Grenzen sich ausweiten, mal in die eine, mal in die andere Richtung, dessen Grenzen verschwimmen. In der VUCA World helfen starre Vorgaben, starre Abläufe und starre Hierarchien nicht mehr weiter. Stattdessen sind Offenheit und Neugier gefragt, das Akzeptieren von Uneindeutigkeiten, Freude am Erschaffen neuer Möglichkeiten, an Austausch und Kommunikation; es geht darum, Fehler zulassen zu können, um Resilienz im Umgang mit Unsicherheiten. Eine Sowohl-als-auch-Haltung … Dafür sind Unternehmenskulturen nötig, die den Umgang mit Veränderungen nicht nur möglich machen und flexible Lösungen schaffen, sondern sich darauf einstellen, dass Unsicherheiten und Veränderungen dazugehören. Entscheidungen werden von den jeweils kompetentesten und nicht von den höchsten Stellen getroffen, alle werden einbezogen. Denn ein Biotop ist im kontinuierlichen Werden, Wachsen und Verändern und niemals ganz fertig. Das nächste Update steht schon vor der Tür.

5

Kann Arbeit(en) auch anders gehen?

Flexibles und mobiles Arbeiten, neue Arbeits- und Projektmanagement-formen, ein anderer zwischenmenschlicher Umgang, moderne Führungs-stile, neue Arten des Lernens in Organisationen … All das sind Aspekte von New Work. Lässt sich Arbeit mit agilen Methoden und kreativen An-sätzen wirklich neu gestalten und auffrischen? Welche Führungsstile sind für die neue Arbeitswelt hilfreich? Welchen Effekt haben offene Raum-konzepte? Wie flexibel möchten wir eigentlich arbeiten? Wer muss welche Kompetenzen und Skills haben? Und wie kann Lernen in Unternehmen (besser) funktionieren?

Unternehmen stehen vor der Frage, wie sie mit der veränderten Dynamik sowohl auf den Märkten als auch im eigenen Unternehmen umgehen können. Digitale Tools und Kommunikation machen Abteilungs- und Un-ternehmensgrenzen durchlässiger, Menschen vernetzen sich völlig anders, entdecken, wie viel Spaß es macht, gemeinsam Produkte zu entwickeln und Projekte zu gestalten, und fordern ein neues Miteinander ein. Immer mehr Unternehmen reißen die internen Wände ein, und zwar sowohl die physischen als auch die in den Köpfen. Man probiert neue Formen des Miteinanders aus. Viele der Gesprächspartner, die ich getroffen habe, ar-beiten in ihren Unternehmen bereits mit agilen Methoden, nicht überall ganz konsequent, aber mit Anleihen daraus. Natürlich hat es auch nicht in jedem Fall sofort funktioniert, der Weg des Ausprobierens war bisweilen steinig. Doch alles in allem sind die Erfahrungen positiv.

Agile Methoden und Design Thinking: Was ist das eigent-lich und wofür brauchen wir das?

Agiles Arbeiten: Locker und leichtfüßig?

Das Projekt ist total verfahren, alle sind gereizt, der nächste Entwurf ist noch lange nicht fertig und kommende Woche steht schon der nächste Kundentermin an. Und dann auch noch der Kommentar eines Kollegen: „Würden wir agil arbeiten, wäre das nicht passiert." Agil? Das ist doch irgendwas mit Scrum … Und Scrum kommt aus dem Rugby. Ich dachte, wir sind hier bei der Arbeit und nicht auf dem Bolzplatz!?

Sind agile Arbeitsweisen das neue Allheilmittel für verfahrene Projekte und gegen Silodenken? Agil ist bekanntlich das Gegenteil von schwerfäl-lig und unbeweglich. Wer wäre nicht gern so? Agile Methoden brechen starre Planungen auf und ermöglichen Unternehmenskulturen, die offen sind für Veränderungen. Klingt gut und plausibel? Ist es auch – sofern die Methoden zum Unternehmen passen und sorgsam eingeführt werden!

Ursprünglich stammt das agile Projektmanagement aus der Softwareent-wicklung, eine der bekanntesten Methoden ist *Scrum*. Die Methode bietet, anders als im klassischen Projektvorgehen üblich, einen Rahmen für schrittweise Anpassungen und reduziert so die Komplexität des Gesamt-

projekts. Beim Rugby ist unter einem Scrum das „angeordnete Gedränge" zu verstehen. Das ist der Moment, in dem die Mannschaft sich für den nächsten Spielzug neu organisiert: Die Spielrichtung ist vorgegeben, aber der Weg dorthin wird von den Spielern selbst – aus der jeweiligen Situation heraus – gemeinsam bestimmt.

Die agile Projektmanagementmethode Scrum basiert auf einfachen Regeln und wenigen Rollen. Dabei arbeiten interdisziplinäre Teams selbstorganisiert, eigenverantwortlich und pragmatisch zusammen. Im Vordergrund stehen qualitatives Arbeiten bei gleichzeitiger Vermeidung unnötiger Bürokratie sowie eine grundsätzliche Offenheit für Änderungen während des Projektverlaufs. Entwicklungsschleifen und *iteratives*, also schrittweises Vorgehen sind nicht nur für Scrum charakteristisch, sondern für alle agilen Prozesse. Anpassungen und Veränderungen im laufenden Prozess gelten als normal und werden daher von vornherein einkalkuliert.

Bereits 2001 wurde das „Agile Manifest" veröffentlicht. Es enthält die Grundregeln für optimale Softwareentwicklungen und beschreibt, welche Einstellung für agile Zusammenarbeit nötig ist:

- Individuen und Interaktionen haben Vorrang vor Prozessen und Werkzeugen.
- Funktionsfähige Produkte haben Vorrang vor ausgedehnter Dokumentation.
- Zusammenarbeit mit dem Kunden hat Vorrang vor Vertragsverhandlungen.
- Das Eingehen auf Änderungen hat Vorrang vor strikter Planverfolgung.

Es ist nicht so, dass Prozesse, Dokumentation, Vertragsverhandlungen und Pläne auf einmal nichts mehr wert sind. Aber das menschliche Miteinander, das Entwickeln eines funktionierenden Produkts, die partnerschaftliche Zusammenarbeit mit dem Kunden und Anpassungsbereitschaft stehen im Vordergrund.

Die besondere Bedeutung von Werten im agilen Arbeiten

Jeder, der sich näher mit agilem Arbeiten bzw. Scrum beschäftigt, stößt schnell auf die zugrunde liegenden Werte – Selbstverpflichtung, Fokus, Offenheit, Respekt und Mut. Diese fünf Werte zeichnen die Zusammenarbeit agiler Teams aus und bilden die verbindende Basis. So wird nicht einfach nur ein Projekt gemanagt, sondern allen Beteiligten ist bewusst, dass die besondere *Kultur* des Arbeitens einen enormen Einfluss darauf hat, *wie* die Teammitglieder miteinander arbeiten und ob sich jeder mit all seinem Können einbringen kann – und somit letztlich auf Verlauf und Erfolg des Projekts.

1. Selbstverpflichtung: Jedes Teammitglied hält sich an Absprachen und daran, die für den jeweiligen Sprint (das ist ein Entwicklungszyklus von

zwei bis vier Wochen) ausgewählten Themen und Aufgaben auch wirklich fertigzustellen. Das Team entwickelt gemeinsam Planungen und Einschätzungen für den nächsten Sprint und bearbeitet die gemeinsam festgelegten Aufgaben und Themen. Sollten Vorhersagen nicht zu halten sein, lernt das Team daraus, um zukünftig präzisere Vorhersagen machen zu können.

2. Fokus: Agile Teams verzetteln sich nicht, denn ihnen ist es wichtig, sich immer nur auf wenige Dinge gleichzeitig zu konzentrieren. Sie wissen: Nur so ist es möglich, wirklich gute Arbeit zu leisten. Da Multitasking meist zu schlechteren Ergebnissen und häufige Unterbrechungen zu Stress führen, bleiben Nebenbei-Tätigkeiten und Aufgaben für andere Projekte die Ausnahme. Idealerweise arbeiten agile Teams also nur an einem Projekt mit klar definierten Teilaufgaben.

3. Offenheit: Alles ist für alle jederzeit transparent und zugänglich. Diesem Wert liegt die Überzeugung zugrunde, dass lösungsorientiertes Arbeiten im Team nur möglich ist, wenn die Beteiligten Zugang zu sämtlichen Informationen haben. Wie sonst sollten fundierte Entscheidungen getroffen werden? Ein häufig genutztes Tool ist das Taskboard. Hierbei handelt es sich um ein Board, man kann aber auch einfach die Bürowand nutzen, mit Karten oder Post-its, auf denen die aktuellen Aufgaben sowie der Projektfortschritt festgehalten werden. Auch Kollegen, die nicht in dem Projekt mitarbeiten, können sich hier jederzeit einen Überblick verschaffen. Und wenn mal etwas nicht so gut läuft? Dann sieht das eben auch jeder! Das ist das Grundprinzip von Offenheit in agilen Teams und funktioniert natürlich am besten in Unternehmen, die Fehler als notwendige Erfahrung auf dem Weg zum Ziel zulassen. Offenheit und eine konstruktive Fehlerkultur gehen Hand in Hand.

4. Respekt: Idealerweise bringen die Teammitglieder ganz unterschiedliche Erfahrungen und Charaktereigenschaften mit. Umso wichtiger ist es, dass sie einander mit Respekt und wohlwollender Neugier begegnen. Agile Teams profitieren von den Stärken jedes Einzelnen und legen mögliche Schwächen nicht auf die Goldwaage.

5. Mut: Agiles Arbeiten erfordert Mut auf mehreren Ebenen: den Mut, neu zu denken, den Mut, Dinge einfach auszuprobieren, und auch den Mut, Missstände und Differenzen anzusprechen, um Missverständnisse und damit Konflikte, sprich unnötige Reibungsverluste, möglichst gering zu halten.

Macht denn da jetzt jeder, was er will?

Tatsächlich ist „agiles Arbeiten" alles andere als „locker vom Hocker" oder gar kurz vor der Anarchie. Bei näherem Hinsehen sind agile Arbeitsweisen viel strukturierter, als das Wort auf den ersten Blick vermuten lässt. Es gibt

festgelegte Rollen, klar definierte Aufgaben, aufeinander abgestimmte Abläufe – und in Meetings hält man sich an vorab festgelegte Zeiten. Meistens jedenfalls. Tatsächlich stelle ich in meinem Organisationsentwicklungsprojekten fest, dass das Thema Meetings oft eine der größten Herausforderungen ist: pünktlich und gut vorbereitet zu beginnen, sich an eine Agenda zu halten, ohne einzelne Punkte zu „zerreden", um das Meeting schließlich wieder pünktlich zu beenden, nachdem zuvor To Dos vereinbart und festgehalten wurden.

Die agile Methode *Scrum* kommt mit nur drei verschiedenen Rollen aus: Es gibt den Product Owner, das Umsetzungsteam und den Scrum Master. Der *Product Owner* ist der „Eigentümer" des Projekts und für den Gesamterfolg verantwortlich. Er hat die Kundenseite im Blick und achtet darauf, dass das Projekt zügig und sinnvoll vorankommt. Idealerweise verfügt der Product Owner über alle Vollmachten des Kunden und des Managements, sodass seine Entscheidungen respektiert und mitgetragen werden. Das *Umsetzungsteam* kümmert sich um die Umsetzung des Projekts. Es arbeitet funktionsübergreifend zusammen und besteht idealerweise aus drei bis neun Personen, die jene Kompetenzen mitbringen, die für den Projekterfolg benötigt werden. Das Team stimmt sich schnell, direkt und persönlich ab und ist dafür verantwortlich, dass die Ziele eines Entwicklungszeitraums (Sprint) erreicht werden. Es organisiert sich selbst und handelt eigenverantwortlich; die anstehenden Aufgaben werden in gemeinsamer Abstimmung verteilt.

Dieser Form des eigenverantwortlichen Arbeitens stehen manche Unternehmen skeptisch gegenüber. Doch da die einzelnen Sprints relativ kurz sind (im Allgemeinen zwei bis vier Wochen), kann gar nicht so viel schiefgehen. Im Gegenteil: Es gibt wenig, was Menschen so sehr zu Höchstleistungen antreibt wie Eigenverantwortung und Vertrauen.

Der *Scrum Master* vermittelt die Methode und ist verantwortlich für die Einhaltung der Scrum-Regeln. Er stellt die Rahmenbedingungen sicher, damit das Team ungestört und zielgerichtet arbeiten kann. Er hilft dem Team, die Arbeit gut zu organisieren, und schützt es vor äußeren Eingriffen während des Sprints. Nichts und niemand soll das Umsetzungsteam in seiner Arbeit behindern. Der Scrum Master ist im besten Sinne der Teamcoach, der Anregungen gibt, unterstützt und das Beste im Team zur Entfaltung bringt. Aber: Er hat *nicht* die Rolle des Teamchefs inne und darf dem Team deshalb auch nicht vorschreiben, wer welche Arbeit auf welche Art und Weise zu erledigen hat. Das macht das Team selbst.

Scrum funktioniert zudem mit festgelegten Meetings, die für einen gleichmäßigen Rhythmus sorgen und das Vorankommen strukturieren. Die Basis bilden die bereits erwähnten *Sprints*, die jeweils nach einem festen Muster ablaufen: Es beginnt mit dem *Sprint Planning Meeting*, um das Ziel bis zum nächsten Sprint zu definieren und die Aufgaben für den kommenden

Sprintzeitraum in Arbeitspakete einzuteilen. In den 15-minütigen *Daily* (!) *Scrum Meetings*, „Standup" genannt, informieren sich die Teammitglieder gegenseitig über den aktuellen Stand. Dabei beantwortet jeder folgende drei Fragen: *Was habe ich seit dem letzten Daily Scrum getan? Was plane ich, bis zum nächsten Daily Scrum zu tun? Was hat mich bei der Arbeit behindert?* So sind schnell alle auf dem Laufenden. Müssen Themen vertieft werden, findet das anschließend in der jeweils passenden Konstellation statt. Schluss mit ewig langen „Laberrunden"! Beim agilen Arbeiten geht es um die und zur Sache!

Auf den für alle sichtbaren *Taskboards* mit den Spalten „To Do", „Doing" und „Done" werden sämtliche Aufgaben und Entwicklungsschritte des Sprints und des Gesamtprojektes festgehalten. Das sogenannte *Timeboxing* ist ein weiteres strukturierendes Element im agilen Arbeiten. Für jedes Meeting, zum Teil auch für einzelne Meeting-Abschnitte, werden Zeiteinheiten vereinbart, die meist recht knapp bemessen sind. In meinen Seminaren (auch in denen, die nicht die Überschrift „Agil" tragen) arbeite ich oft mit Timeboxing und merke, dass ich es selbst immer mal als unhöflich empfinde, wenn ich den Teilnehmern Zeitdruck mache und ein Format strikt nach der vorgegebenen Zeit beende. Das Feedback ist aber immer wieder dasselbe: „Klasse, wie viel wir in so kurzer Zeit geschafft haben, wir haben so tolle Ergebnisse erzielt! Es ist viel besser, nur so wenig Zeit zu haben und sich dran halten zu müssen!"

Im *Review Meeting* am Ende des *Sprints* präsentiert das *Team* dem Product Owner und interessierten Stakeholdern das Ergebnis seiner Arbeit. Haben wir erreicht, was zu Beginn des Sprints geplant wurde? Feedback und Verbesserungsvorschläge werden aufgenommen. Und schließlich findet noch die *Retrospektive* statt: Das Team diskutiert, was gut oder schlecht gelaufen ist und weshalb das so war. Gegebenenfalls werden sofort Lösungen entwickelt, damit die Arbeit im nächsten Sprint besser läuft. In diesen Meetings spielt das Zwischenmenschliche eine große Rolle und die meisten Teams berichten, dass es sich anfangs zwar etwas „komisch psychologisch" angefühlt habe, aber dass diese Gespräche sehr viel dazu beitrügen, die Arbeit im Team kontinuierlich zu verbessern.

Für diejenigen, die diese agil-flexiblen Methoden noch mit Argwohn betrachten: Die relativ kurzen Zeiträume der Sprints und die strukturierten Meetings und Feedbacks sorgen dafür, dass, falls mal etwas schiefläuft, sehr schnell reagiert werden kann. Spätestens nach dem Sprint. Das ist einer der Unterschiede zum klassischen Vorgehen mit langen Planungszeiträumen: Durch die kurzen Entwicklungszeiträume können Dinge, die nicht gut laufen, schnell angepasst werden, Veränderungen im Verlauf des Projektes werden von vornherein eingeplant und gehören zum Selbstverständnis des Miteinander-Arbeitens.

Design Thinking: gemeinschaftlich und schnell neue Lösungen entwickeln

Design Thinking. Eine weitere Methode, die aktuell in aller Munde ist. Einer ihrer Schöpfer ist David Kelley, Stanford-Professor und Mitgründer der Design-Agentur Ideo. Bevor er seine Methode Design Thinking taufte, hatte er sie für Objektentwicklungen schon über viele Jahre angewendet und auf weitere Felder ausgeweitet. Design Thinking ist ein Kreativprozess zur Ideenfindung, der sich am Nutzer orientiert und sowohl für Produktentwicklungen als auch für komplexe Fragestellungen geeignet ist. Neue Ideen und Lösungen werden dabei bereichs- und disziplinübergreifend gemeinsam entwickelt.

Das Vorgehen folgt einem schrittweisen, klar strukturierten Prozess, und zwar viel strukturierter, als manche das erwarten würden. Das Vorgehen ist immer dasselbe, unabhängig vom Thema:

Bevor Ideen entwickelt werden, wird beim Design-Thinking-Prozess großer Wert darauf gelegt, sich in die Zielgruppe einzufühlen und das beobachtete Verhalten und Probleme wirklich zu verstehen. Das geschieht zunächst ganz simpel über Beobachtung und über viele Fragen, um beispielsweise herauszufinden, welche Rahmenbedingungen und Einflüsse das Verhalten bestimmen. Wenn möglichst viele Parameter bekannt sind, ist es hilfreich, aus den gewonnenen Eindrücken die „Persona" zu kreieren. Diese bekommt einen Namen, einen Beruf, ein familiäres Umfeld, Hobby etc., damit jeder, der am schöpferischen Prozess beteiligt ist, eine möglichst lebendige Person vor Augen hat, für die in den folgenden Schritten Ideen entwickelt werden. Dazu arbeitet Design Thinking mit verschiedenen Kreativitätstechniken. Eine der bekanntesten dürfte das Brainstorming sein. Aus den vielen aufkommenden Ideen wird dann eine ausgewählt, für die ohne allzu viel Aufwand ein erster Prototyp entwickelt wird. Genau hierfür gibt es die vielen bunten Bastelmaterialien, die Ihnen vielleicht schon einmal aufgefallen sind, wenn Sie von Design Thinking gehört haben oder an einem Design-Thinking-Workshop vorbeigekommen sind. Prototyping funktioniert sowohl für Objekte als auch für objektlose Produkte wie Dienstleistungen. Auf diese Weise kann schon früh überprüft werden, ob die Idee etwas taugt. Wenn nicht, wird sie verworfen. Zum Selbstverständnis des Design-Thinking-Prozesses gehört es nämlich, Schritte auch rückwärts machen zu dürfen und Schleifen zu drehen. Das beugt späteren, oft teuren Misserfolgen vor. Spätestens hier ist auch der eine oder andere kritische Manager von Design Thinking überzeugt.

Das Besondere ist aus meiner Sicht, dass der Prozess an sich zwar wichtig ist und stets mitschwingt, allerdings nicht im Vordergrund steht, sondern nur eine unterstützende Funktion hat. Es geht vor allem darum, gemeinschaftlich eine wirklich sinnvolle Lösung auf die Beine zu stellen.

Insofern handelt es sich bei Design Thinking nicht einfach nur um eine Methode; vielmehr ist es eine Kulturtechnik – ein Weg, zu denken, zu fühlen

und zu handeln. Entscheidend ist, ähnlich wie beim agilen Arbeiten, die zugrunde liegende Haltung des zielorientierten „Miteinanders". Und: Je diverser das Team, desto besser! Denn je mehr unterschiedliche Disziplinen, Charaktere und kulturelle Perspektiven in einem Design-Thinking-Projekt vereint werden, desto ganzheitlicher werden Probleme erkannt und desto maßgeschneiderter die Lösungen. Design Thinking fördert Zusammenarbeit und Vertrauen über Fach-, Abteilungs- und Hierarchiegrenzen hinweg und hilft, eine innovative Kultur im Unternehmen zu verankern. Die Einstellung ist der Schlüssel zum Erfolg: die Bereitschaft, Wissen zu teilen, Neugier und Offenheit, Empathie, der Wunsch, den Nutzer zu verstehen, der Spaß an Perspektivwechseln, spielerischer Zusammenarbeit, schrittweisem Vorgehen, Experimentierfreude und Lösungsorientierung. Visuelles Arbeiten. Und basteln! „Mit den Händen denken" – das ist es, was beim Prototyping passiert.

Aus den Workshops, in denen ich Design-Thinking-Prozesse mit den Teilnehmern durchführe oder Elemente aus dem Design Thinking einfließen lasse, weiß ich: Die Teilnehmer tauen auf, haben Freude und arbeiten sich gemeinsam voran. Insbesondere klassische Managertypen (Anzug, Krawatte, interessiert-selbstbewusster Blick) geben mir oft das Feedback: „Also, ich war ja kritisch, als ich diesen Bastelkram gesehen habe, aber ich muss sagen, das war mal was anderes! In wenigen Stunden haben wir hier Dinge entwickelt, für die wir sonst ein halbes Jahr und endlose Controlling-Charts brauchen." Und dann duzen sich alle, egal ob Chef oder nicht, und wollen am liebsten gleich am nächsten Tag im Team weitermachen.

Im zweiten Teil des Buches geben unter anderem die *comdirect bank*, *T-Systems*, *Bosch Powertools und die* BMW Group IT Einblicke, welche neuen Methoden sie einsetzen, was sie ausprobiert haben. Annette Siragusano von der *comdirect bank* spricht von „Elefanten-Carpaccio" und von „Stop starting, start finishing", wenn sie das Zerlegen großer Projekte in agile Teilschritte beschreibt. Die Arbeit bei *Bosch Powertools* ebenso wie bei der BMW Group IT wurde auf agile Vorgehensweisen umgestellt. Und T-Systems hat mit dem Programm „Lighthouse" unter anderem mithilfe von Design Thinking zu Innovationen und besserer Zusammenarbeit aufgerufen und einen Kulturwandel eingeläutet. Was alle eint: Man kann diese Methoden nicht einfach nebenbei einführen und dann hoffen, dass das sofort läuft. Viel wichtiger ist, es sich gemeinsam zu erarbeiten – so wie es am besten zu den Aufgaben, Themen und Menschen passt.

Mit dem Laptop auf dem Sofa und keine festen Arbeitszeiten mehr? Arbeitsorte und Arbeitszeiten

Jeden Morgen Punkt 8:00 Uhr ins Büro fahren. Im Stau stehen, obwohl es nur zehn Kilometer bis zur Arbeit sind. Zug, U-Bahn, Bus, alles proppenvoll

– und dann schon wieder den Anschluss verpasst. Warum nicht lieber zu Hause bleiben und dort den Laptop aufklappen, um ohne Stress an der morgendlichen Skype-Konferenz teilzunehmen und Mails zu beantworten? Mit den Kollegen bin ich doch sowieso über die Cloud verbunden. Und zum Jour fixe um 14 Uhr fahre ich dann ganz entspannt ins Büro.

New Work heißt auch, dass sich das Wo und Wie der Arbeit verändert. Brauchen wir noch (Einzel-)Büros? Oder schnappen wir uns einfach unseren Laptop und arbeiten, wo es uns gerade gefällt?

Früher, und so lange ist das gar nicht her, gehörte es zum Selbstverständnis vieler Führungskräfte, ein möglichst großes Büro zu haben. Am besten mit einem Vorzimmer samt Sekretärin und einem weiten Blick über die Stadt. Büroraum war mit Status verbunden: Je mehr Quadratmeter und je höher gelegen, desto wichtiger. Da klingen Großraum- und Shared-Desk-Konzepte erst mal ernüchternd.

Aber brauchen Führungskräfte wirklich noch ein eigenes Büro? Die meisten sind doch sowieso viel unterwegs, in Meetings, auf Reisen. Immer mehr Unternehmen entdecken das Konzept des Großraumbüros wieder. Und diesmal sitzen auch die Chefs mit drin. Gewohnte Statussymbole verschwinden, Verhaltensweisen verändern sich. Das ist zunächst ungewohnt, sowohl für die Chefs als auch für die Mitarbeiter. Immerhin waren klassische Büroflächen nicht auf Austausch angelegt: lange Flure, geschlossene Türen …

In den letzten Jahrzehnten wurde bereits viel herumexperimentiert: Einzel-, Zweier-, Team-, Großraumbüros. Das funktionierte nicht immer auf Anhieb. Die Mitarbeiter beklagten sich über Lärm, schlechte Luft und ermüdende Lichtverhältnisse sowie mangelnde Privatsphäre. Bei modernen Großraumbüros wird Raum daher anders gedacht. Nun werden Räume geöffnet, um Kontakt zu schaffen, um die Kollegen in eine neue Beziehung zueinander zu bringen. Multispace ist das Stichwort. Es geht darum, Arbeit mithilfe eines adäquaten Raumkonzepts bestmöglich zu gestalten. Mit flexiblen Räumen, die man je nach Bedarf anpassen kann, mit Themenräumen, um gemeinsam kreativ zu sein oder zu tüfteln, mit Rückzugsmöglichkeiten für konzentriertes Arbeiten. Da ist dann der Austausch in der Lounge oder an der Kaffeebar ebenso möglich wie das gemeinsame Arbeiten an einem großen Tisch und das ungestörte Telefonat mit dem Kollegen in den USA. Studien bestätigen die positiven Auswirkungen solcher Multispace-Konzepte. Denn sie bieten verschiedene Arbeitsorte, die sich an den jeweiligen Arbeitsbedürfnissen ausrichten und je nach Situation zum Austauschen, Lernen, Konzentrieren oder Entspannen einladen. Wichtig dabei: gute Absprachen, welche Räumlichkeiten wie genutzt werden.

Dass Arbeiten Spaß machen darf, dass eine kreative Herangehensweise gewünscht ist, kann sich auch in der Einrichtung der Büros widerspiegeln. Allerdings sollte es niemals Fassade, sondern stets Ausdruck der Unternehmenskultur sein. Kickertisch und Bürohund allein reichen nicht. Ebenso reicht es nicht, ein ausrangiertes Sofa irgendwo hinzustellen und dies als neue Lounge zu deklarieren, denn in dieser „Lounge" sitzt mit großer Wahrscheinlichkeit niemand. Ein Unternehmen, das seine Mitarbeiter ernst nimmt, muss sinnvoll gestaltete Räume bieten, die sich gut in den Arbeitsalltag der Menschen einfügen, und Führungskräfte haben, die den offenen, team- und mitarbeiterorientierten Stil mit Überzeugung pflegen. Dann kann man auch mal ohne Weiteres ein Meeting auf dem Sofa in der Lounge machen.

Mit ganz viel Umsicht wurden zum Beispiel bei dem Unternehmen PULS die Büros neu gestaltet, die Mitarbeiter wurden von vornherein mit einbezogen. *Tanja Friederichs*, Vice President Human Resources, hat mir von gallischen Dörfern erzählt und was diese damit zu tun haben, den Mitarbeitern ein Zuhause zu geben. Sie hat mir Einblicke in das Vorgehen beim Gestalten der neuen Büros und die Auswirkungen auf das Arbeiten gegeben. Auch bei meinem Besuch bei *trivago* wurde deutlich: Raum wird ganz neu gedacht, auf verschiedenste Bedürfnisse wird geachtet, die Mitarbeiter sollen ihren Arbeitstag hier gut verbringen können. Und *Anna Kaiser* und *Jana Tepe* von *Tandemploy* sagten beim Beschreiben ihrer Räume so treffend: „Die Räume sollen schön sein, weil man hier so viel Zeit verbringt. Wenn's zu Hause wesentlich schöner ist als im Büro, können wir verstehen, dass man lieber im Homeoffice bleibt."

Wenn die Büros in Zukunft so schön gestaltet sind, was ist dann mit dem Homeoffice? Immerhin geht die St. Galler Studie „Arbeitswelt im Umbruch" davon aus, dass sich Mitarbeitende im Homeoffice besser konzentrieren können, dass die Lebensqualität steigt und dass sich dies in der Leistung widerspiegelt. Überhaupt die Möglichkeit zu haben, auch mal von zu Hause zu arbeiten, wird von vielen als sehr motivierend empfunden und ist auch auf Europas größter Arbeitgeberbewertungsplattform *kununu.com* eins der meistgesuchten Features. Manche Unternehmen gehen mittlerweile sogar so weit, Homeoffice zu einer Art Grundrecht zu erklären, das heißt: Mitarbeiter dürfen jederzeit von zu Hause arbeiten, ohne das begründen und sich dafür rechtfertigen zu müssen. Sollte die Führungskraft nicht damit einverstanden sein, so muss sie eine plausible Begründung liefern.

Aber wollen die Mitarbeiter denn wirklich am liebsten und nur noch im Homeoffice arbeiten? Zwar fällt der Weg zum Büro weg, man kann ungestört arbeiten, ist Herr seiner Zeit. Allerdings fühlen sich viele an ihrem Schreibtisch zu Hause auf die Dauer doch etwas einsam. Was fehlt, ist der unkomplizierte Austausch ebenso wie die informellen Gespräche mit

den Kollegen in der Kaffeepause. Auch muss der Umgang mit der Freiheit im Homeoffice erlernt werden. Nebenbei mal schnell die Wäsche aufhängen? Den Kindern kurz bei den Mathehausaufgaben helfen? Das reißt einen jedes Mal auf Neue aus dem Arbeitsmodus heraus. Die Trennung von Beruflichem und Privatem ist oft problematisch, wenn man seinen Arbeitsplatz zu Hause hat. Da ist Selbstdisziplin gefragt. Insofern hängt es nicht zuletzt vom jeweiligen Mitarbeitertyp ab, welche Arbeitsform am besten geeignet ist: Die eine kann sich im Homeoffice perfekt organisieren, ist konzentriert und sehr produktiv, der andere lässt sich schnell von alltäglichen Hausarbeiten ablenken und dem Nächsten fehlt einfach die inspirierende Nähe zu den Kollegen.

So holen einige Firmen ihre Mitarbeiter bereits wieder zurück ins Büro oder finden gemeinsam mit ihnen Lösungen für die Balance zwischen Arbeit im Homeoffice und beim Arbeitgeber vor Ort.

Flexibilisierung von Arbeitszeitmodellen und Stellenprofilen

Wenn weder „nur Homeoffice" noch „nur Büro" die Lösung ist, hilft womöglich eine weitere Flexibilisierung, und zwar im Hinblick auf die Zeit. Durch die Digitalisierung sind ganz neue Formen und Konstellationen denkbar. Zusammenarbeit wird variantenreicher und individuellen Bedürfnissen kann auf einmal viel besser entsprochen werden. In vielen Unternehmen ist die klassische 40-Stunden-Woche zwar nach wie vor die Regel, doch die Stunden lassen sich anders einteilen als früher. Warum nicht von 8:30 bis 14:00 Uhr im Büro sein, dann die Kinder abholen, gemeinsam mit ihnen den Nachmittag verbringen, um sich dann abends noch mal für zwei, drei Stunden zu Hause an den Schreibtisch zu setzen? Tatsächlich nennt die Trendstudie „Neue Arbeitswelt" der Universität St. Gallen flexible Arbeitszeiten als eines der bisher meistgenutzten Elemente der neuen Arbeitswelt: Mitarbeiter können ihr Arbeitspensum flexibilisieren und entscheiden, wann sie arbeiten, wann sie Überstunden machen und wann sie diese wieder abbauen. Hauptsache, die Aufgaben werden erfüllt und der Draht zu den Kollegen reißt nicht ab. Somit kann die flexible Zeit für Kinderbetreuung, die Pflege von Angehörigen oder für ein Sabbatical genutzt werden.

Dank der neuen Technologien müssen auch nicht mehr alle Teammitglieder an einem Ort sein, um produktiv zusammenzuarbeiten. Da Teams heute digital vernetzt sind, lassen sich ganz neue Formen der Zusammenarbeit kreieren. Wie wäre es zum Beispiel mit der Idee, dass sich zwei Mitarbeiter eine Stelle teilen, also als Tandem arbeiten? Vielleicht arbeitet jeder nur 24 Stunden pro Woche, kommen gemeinsam aber auf 48 Stunden. Ein solches Tandemmodell haben Michaela Tietz und Dörte Stadtbäumer von der SRH *Mobile University* gewählt und erzählen, wie das

im Alltag funktioniert. Der Gründungsgedanke des Berliner Unternehmens *Tandemploy* war, Arbeit anders und flexibler möglich zu machen. Sie haben mittlerweile eine Matching-Software für die Vernetzung von Organisationen geschaffen und tragen neue Arbeitsmodelle in Unternehmen.

Schule war doof und Lernen ist langweilig?
Wie Weiterbildung in der neuen Arbeitswelt gelingen kann

Dynamik, Digitalisierung, Komplexität: Das stellt auch neue Ansprüche an Qualifikationen und erfordert, sich immer wieder möglichst rasch neues Wissen anzueignen. Die Anforderungen wandeln sich ständig, der einmal absolvierte Abschluss und das einst erworbene Zertifikat halten nicht ewig. Unternehmen brauchen Fachkräfte mit den richtigen Qualifikationen für das digitale Zeitalter, um wettbewerbsfähig zu bleiben. Deshalb blicken viele Angestellte sorgenvoll in die Zukunft – für sie sind neue Technologien und künstliche Intelligenz oft eher Konkurrenz als Chance. Um engagierte Mitarbeiter zu unterstützen und ihr Potenzial bestmöglich zu nutzen, brauchen Unternehmen, aber auch Bildungseinrichtungen eine neue Lern- und Bildungskultur. Zeitgemäße Skills, IT-Wissen, neue Methoden, persönlich-soziale Kompetenzen? Jeder Einzelne muss sein Wissen und seine Kompetenzen immer wieder hinterfragen. Die aktuellen Schlagworte lauten daher Skilling und Reskilling. Lebenslanges Lernen, Weiterentwicklung, Veränderungsbereitschaft als Zukunftskompetenz – das wird fester Bestandteil unserer Lebens- und Arbeitswelt sein und zum Schlüssel für zukunftsfähige Unternehmen, für Innovation und Transformation.

Lernen? Das weckt bei manch einem unschöne Erinnerungen. Je nachdem, mit welcher Einstellung zu Lernen und Schule wir groß geworden sind. Schule ist doof? Lernen ist langweilig? Das brauch ich später doch sowieso nicht?! Schule, Ausbildung, vielleicht noch Studium – dann ist aber auch endlich mal gut mit Lernen! Selbst in Unternehmen kommt Weiterbildung nicht durchweg positiv an, sondern wird häufig eher als Ermahnung und notwendiges Übel verstanden anstatt als spannende Herausforderung und Chance.

Die Frage ist also, wie Weiterbildung und Wissenstransfer in Unternehmen gelingen können. Bei dem Tempo, mit dem sich unsere Welt derzeit verändert, reicht es nicht mehr, in den unternehmensinternen Seminarkatalog zu schauen und sich für ein Seminar anzumelden, das laut Beschreibung eventuell passen könnte und in zehn Monaten losgeht. Ganz davon abgesehen, dass die Umsetzung von Seminarinhalten im turbulenten Arbeitsalltag oft schwierig ist. Neues Wissen und neue Kompetenzen werden heute so schnell und unmittelbar benötigt, dass individuelle, arbeitsplatznahe Lernformate erforderlich werden, die sich unkompliziert in den Alltag integrieren lassen.

Insofern wächst die Bedeutung von *Blended Learning*. Dabei wird das Lernen in Präsenzseminaren mit digitalen Selbstlerneinheiten verbunden. Beispielsweise durch Online-Seminare, in denen sich die Teilnehmer zu einer vereinbarten Zeit zusammenfinden und der Seminarleiter digital durch die Inhalte führt. Via Video oder Chat können die Teilnehmer diskutieren und Fragen stellen. Da die Seminare aufgezeichnet werden, sind sie jederzeit abrufbar und das Wissen für die Teilnehmer somit bei Bedarf verfügbar. Kurze digitale Bildungsangebote wie *Micro-Learning* und *Lern-Nuggets*, also Lernhappen, können – informell und selbstorganisiert – dem individuellen Lernfortschritt angepasst und von jedem Einzelnen in den Alltag integriert werden. Flexibel und zeitunabhängig werden Lernbausteine in Form von kurzen Texten, Videos oder Minitests, die sich in wenigen Minuten durcharbeiten lassen, abgerufen. Per App oder über Web-based-Trainings werden einzelne Themen in kleinen Schritten vermittelt, Trainingsinhalte im Alltag aufgefrischt. Der digitale Coach ist also immer dabei.

Wer jetzt befürchtet, dass Lernen in Zukunft nur noch digital und unpersönlich passiert – keine Sorge! Vielmehr wird die persönliche Wissensvermittlung in der Praxis durch die digitalen Kanäle unterstützt und befördert. Wer früher ein Seminar besuchte, kehrte danach mit vielen neuen Ideen in den Alltag zurück, musste im Laufe der Zeit aber häufig feststellen, dass die Inhalte verblassten, weil sie im Alltag zu selten oder gar nicht aufgefrischt wurden. Heute ist die Verknüpfung mit dem Alltag dank Blended-Learning-Formaten möglich; es findet eine viel stärkere Interaktion mit den anderen Teilnehmern und eine bessere Integration in die berufliche Praxis statt.

Neben digitalen Lernformaten nehmen vor allem Formate, die den persönlichen Austausch und gegenseitige Unterstützung fördern, gerade richtig an Fahrt auf. So zum Beispiel Brownbag Sessions oder Learning Lunches, Rotation Days, Kollegiale Fallberatung, Barcamps, Lean-Coffee-Workshops und Working Out Loud.

Bei *Brownbag Sessions oder auch Learning Lunches* trifft man sich in netter Atmosphäre zur Frühstückszeit oder zum Mittag. Informelle Lern- und Austauschtreffen, bei denen einer der Teilnehmer zu einem vereinbarten Thema aus seinem Bereich erzählt, gegebenenfalls sogar eine Mini-Schulung gibt; und anschließend wird darüber diskutiert. Brownbag heißt übrigens die braune Frühstücks- oder Lunchtüte, in der viele Menschen in den USA ihr Essen dabeihaben. Entsprechend gilt bei den Brownbag Sessions: Jeder bringt seine eigene Verpflegung mit, manchmal wird sie auch vom Meeting-Organisator gestellt. Hauptsache, es ist zwanglos und unkompliziert.

Einblicke in einen anderen Job bekommen, einen ganzen oder auch nur einen halben Tag in einem anderen Bereich, an einem anderen Arbeitsplatz verbringen, das machen *Rotation Days* möglich. Ziel ist, die Aufgabenfelder

der Kollegen besser zu verstehen, den eigenen Blick zu erweitern und die kollegiale Zusammenarbeit zu fördern.

Bei der *kollegialen Fallberatung* findet ein moderierter Austausch über konkrete Fragestellungen und Themen aus dem beruflichen Alltag statt. Gemeinsam werden innerhalb von 60 bis 90 Minuten Ideen und Lösungen entwickelt. Jeder aus der Gruppe kann einen Fall einbringen, einer bis maximal zwei davon können in einer Session besprochen werden. Die kollegiale Fallberatung folgt einem systematischen Ablauf, wobei ein externer Moderator oder auch jemand aus der Gruppe durch die einzelnen Phasen führt. Dabei können die „kollegialen Fallberater" aus den unterschiedlichsten Bereichen kommen – auch über Unternehmensgrenzen hinweg.

Barcamps – auch Unkonferenz genannt – wiederum sind offene Tagungen oder Workshops, deren Inhalte von den Teilnehmern selbst entwickelt und gestaltet werden. Anders als bei klassischen Konferenzen gibt es also kein feststehendes Programm mit zuvor gebuchten Referenten, vielmehr entstehen die Inhalte bei einem Barcamp zu Beginn spontan, sprich aus dem aktuellen Bedarf heraus. Dabei werden alle Teilnehmer eingebunden: Jeder kann Themen vorschlagen; aus den Vorschlägen werden die Sessions und Diskussionen des Tages geplant. Zudem ist es möglich, sich spontan in eine laufende Diskussionsrunde einzuklinken und sie auch wieder zu verlassen. Dank der offenen Gestaltung und der lockeren Atmosphäre ist dieses Format sehr vielseitig, Austausch und Vernetzung finden unkompliziert auf Augenhöhe statt. Das bietet Unternehmen die Chance, den Austausch unter Mitarbeitern und Führungskräften auf zwanglose Art und Weise zu fördern und alle Beteiligten von Anfang an einzubinden.

Ein weiteres Format, bei dem lebhafte Beteiligung dazugehört, ist das *Lean Coffee*. Wieder gibt es keine vorgefertigte Agenda; stattdessen werden die Themen zu Beginn von den Teilnehmern gesammelt, auf Karten notiert, an einer Pinnwand priorisiert und dann in einem vereinbarten Zeitrahmen gemeinsam bearbeitet.

Agile Lernformate wie Barcamps und Lean Coffee erfordern natürlich erst mal etwas Mut. Schließlich weiß niemand, welche Themen auf der Agenda stehen werden. Der Ablauf ist klar, der Inhalt aber nicht. Dafür braucht es erfahrene Moderatoren, die den Prozess gekonnt begleiten, unterschwellige Themen sichtbar machen und Lösungsorientierung fördern.

Eine noch recht junge Methode, die Vernetzung und kulturellen Wandel fördert, ist *Working Out Loud* (WOL), die 2015 von John Stepper veröffentlicht wurde. Loud steht dabei weniger für „laut", sondern mehr für „offen" und „sichtbar": Das eigene Wissen wird geteilt, alle profitieren davon, man hilft sich gegenseitig. Vier bis fünf Personen finden sich selbstorganisiert in einem WOL-Circle zusammen und unterstützen sich über einen Zeitraum von zwölf Wochen jeweils eine Stunde pro Woche beim Erreichen

ihrer Ziele. Die Treffen können persönlich, aber auch virtuell (z. B. per Skype) stattfinden. Auf seiner Website „workingoutloud.com" stellt John Stepper die sogenannten Circle-Guides (Hilfestellungen, Fragebögen und Übungen) für die gemeinsame Arbeit zur Verfügung. Im Mittelpunkt stehen kooperative Beziehungen und Netzwerke, so dass letztlich die Arbeit aller Beteiligten verbessert wird. Damit WOL gelingt, benötigt jeder Einzelne Handlungsspielraum, zudem braucht es Offenheit und Vertrauen, die Bereitschaft, alte und verkrustete Muster und Zuständigkeiten loszulassen und aufzubrechen. Unternehmen, die Working Out Loud eingeführt haben, berichten von den positiven Erfahrungen der Teilnehmer: Frei von Hierarchien und Zuständigkeiten kann man sich einbringen, schlummernde Potenziale werden geweckt, Vertrauen entsteht, das neue Miteinander löst alte Vorgehensweisen ab. Zu den deutschen Pionierinnen von WOL gehört *Katharina Krentz*. Sie hat die WOL-Initiative bei *Bosch* angestoßen und mittlerweile ein weltweites internes Netzwerk aufgebaut. „Wandel findet im Machen statt": Was den großen Mehrwert von WOL ausmacht, erzählt sie im Interview in Teil II.

Bei all diesen neuen Formaten geht es darum, Lernen und Weiterbildung nicht mehr nur zu konsumieren, sondern aktiv mitzugestalten und andere dabei zu unterstützen. Auf diese Weise lassen sich Silo-Kulturen in Unternehmen aufbrechen, neues Miteinander und neue soziale Fähigkeiten zwanglos implementieren. Verantwortung für die eigenen Kompetenzen übernehmen und Weiterbildung mitgestalten – das sind die Fähigkeiten für die neue Arbeitswelt. Das funktioniert allerdings nur mit der entsprechenden Unternehmens- und Führungskultur als Fundament. Was wird beispielsweise mit Weiterbildung verbunden? Geht es eher um Defizit- oder doch um Potenzialorientierung? Die Unternehmens- und Führungskultur muss Neugier und Freude am Lernen fördern. Lernen und Weiterbildung muss von innen heraus erwünscht sein, was Offenheit dafür voraussetzt, dass jeder auch mal Wissenslücken hat und Fehler macht.

Brauchen wir Führung überhaupt noch? Führungsstile und Führungsprinzipien in der neuen Arbeitswelt

Welcher Führungsstil ist denn nun der richtige? Autoritär, partnerschaftlich, demokratisch, visionär, coachend? Braucht man Führung überhaupt noch in Zeiten von Selbstorganisation und Eigenverantwortung? Oder ist gute Führung heute wichtiger denn je? Und was macht eigentlich eine *gute* Führungskraft aus?

In dem ein oder anderen Unternehmen stammt das Verständnis von Führung noch aus der Zeit der Industrialisierung: Wer in der Hierarchie an der Spitze steht, sagt, wo es langgeht, die anderen führen die Befehle aus. Das Klima in diesen Unternehmen? Bloß keine Fehler machen, warten,

bis der Chef sagt, was man tun soll, dokumentieren, was man alles gemacht hat, auch wenn es einem vielleicht gar nicht zielführend erscheint. Doch wie hilfreich ist das in unserer komplexen, schnelllebigen Welt? Die VUCA-World erfordert andere Führungsqualitäten und ein breiteres Set an Führungsfähigkeiten. Laut dem 6. HR Leadership Panel von Rochus Mummert glauben knapp 60 Prozent der befragten Unternehmen, dass sie sich bis 2025 in ihrer Führungs- und Leistungskultur neu erfinden müssen.

Das Thema Führung ist ein echter Dauerbrenner. Schon lange beschäftigt sich die Führungs- und Organisationsforschung mit verschiedenen Führungsstilen und deren Auswirkungen auf Unternehmen. Aus der großen Bandbreite der Führungsansätze greife ich im Folgenden jene auf, die meiner Ansicht nach zukunftsweisend sind.

Bereits in den 1960er-Jahren formulierte Douglas McGregor, Managementprofessor am Massachusetts Institute of Technology, eine Unterscheidung, die er im Hinblick auf die Qualität der Zusammenarbeit zwischen Menschen für ausschlaggebend hielt, und nannte diese: *Theory X und Theory Y*. Er hinterfragte, welches Menschenbild Organisationen haben, welches unsere Annahmen darüber sind, warum und wie Menschen ihre Arbeit machen. In seinem 1960 erschienenen Buch *The Human Side of Enterprise*, mit dem er die Managementdiskussion nachhaltig beeinflusst hat, beschreibt McGregor die unterschiedlichen Sichtweisen auf die Motivation und das Engagement von Mitarbeitern. Dabei stellt er verschiedene Verhaltensweisen, Einstellungen und Glaubenssätze einander gegenüber.

Was meinen Sie: Welche grundsätzliche Einstellung haben (Ihre) Mitarbeiter? Die Theory X besagt: Menschen sind träge und gehen der Arbeit möglichst aus dem Weg. Sie haben nur wenig Antrieb und Ehrgeiz, scheuen Verantwortung, streben nach Sicherheit und möchten angeleitet werden. Ziele werden nur durch Druck und Sanktionen erreicht. Die logische Schlussfolgerung: Straffe Führung und häufige Kontrolle! Und sind Mitarbeiter kreativ? Nach der Theory X höchstens dann, wenn sie Regeln umgehen wollen …

Ganz anders die Theory Y: Hier ist das Menschen- respektive Mitarbeiterbild ein positives, denn es geht davon aus, dass Menschen grundsätzlich Lust haben zu arbeiten. Arbeitsunlust ist demnach eine Folge schlechter Arbeitsbedingungen. Mitarbeiter übernehmen Verantwortung – was sie dafür brauchen, sind gute Rahmenbedingungen. Selbstverständlich sind Mitarbeiter diszipliniert und wollen Ziele erreichen. Wenn sie dabei ihre persönlichen Stärken einbringen können, gelingt das am besten. Auch haben Menschen von Natur aus eine starke intrinsische Motivation, Aufgaben eigenverantwortlich und zielorientiert anzugehen.

Entsprechend stellt McGregor dem autoritären Führungsstil einen kooperativen Führungsstil gegenüber. Bereits in den 1960er-Jahren plädierte er

für eine neue Sichtweise auf Mitarbeiterführung, auf Motivation und die Beziehung zwischen Führungskräften und Arbeitnehmern. So könne ein Klima von Engagement und Arbeit in echter Gemeinschaft entstehen. Das schaffe leistungsfähigere Lösungen und wirke sich unmittelbar auf den Unternehmenserfolg aus. Vorgesetzte, die ihre Mitarbeiter nach der Theory X beurteilen, machten es sich häufig zu leicht – und so entstehe ein Teufelskreis: Man glaubt, die Menschen seien unmotiviert, behandelt sie so – und dann verhalten sie sich auch so.

Die Studie „Digital Leadership – Die Zukunft der Führung in Unternehmen", die 2016 vom *Center for Leadership and Behavior in Organizations* (CLBO) der Goethe Universität Frankfurt, der Beratungsgesellschaft Groß & Cie., der Deutschen Gesellschaft für Personalführung e.V. (DGFP) und der Fachzeitschrift *Personalwirtschaft*, durchgeführt wurde, nimmt eine ähnliche Gegenüberstellung vor: „Digitale Führung" versus „Traditionelle Führung". Das traditionelle Führungsverständnis steht für ein hierarchisches Verständnis der Führungsrolle. Die einmal erworbene Führungsposition ist von Dauer, (Also bloß nicht wieder abgeben, das wäre ein Gesichtsverlust!) Die Position in der Hierarchie ist ausschlaggebend dafür, wer die Entscheidungen fällt. Das Delegieren von Aufgaben mit der entsprechenden Kontrolle gehört ebenso dazu wie das Formulieren detaillierter Regelwerke. Hingegen das Selbstverständnis der „*Digitalen Führung*": Die Führungsverantwortung wird nur temporär übernommen, kann also auch wieder abgegeben werden oder wechseln. Bei der Entscheidungsfindung stehen Ziele, Ergebnisse und Prinzipien im Vordergrund und nicht die Position und Hierarchie. Ziele werden gemeinsam festgesetzt und kontinuierlich abgeglichen, Fehler werden analysiert und tragen so zum Lernfortschritt aller bei.

Das Fraunhofer Institut für Arbeitswirtschaft und Organisation (IAO) bestätigt in seiner Studie „Digital Leadership 2018", die in Zusammenarbeit mit der DGFP durchgeführt wurde: Um Teams erfolgreich zu führen, müssen Führungskräfte in diesen veränderungsintensiven Zeiten mehr und mehr zu „*Entwicklern und Begleitern*" sowie zu „*Vernetzern und Ermöglichern*" werden. Und wenn hierarchische Strukturen abnehmen, braucht es neue Kompetenzen wie Kommunikationsfähigkeit, Offenheit für Veränderungen sowie Vertrauen und Zuversicht. Feedback und Coaching werden der Studie zufolge immer wichtiger.

Das heißt, dass sich das Rollenverständnis von Führungskräften ändern muss. Eine der wichtigsten Führungsfähigkeiten, so Franz Kühmayer vom Zukunftsinstitut, sei zum Beispiel „Zusammenhalt erzeugen". Gemeinschaftsorientierte Führung – Cohesive Leadership, wie er es nennt – beruht auf dem PEP-Prinzip (Purpose, Education, Participation). *Sinn, Bildung, Teilhabe*: der Sinn und Zweck des Handelns, Weiterbildung, die sich daran ausrichtet, und Beteiligung der Mitarbeiter am gemeinsamen Vorankommen.

„Die Kunst des Führens in der digitalen Revolution", eine Studie des Beratungsunternehmens Kienbaum und der Plattform Stepstone aus dem Jahr 2018, hat des Weiteren gezeigt, dass Mitarbeiter Führungskräfte bevorzugen, die einen *transformationalen Führungsstil* leben, die also eine Vision vermitteln, Vorbild sind und ihre Mitarbeiter auf diese Weise motivieren. Transformationale Führung beschreibt die Fähigkeit der Führungskraft, Mitarbeiter intrinsisch zu motivieren und zu selbstständigen, kreativen Problemlösungen anzuregen sowie Fairness in der zwischenmenschlichen Kommunikation und unternehmerisches Handeln zu fördern. Dem steht der transaktionale Führungsstil gegenüber, der auf einem Austauschverhältnis zwischen Führungskraft und Mitarbeiter beruht. Dazu gehören klassische Zielvereinbarungen samt klaren Regelungen der finanziellen Konsequenzen beim Erreichen bzw. Nicht-Erreichen von festgelegten Zielen.

Das klingt ja nun fast so, als würden paradiesische Zustände des Miteinanders und Erfolgs nur dadurch verhindert, dass viele Führungskräfte noch in der alten Zeit festhängen. Theory X, traditionelle und transaktionale Führungsstile als die großen Verhinderer erfolgreicher, positiver Unternehmenskulturen?

Ganz so einfach ist es nicht, denn nicht alle Mitarbeiter werden von kooperativen Führungsstilen, wie ihn Douglas McGregor mit der Theory Y beschrieben hat, angesprochen. Hier kommt das Modell der *situativen Führung* der Verhaltensforscher Paul Hersey und Ken Blanchard ins Spiel: nämlich situativ zu schauen, welcher Führungsstil passt und hilfreich ist. Mit dem *aufgabenorientierten Führungsstil* gibt der Vorgesetzte vor, was auf welche Weise erledigt werden muss, während der *personenorientierte Führungsstil* den Fokus auf die Beziehung zwischen Mitarbeiter und Vorgesetztem legt. Um als Führungskraft entscheiden zu können, wann welcher Stil sinnvoll ist, betrachten die Forscher den sogenannten Reifegrad des jeweiligen Mitarbeiters, und zwar sowohl auf sachlicher als auch auf psychologischer Ebene. Die sachliche Reife beschreibt die Fähigkeit und Kompetenz des Mitarbeiters, eine Aufgabe zu erledigen, die psychologische Reife beschreibt die Einstellung und Motivation des Mitarbeiters, sprich den Wunsch, sich einzubringen. Entsprechend kann ein Mitarbeiter auf sachlicher Ebene noch unreif sein, obwohl er auf psychologischer Ebene sehr reif ist. Das Zauberwort heißt in diesem Fall *Ambidextrie*, was Beidhändigkeit bedeutet. *Beidhändige Führung* ist die situative Anpassung des Führungsstils. Mal klare Entscheidungen zu treffen und konkrete Aufgaben zu verteilen, um Stabilität zu gewährleisten, und an anderer Stelle wiederum auf Partizipation und Selbstorganisation zu setzen, um Unternehmertum zu fördern. Mal transformativ, mal transaktional, mal traditioneller, mal moderner. Je nach Situation und Mitarbeitertyp.

Schauen wir noch einmal auf die aktuelle Lage in deutschen Unternehmen: Der oben genannten Kienbaum/Stepstone-Studie zufolge pflegt

die Mehrheit der Führungskräfte nach wie vor einen eher direktiven Führungsstil. Zwar wird modernen Führungsansätzen überwiegend eine hohe Bedeutung beigemessen, aber wenn es darum geht, diese im Unternehmensalltag einzusetzen, greifen die Führungskräfte auf das alte Instrumentarium zurück, wie auch die Studie „Digital Leadership" gezeigt hat. So sagt etwa die Hälfte der Befragten, dass Digital Leadership in ihren Unternehmen noch kaum Thema ist.

Das deckt sich mit meinen Erfahrungen. In Coachings und Workshops höre ich von Führungskräften, dass sie sich immer mal wieder bei einem eher traditionellen Führungsstil ertappen. Das finde ich sehr ehrlich. Schließlich ist unser Verhalten, auch das junger Unternehmer, größtenteils noch aus anderen Zeiten geprägt. Es geht in Unternehmen, zumindest unterschwellig, oft noch hierarchischer zu, als sie selber das eigentlich wollen.

Gleichzeitig nehme ich den ehrlichen Willen wahr, Führungsstile zu hinterfragen, sich zu ändern, Neues auszuprobieren. Allerdings bleibt für die kritische Auseinandersetzung mit der eigenen Führungsarbeit oft zu wenig Zeit im Alltag. Aber auch hier bewegt sich etwas. Immer mehr Unternehmen gehen das Thema Führung aktiv an. Die Haltung und das Selbstbild von Führungskräften in der VUCA Welt ändert sich. Durch die wachsende Komplexität wird es immer wichtiger, flexibel zu denken und zu handeln, denn angesichts der veränderten Dynamik, wachsender Komplexität und Unsicherheit wird überdeutlich, wie stark die Führungskräfte eines Unternehmens die Kultur durch ihre Vorbildfunktion beeinflussen. Insofern ist die Zeit reif für ein verändertes Menschen- und Mitarbeiterbild – und somit auch für ein neues Führungsverständnis.

Coaching, Feedback und Dialog werden immer mehr zum Schlüssel zu einer höheren Führungsqualität. Durch einen *coachenden* Führungsstil fördern Führungskräfte die Entwicklung ihrer Mitarbeiter und Teams. Denn die Haltung eines Coaches ist positiv und offen für das, was sein Gegenüber an Erfahrungen, Sichtweisen und Ideen mitbringt. Die coachende Führungskraft hört zu und ermutigt zu neuen Perspektiven und Lösungen. Hier schließt sich der Kreis zur Theory Y, zu dem positiven Menschenbild, wonach jeder viel mitbringt und motiviert ist, etwas beizutragen.

DEN richtigen Führungsstil gibt es nicht. Es geht vielmehr um die Haltung. Darum, wirklich verstehen zu wollen, was dem Unternehmen hilft und die Mitarbeiter wirklich motiviert.

II Einblicke

Nun nehme ich Sie mit in verschiedene Unternehmen, die bereits neue Wege in die Arbeitswelt der Zukunft eingeschlagen haben oder gerade ausprobieren. Ich wollte von meinen Gesprächspartnern „unplugged" erfahren, was sie ausprobieren und wie sie dabei vorgehen. Es geht um neuartige Arbeitsweisen, um frischen Wind durch agile Methoden, um moderne Führungsstile, aber eben auch um ganz klassische Werte. Darum, wie Führungskräfte und Mitarbeiter damit umgehen, wenn bekannte Hierarchien nicht mehr gelten. Oder was passiert, wenn sich zwei Leute eine Führungsposition teilen. Sie erhalten Einblicke in neue Führungs-, Projektmanagement- und Bürokonzepte, erfahren, was gallische Dörfer mit Bürogestaltung zu tun haben, wie eine gute Balance zwischen Homeoffice und Arbeit im Büro entsteht oder wie sich Lernen und Vernetzung in Unternehmen mit Working Out Loud auf ein ganz neues Level heben lassen.

Falls Sie sich über die wechselnde Anrede in den Interviews wundern: Wie es in der neuen Arbeitswelt so üblich ist, habe ich mich mit manchen Gesprächspartnern sofort geduzt; und blieben wir beim „Sie", so fühlte es sich trotzdem oft an wie ein „Du".

6

Transformation durch neue Arbeitsmethoden und Mindsets

Raus aus den Silos, die Wände (und seien sie nur in den Köpfen) nieder-reißen, anders miteinander arbeiten. Können neue Formen des Arbeitens Organisationen grundlegend transformieren? Viele sind fasziniert davon, was neue Arbeitsmethoden, zum Beispiel nach agilen Prinzipien, möglich machen. In meinen Gesprächen über die neue Arbeitswelt von Unterneh-men haben die Themen agiles Arbeiten und Selbstorganisation deshalb auch viel Platz eingenommen. Unternehmen und Teams probieren aus, sammeln Erfahrungen und haben mir erzählt, was gelungen ist und was sich verändert hat, aber auch, was nicht so leicht war, wo es Zweifel oder Umwege gab.

Was agile Arbeitsweisen mit Elefanten-Carpaccio zu tun haben

Beginnen wir mit der *comdirect bank*. Die Leiterin der Unternehmens-kommunikation *Annette Siragusano* erzählt, wie sie ihren Bereich ge-meinsam mit ihrem Team auf agile Arbeitsweisen umgestellt hat. Bei der comdirect bank gibt es keine Banktresen, weil es keine Filialen gibt. Dafür hat die Bank immer geöffnet. Online. Was der Bank wichtig ist, sind Schnelligkeit, Kompetenz und Freundlichkeit ebenso wie die Offenheit für Neues. So ist es auch nicht überraschend, dass wir unser Gespräch nicht in einem Besprechungsraum an einem langen Konfe-renztisch hinter verschlossenen Türen führen – wir gucken einfach, wo gerade Platz ist, und entscheiden uns spontan für einen Stehtisch im Studio der Kommunikationsabteilung, wo eben noch ein Videodreh stattfand.

Springen wir direkt rein ins Thema: New Work – was bedeutet das für Sie?

Die ganze Welt ist im Umbruch. Wir sehen in vielen Branchen, dass sich Wettbewerbsumfelder komplett verändern. Die Treiber dahinter sind unter anderem neue Technologien und ein verändertes Nutzerverhalten, egal in welche Branche ich schaue: Automotive, Banking oder ganz extrem in der Musikbranche, da kommen wir von der Schallplatte und sind jetzt im Streaming. Die Frage ist: Wie stellen sich Unternehmen darauf ein? Da kommt New Work ins Spiel: Wie können Unternehmen auf die aktuellen Herausforderungen reagieren? Man muss heute mehr denn je flexibel und in der Lage sein, schnell Trends zu erkennen und dann auch zu reagieren. Es geht darum, Zukunft aktiv mitzugestalten.

Und wie bekommt man diese Flexibilität und Schnelligkeit hin?

Zum Beispiel indem man Unternehmen und Teams anders aufstellt. Teams, die schneller reagieren können, die in der Lage sind, möglichst

schnell viele Kompetenzen zusammenzufassen. Diese Teams müssen sich verändern können, je nach Thema. Wir brauchen ein Arbeiten, das sich darauf ausrichtet, eine Atmosphäre zu schaffen, in der sich Teams flexibel zusammensetzen können. New Work heißt auch, dass man weggeht von klassischen Räumen, dass es vor allem darum geht, optimal miteinander arbeiten zu können. Um so auf die neuen Marktgegebenheiten zu reagieren, auf Technologietrends, Wettbewerbstrends, auf verändertes Nutzerverhalten, um schnell auf dem Markt zu sein mit neuen Themen und Produkten.

Vor etwa drei Jahren haben Sie Ihren Bereich umgebaut und agile Arbeitsweisen eingeführt. Gab es einen speziellen Anlass?

Als ich hier angefangen habe, hatten wir noch die klassische Aufteilung zwischen interner und externer Kommunikation. Getrennte Bereiche. Die einen wussten oft nicht so recht, was die anderen eigentlich machen. Außerdem waren wir damals noch ein kleines Team, die Themen wurden aber immer mehr. Da war die Frage: Wie schaffen wir das eigentlich? Aus der IT haben wir mitbekommen, dass sie agil arbeiten. Da habe ich mich gefragt „Kann man diesen Ansatz nicht auch in einer Kommunikationsabteilung versuchen?" Ich habe recherchiert, habe aber niemanden gefunden, der das schon gemacht hat. Also habe ich gesagt: „Wir probieren das jetzt einfach aus!" Und wir haben schnell festgestellt: Das funktioniert!

Einfach so?

Es ist nicht so, dass man das „bestellt" und dann läuft das sofort. Ich kann nicht sagen: „Ab morgen sind wir agil!" Das muss man sich erarbeiten, gemeinsam mit dem Team, denn das hat viel mit Akzeptanz zu tun.

»Agil: Es ist nicht so, dass man das ,bestellt' und dann läuft das sofort. Das muss man sich erarbeiten, gemeinsam mit dem Team.«

Agile Arbeitsweisen mit den verschiedenen Meetings, wie zum Beispiel Daily Standups – das ist ja oft erst mal eine Umstellung und es gibt die Befürchtung, dass man alles offenlegen und sich rechtfertigen muss. Wie lief das hier?

Als wir gestartet sind und unser erstes Board gemacht haben, hatten wir genau die Diskussion: „Ah, wieso diese Karten? Will die uns jetzt kontrollieren?" Die positiven Effekte wurden aber ziemlich schnell sichtbar. Jeder hat gesehen, wer gerade welche Themen hat: „Ah, okay, du bist an dem Thema dran, ich auch, lass uns doch mal sprechen." Oder: „Ach, wenn du eh ein Fotoshooting hast, dann lass uns doch gleich noch was mit machen." Wir wissen auch sofort, wenn jemand einen Engpass hat. Wir haben maximale Transparenz, diese tägliche Viertelstunde Standup-Meeting ist ein großer Gewinn. Jeder redet nur zwei Minuten, gibt nur ein kurzes Update. Am Anfang haben wir viel zu lange gebraucht und deshalb einen

Timekeeper eingeführt. Man kommt weg von diesem „Mein Haus, mein Auto, mein Erfolg".

Also keine Rechtfertigungs- oder „Ich-erzähle-alle-meine-Erfolge"-Runde?

Nein, das haben wir gar nicht. Nach dem Standup-Meeting habe ich immer eine halbe Stunde in meinem Kalender geblockt, sodass wir Themen noch vertiefen können. Denn am Board, wo wir nur eine Viertelstunde haben, wollen wir keine langen Diskussionen. Braucht ein Thema mehr Diskussion, fragen wir schnell, wen wir dafür brauchen, und setzen uns nach dem Standup zusammen.

Keine ewig langen Meetings mehr …

Früher hatten wir diese klassischen Jour fixes, zwei Stunden lang … Und jeder hat erzählt, was er macht. Aber das bringt ja gar nichts! Jetzt ist es, zack-zack, auf den Punkt, wir reden nur über Veränderungen und über Engpässe und wir kriegen natürlich schnell mit, wo Blocker sind. Wir haben auch nicht dieses „Man bunkert Wissen", sondern Transparenz: „Sharing is Caring". Dieses Teilen von Wissen und das Teilen von „Wer ist an welchen Themen dran" – ich denke, das ist es, was es ausmacht und was auch echt Spaß macht im Team. Diese neue Transparenz war bestimmt ein Schlüsseleffekt für unsere Arbeit. Ebenso wie das Arbeiten am Board: Mir ist es wichtig, dass wir da gemeinsam stehen, dass wir spüren, wie die Stimmung ist, was uns umtreibt. Ich glaube, das ist wirklich wichtig und das ist auch der Geist, den ein Unternehmen braucht!

Welche weiteren Veränderungen gab es?

Wir arbeiten themen- und kanalübergreifend. Themen werden nicht mehr „von oben" reingekippt, sondern die Leute ziehen sich ihre Themen selber. Für große Themen gibt es dann Product Owner. Es wird gefragt, wer Product Owner sein möchte. Derjenige schaut dann, welche Unterstützung er braucht. Und dann stellen wir gemeinsam die Teams zusammen. Immer wieder neu, je nach Projekt.

Das heißt, man kann mal Product Owner sein und dann auch mal wieder nicht?

Absolut! Mal bin ich Owner für ein Thema und im nächsten Moment arbeite ich bei einem anderen Thema mit. Das ist genau die Flexibilität, die wir brauchen.

Welche Effekte gibt es sonst noch?

Ich denke da an eine Woche ganz zu Beginn, also Anfang 2015, in der wir unglaublich viel zu tun hatten. Drei große Veranstaltungen, inklusive Bilanzpressekonferenz, und wir haben gedacht: „Oh je, wie sollen wir das

schaffen?" Da haben die agilen Boards sehr geholfen – wir haben, wie wir es nennen, den Elefanten zerlegt und „Elefanten-Carpaccio" gemacht. Also die Themen in kleine Häppchen gepackt und verteilt. Und auf einmal liefen diese Projekte supergut durch. Jeder wusste, was zu tun ist, es gab keine Irritationen nach dem Motto „Aber ich dachte, du machst das …". Es war ja klar, wer was macht, und damit hatten wir auch nicht so eine Überlast bei Einzelnen.

Gibt es jetzt noch Überlasten? Oder werden nun alle Aufgaben gleichmäßig auf alle verteilt?

Klar ist, eine Unternehmenskommunikation hat per se immer viel zu tun. Das ist kein „9 to 5"-Job. Früher hatten wir öfter Überlas-

»Stop starting – start finishing!«

ten bei Einzelnen im Team. Ein Highlight-Beispiel war immer die Bilanzpressekonferenz: Dann hatte einer aus dem Team unglaublich viel zu tun und andere nicht, so nach dem Motto „Das ist doch ihre Aufgabe, nö, also ich habe das ja gar nicht in meiner Zielvereinbarung". Heute machen wir konsequent Elefanten-Carpaccio und arbeiten sehr Output-fokussiert. Also welche Themen rollen diese Woche vom Band? Gemäß dem Spruch: Stop starting – start finishing. Der Unterschied liegt in dem Fokussieren, der Qualität, Quantität und damit der Auslastung eines jeden Einzelnen.

Waren Einzel-Zielvereinbarungen also Arbeitsverhinderer?

Seit drei Jahren haben wir *Teamziele*. Von sechs Zielen, die wir definiert haben, sind fünf für alle gleich. Und dann haben wir immer noch Innovationsziele fürs Jahr und für einzelne Personen. Das ist ein weiterer Schlüsseleffekt: Niemand kann mehr sagen: „Das ist nicht in meinen Zielvereinbarungen." Wir arbeiten zusammen. Und auch hier haben wir als Basis ein gemeinsames Zielbild vereinbart. Es sagt etwas darüber aus, wie unsere Themen auf die Strategie einzahlen und wie wir gemeinsam arbeiten. Wir haben für uns ein klares Mission Statement definiert und auch Werte, wie wir im Team miteinander umgehen. Auch hier ist das Teilen von Wissen, agiles Arbeiten und der Umgang mit Veränderung definiert.

Wie planen Sie denn die Gesamtheit all der Projekte?

Wir haben keine klassische Jahresplanung mehr! Unsere Planung basiert auf unterschiedlichen Formaten: Daily Standup, die zweiwöchige rollierende Kommunikationsplanung mit dem Gesamtvorstand und unser Team-Breakout alle zwei Monate.

Keine Jahresplanung mehr?

Es wird natürlich weiterhin alles geplant, aber anders! Als Basis haben wir ein strategisches Framework, an dem wir uns orientieren. Zudem planen

wir Grobthemen und arbeiten dann just in time. In unseren Breakout-Sessions sitzen wir als Team alle zwei Monate für einen halben Tag zusammen und nehmen uns diese Zeit ganz bewusst. Diese Teamzeit ist dafür da, neben den Daily Standups zu schauen, wie die bisherigen Themen gelaufen sind und wie wir besser werden können, wo die Themen gerade stehen und was geplant ist ... So passen wir unsere Themen der nächsten Monate immer an, verzahnen interne und externe Kommunikation und wissen alle, was auf uns zukommt. Jeder bringt was mit zur Party ... Keine Frontbeschallung mehr, sondern gemeinsames Weiterentwickeln.

Interne Kommunikation, externe Kommunikation. Hat sich die Herangehensweise an diese beiden Bereiche geändert?

Ja, wenn wir heute etwas produzieren, dann möchten wir es gleich ganzheitlich machen. Deshalb gehen wir immer über Themen in die Kommunikation. Wir schauen, was die Geschichte dabei ist – intern für den Mitarbeiter oder extern für den Journalisten. Welches sind die Botschaften und welche Kanäle passen? Wir denken in Geschichten, richten die Kommunikation daran aus und produzieren auch selber Filme und Podcasts, direkt hier ist unser Schnittplatz.

Das klingt nach vielen Themen und einem ziemlichen Tempo für das Team.

Ja, und gleichzeitig macht es auch sehr viel Spaß. Das Mindset ist ein wichtiger Faktor bei dieser Fülle an Themen. „Stop starting – start finishing!" Also: Nimm ein Thema, schau, dass du die Komplexität in kleine Häppchen aufteilst, dass du dein Team mit Leuten besetzt, die dann genau wissen, was sie tun und an den Themen dran sind. Natürlich ist man nie nur an einem Thema dran, aber es bringt einfach nichts, wenn man an zehn Themen parallel arbeitet und überall ein bisschen wurschtelt. Lieber: fokussieren, machen, fertig, raus und nächstes Thema! Das bedeutet natürlich ein tägliches Spannungsfeld zwischen Fokussierung und „Welcome Change". Auch da helfen unsere Daily Standups am Board, wo wir gleich morgens besprechen: „Wie lauten sind die Prios für heute? Was bringt die Woche? Was hat sich verändert?" Dadurch haben wir eine maximale Output-Fokussierung. Mit einem Team von zehn Leuten kriegen wir das alles hin!

Spannungsfelder – da fällt mir noch ein weiteres ein, und zwar die Spannung zwischen „Wir und Ich". Wie gehen Sie mit dem Thema „Team versus Individuum" um?

Genau dieses Spannungsfeld braucht es. Die Spannung zwischen: „Wir machen gemeinsam Themen" und „Ich übernehme Verantwortung für meine Themen". Ich will ja nicht, dass alle immer im „Wir" arbeiten und niemand Verantwortung übernimmt. Auf der anderen Seite kann ich nicht nur Einzelkämpfer im Team haben, denn dann leidet das „Wir". Letztendlich

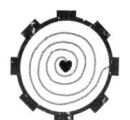

geht es darum, zu wissen: „Okay, ich zieh mir das Ticket für eine Aufgabe, ich bin dafür verantwortlich, aber ich brauche auch Leute aus dem Team dafür." Da sind wir im „Wir". Mal ist man Product Owner und mal arbeitet man eben auch wieder ganz normal im Team mit.

Ihren Bereich haben Sie komplett auf agiles Arbeiten umgestellt …
Wie sieht der Vorstand das?

Mit dem Vorstand arbeiten wir auch so! Wir haben alle zwei Wochen eine rollierende Kommunikationsplanung, stehen dann mit allen vier Vorständen am Vorstandsboard. Wir priorisieren gemeinsam die Themen und das Team bekommt das direkt mit – denn das Board hängt hier in unseren Räumen. Also komplette Transparenz. Wir haben inzwischen eine ganz andere Qualität der Diskussion. Früher war es eher so, dass ein Vorstand etwas reingekippt hat; und als kleines Team kam dann auch schon mal die Reaktion: „Ja, aber wir haben keine Ressourcen." Jetzt ist es so, dass ich sage: „Alles klar, wir können das machen. Lasst uns zusammen aufs Board schauen. Sollen wir erst dieses oder erst jenes machen?" Das hat zur Folge, dass wir Themen auch mal zurückstellen, sprich umpriorisieren. Man ist also auf einer ganz anderen Ebene des Austauschs. Wir sind näher dran an der Arbeit mit dem Vorstand und produzieren weniger für die Mülltonne. Es gibt nicht dieses „Kannst du mal, mach mal!", sondern wir treffen die Entscheidungen direkt gemeinsam. Ich vertraue auf diese gemeinsam getroffenen Entscheidungen – und dann arbeiten wir los. Das ist einfach ein ganz anderes Miteinander. Das spüren alle …

Ist dieses agile Mindset für jeden etwas?

Die Frage ist: Was machen jene zukünftig, die sagen: „Für mich ist das nichts"? Wird es Branchen geben, die nicht vom Wandel betroffen sind? Ich glaube, wenn ein Unternehmen in Zukunft erfolgreich sein will, muss es sich umstellen. Und das wird alle Bereiche betreffen. Zum Beispiel im klassischen Kundenmanagement: Dort sind die Kollegen sehr viel am Telefon, sie müssen, denke ich, nicht unbedingt agil arbeiten. Aber sie brauchen den agilen Geist, denn sie müssen ja die Produkte verstehen, die wir auf den Markt bringen, die aber vielleicht noch in der Beta-Version sind. Mit dem agilen Mindset lässt sich dem Kunden viel leichter erklären, warum wir damit rausgehen. Vielleicht sagt ein Kunde: „Das finde ich ja doof!" Und dann können sie erklären: „Ja, das verstehe ich, wissen Sie, es ist uns ist ganz wichtig, dass wir möglichst früh rauskommen, weil wir mit Ihnen gemeinsam dieses Produkt weiterentwickeln möchten."

Also geht es mehr um die Haltung als um die Einhaltung der Methoden?

Absolut. Es ist das Mindset, das Unternehmen brauchen. Aber es geht eben nicht nur darum, zu sagen: „Hey, wir sind jetzt auch agil!" Das finde

ich manchmal schwierig in den Diskussionen: Jeder springt auf das Thema auf, aber es ist ja nur ein Mittel zum Zweck! Jeder muss es für sein Unternehmen oder sein Team interpretieren. Wenn unsere IT agil arbeitet, dann arbeiten die trotzdem komplett anders als wir hier. Die IT arbeitet zum Beispiel in 15-Minuten-Tickets, und wir arbeiten themenorientiert.

***

Einfach machen! Und nicht gleich die Welt komplett umbauen

Auch bei T-*Systems* hat sich in den vergangenen Jahren viel getan. Anfang 2016 rief T-Systems am Standort Wolfsburg das Programm Lighthouse ins Leben. Das Ziel: neue Wege gemeinsam mit dem Kunden Volkswagen gehen. Die Kernelemente des Programms: Engagement für eine bessere Zusammenarbeit, mehr Innovationen entwickeln, den Kunden begeistern. Das Werkzeug: die Mitarbeiterinnen und Mitarbeiter. Sie sind die Initiatoren und das Rückgrat von Lighthouse.

Nezahat Ece verantwortet die Finanzen für das Lighthouse-Programm. *Christian Falkenberg* ist Service Delivery Manager bei T-Systems und Lighthouse-Projektleiter. Ende 2015 war er einer der Mitinitiatoren der New-Work-Bewegung.

Wie entstand die Initiative Lighthouse?

Christian Falkenberg: Auslöser war unser Standort Wolfsburg. Das Geschäft lief nicht optimal, dafür gab es verschiedene Ursachen – nicht zuletzt die „Dieselaffäre" und Lieferantenkonsolidierungen. Die Stimmung war schlecht, die Kunden waren nicht zufrieden, die Mitarbeiter natürlich nicht minder. Wir mussten also handeln und neue Wege einschlagen, weil wir unsere gute Beziehung mit Volkswagen fortsetzen wollen.

Was habt ihr konkret getan?

Christian Falkenberg: Das übliche Vorgehen – frei nach dem Motto: Wir bilden erst mal einen Steuerkreis – war für mich keine Option. Ich mache das ja neben meiner eigentlichen Tätigkeit als Service Delivery Manager und wollte mich nicht in Protokollen und Steuerkreissitzungen verlieren. Meine Idee war: Lasst uns doch symbolisch einen Geldkoffer hinstellen und so was wie eine Ideenschmiede für Innovationen aufsetzen, bei der sich alle mit ihren Ideen beteiligen. Die Aufgabenstellung lautete: Wie können wir unseren Standort Wolfsburg wieder stabilisieren?

Ein symbolischer Geldkoffer?

Christian Falkenberg: In dem Sinne: Fühlt euch nicht gebremst. Geht nicht sofort nach Finanzmitteln, geht nicht sofort nach technischer Machbarkeit. Macht den Kopf frei und legt alle Ideen auf den Tisch. Mein Glück war, dass ich gute Manager um mich hatte, die unser Vorgehen unterstützt haben, denn in ein Großunternehmen wie die Deutsche Telekom hat das zunächst nicht gepasst …

»Wir haben neue Formate des Austausches geschaffen.«

Womit habt ihr also angefangen?

Christian Falkenberg: Wir sind mit einem Kern von sechs Leuten gestartet. Am Anfang stand die Ideenschmiede. Uns war wichtig: „Macht mit, kommt raus aus dem Homeoffice, zeigt, was ihr könnt! Eure Ideen werden gehört und umgesetzt." Wir haben neue Formate des Austausches geschaffen, zum Beispiel einen Collaboration Room in Wolfsburg, in dem wir neue Arbeitsmethoden kreativ ausprobieren, gemeinsame Mittagspausen, in denen Mitarbeiter ihr Know-how weitergeben, sich austauschen. Außerdem haben wir verschiedene Formate – intern und auch für Kunden – ins Leben gerufen, bei denen wir uns sowohl intensiv fachlich als auch auf menschlicher Ebene austauschen. Es geht ja auch darum, *wie* wir zusammenarbeiten.

Wie habt ihr das gemacht?

Christian Falkenberg: Vor allem über You & Me, unser firmeninternes „Facebook", eine Kommunikations- und Kollaborationsplattform. Die verschiedenen Formate sind aus den Ideen der Mitarbeiter heraus entstanden. Sie stellen auf You & Me ihre Ideen und Themen ein und diskutieren sie. Durch die Ideenschmiede sind übrigens nicht nur neue Arten des Miteinander-Arbeitens entstanden, sondern es wurde vor allem neues Geschäft generiert. Das ging Hand in Hand.

Bei neuen Arbeitsmethoden denken viele an agile Methoden und Design Thinking. T-Systems auch?

Christian Falkenberg: Ja, klar. Auch wir haben viele unterschiedliche agile Methoden ausprobiert und damit beste Erfahrungen gemacht. Mit kurzen Daily Standups und allem, was dazu gehört. Innerhalb kurzer Zeit haben wir den Standort Wolfsburg agilisiert. Über Design-Thinking-Methoden haben wir den Kunden direkt ins Boot geholt. Darauf setzen wir: Immer Kundenkontakt und direkten Austausch!

Kanntet ihr agile Methoden schon vorher?

Christian Falkenberg: Klar haben wir uns damit auch schon früher auseinandergesetzt. Und ich muss sagen: Diese Vorgehensweisen, dieses
Mindset war in dieser Situation für uns wie ein Neuanfang. Mittlerweile
haben die meisten unserer Mitarbeiter und Kollegen Design-Thinking- und
Scrum-Schulungen durchlaufen – wir haben inzwischen sehr viele Scrum
Master und Product Owner ausgebildet. Außerdem haben wir mittlerweile 50 ausgebildete Design-Thinking-Facilitatoren – sie leiten Workshops
und bringen sich damit beim Kunden agil ein. Außerdem konnten sie sich
dadurch persönlich weiterbilden. Auch das ist für mich New Work: die
persönliche Weiterentwicklung.

*Agile Methoden haben ja oft den Effekt eines positiven Kulturwandels. Wie war
das bei euch?*

Christian Falkenberg: Wir können heute wirklich sagen, dass wir ein agiler
Standort sind, unser Wertesystem wird zunehmend agil und mit unserer
Raumgestaltung unterstützen und leben wir genau das. Neben dem Druck
aus dem Markt war ein weiterer Auslöser für uns das Ziel, sinnstiftende
Arbeit zu schaffen. Und für sinnstiftende Arbeit muss man selber was
tun, sich einbringen, selber machen, Dinge ändern. Das machen wir jetzt!

*Es gibt ja viele, die mit einem anderen Verständnis von Arbeit groß geworden
sind. Wie überzeugt ihr die?*

Christian Falkenberg: Wichtig ist das Bewusstsein, dass es auch anders
geht. Zu sehen, dass der Status quo nicht in Ordnung ist, zu sehen, dass
wir Schwierigkeiten bekommen, wenn wir einfach so weitermachen. Die
Topmanager haben die neue Denke verinnerlicht, alle kennen agile Methoden und die Haltung dahinter, alle haben Design-Thinking-Workshops
besucht. Für das neue Bewusstsein ist unsere Kommunikationsplattform
ebenfalls hilfreich. Zum Beispiel auch, um zu sehen, wie geht's meinen
Mitarbeiten, was bewegt sie?

Was bewegt sie denn?

Christian Falkenberg: Da ist beispielsweise die Frage: Wie können die
neuen Arbeitsmethoden im Alltag funktionieren? Für die neuen Raumkonzepte wollen viele erst mal Regeln haben. Ich sage dann: „Fangt nicht
mit Regeln an, redet miteinander, nehmt Rücksicht, sprecht zum Beispiel
leiser und nutzt die unterschiedlichen Raummöglichkeiten." Also einfühl-
samer und achtsamer sein. Für uns, die das Konzept vorantreiben, heißt
das natürlich: Nicht nur Konzepte auf Folien toll darstellen, sondern auch
machen und leben!

Christian Falkenberg sieht seine Kollegin Nezahat Ece vorbeilaufen und fragt sie, ob sie spontan zum Interview dazukommen möchte. Sie habe so viel an diesem Projekt und den neuen Arbeitsweisen mitgewirkt, erklärt er.

Nezahat Ece: Ich bin in das Projekt eingestiegen, weil ich die zuständige Controllerin war und im Konzern für Verständnis gesorgt habe, dass die Art und Weise, wie wir das Projekt New Work angehen, sinnvoll ist. Ich musste überzeugen, dass unser Vorgehen die Antwort darauf sein kann, wie wir besser mit Kunden arbeiten können.

Christian Falkenberg: Heute genießen wir das Vertrauen der Geschäftsführung. Wir haben uns in vielen kleinen Schritten dahingearbeitet.

Welches waren große Veränderungen und Erfolge?

Nezahat Ece: Da möchte ich zum Beispiel unsere neuen Kundenveranstaltungen nennen: Vorher fand der Austausch eher exklusiv auf Topmanagementebene statt. Das wollten wir anders machen. Den Kundenkontakt, den wir im Projekt haben, also unter Projektleitern und Projektmitarbeitern, wollten wir viel mehr etablieren. Wir wollten die Möglichkeit schaffen, die operative Ebene einzubinden. Diese positive Richtung von unten nach oben, die gab es vorher so nicht. Unser neues Motto: „Wir öffnen uns, wir schaffen die Möglichkeit für viele Impulse und binden dabei auch den Kunden mit ein, und zwar von Anfang an."

Wie geht es euch jetzt im Arbeitsalltag nach etwas mehr als zwei Jahren?

Nezahat Ece: Wir priorisieren anders, wir arbeiten anders. Wir richten unser gesamtes Tun an dem Empfänger unserer Leistungen aus: Wie können wir ihn glücklich machen, ihn überraschen und ihn anregen mitzumachen? Der Pfeil geht nicht nur in eine Richtung. Uns ist es wichtig, den Kunden einzubeziehen, auch in der Projektarbeit.

War das so neu? Denn Kunden gab es ja schon immer …

Nezahat Ece: Das Neue ist für viele Kolle- **»Den Mut haben, Dinge zu** gen: Bislang haben andere für mich gedacht, **hinterfragen.«** haben gesagt, was richtig ist und was getan werden muss. Es wurde wenig hinterfragt. Jetzt den Mut zu haben, Dinge zu hinterfragen, nach dem Nutzen zu fragen, ist neu. Zu fragen, wie kann ich es einfacher machen. Wir streben danach, Komplexität zu reduzieren. Das ist auch anstrengend. Du musst jeden Tag an deine Grenzen gehen, wenn du Veränderung willst. Also dranbleiben und immer wieder zeigen, dass es sich lohnt.

Christian Falkenberg: Es gibt jetzt mehr Fokussierung, Offenheit und Selbstreflexion. Und es gilt immer wieder, das Bewusstsein dafür zu schärfen, was wirklich wichtig ist.

Ihr klingt begeistert. Veränderungen sind aber oft schwierig und nicht jedermanns Sache. Wie nimmt man die Kollegen mit?

Nezahat Ece: Das ist uns bewusst. Es gibt natürlich Zurückhaltung und Vorsicht. Menschen neigen dazu, den Status quo festzuhalten. Es hilft, das zu wissen und zu respektieren. Es gibt manche, die schauen sich das erst mal an, die sagen, das klingt gut, für mich ist das aber vielleicht noch nichts. Das sind die Personen, die man enger einbinden sollte, denn genau sie steigen mit auf. Es gibt natürlich auch Einzelne, die können und wollen damit nichts anfangen. Wir haben uns deshalb zunächst um jene gekümmert, die vorsichtig, aber interessiert waren, aber noch einen Schubs brauchten.

Christian Falkenberg: Ich sehe da einen Zug. Im ersten Waggon sind die, die offen sind. In der Mitte sind diejenigen, die noch nicht so richtig wissen, wo sie hinwollen. Und im hinteren Waggon sind die, die ablehnend sind. Mein Rat ist: Kümmere dich nicht zu sehr darum. Ein Fehler, den viele machen: Sie kümmern sich mit viel zu viel Energie um die, die ablehnend sind. Aber das gehört einfach dazu. Eventuell kommt jemand aus dem letzten Waggon mit nach vorne. Jeder kann jederzeit nach vorne kommen und mitfahren!

Welches sind eure Empfehlungen für andere Unternehmen, die sich verändern wollen oder müssen?

Nezahat Ece: Kleine Schritte machen. Nicht die Welt gleich komplett umbauen. Sonst stößt man auf Widerstand. Positive Erlebnisse schaffen, gemeinsam Erfolge erleben und darüber reden. Zum Beispiel unser Kunden-Event: zur Hälfte Mitarbeiter, zur Hälfte Kunden. Das positive Erlebnis hat dazu geführt, dass die Mitarbeiter nun viel stärker an unseren öffentlichen Meetings teilnehmen und merken: „Ach, die sind doch gar nicht so verrückt. Da kommt doch was bei rum!"

Christian Falkenberg: Habe eine tolle Vision und starte klein. Nah am Geschäft, Kontakt zum Kunden, Transformation nicht zum Selbstzweck machen. Für die Durchführung brauchst du ein Kernteam, das bereit ist, den Weg zu gehen. Denn das ist ein Marathon! Außerdem ist es wichtig, an unterschiedlichsten Stellen für Verständnis zu sorgen, um das Projekt gut durchführen zu können. Erklären, warum du was tust. Man muss bereit sein, viel zu kommunizieren. Ein bisschen Rebellentum und Mut, neue Wege zu gehen, gehören wohl auch dazu. Immer wieder zu hinterfragen,

Konflikte und auch Widersprüche auszuhalten. Und vor allem: Gehe in Vorleistung! Die Investition lohnt sich.

***

„Wenn man Partizipation nicht zur Grundlage der Veränderung macht, hat man nicht verstanden, worum es geht."

Ein weiteres Unternehmen, auf das ich im Laufe meiner Recherchen aufmerksam wurde, ist *Bosch Power Tools*. Power Tools, das sind die Geräte, die wir aus Heimwerker- und Baumärkten kennen: Bohrmaschinen, Akkuschrauber, Hochdruckreiniger, Heckenscheren. Der Bosch Geschäftsbereich Power Tools ist weltweit führender Anbieter für Elektrowerkzeuge und -zubehör, für Heimwerker und Profis. 2016 wurde damit begonnen, die Organisationsstruktur des Bereichs umzugestalten. Dabei sind die Mitarbeiter umfangreich einbezogen worden. Neue Arbeitsweisen wurden ausprobiert und eingeführt, inspirierende Arbeitsumgebungen wurden geschaffen. Dank Design Thinking und agiler Arbeitsweisen ist der Nutzer der Produkte noch stärker in den Fokus gerückt.

Uwe Raschke, Mitglied der Bosch-Geschäftsführung, ist zuständig für den Unternehmensbereich Consumer Goods, zu dem auch Power Tools gehört. Mit ihm spreche ich über das Vorgehen bei diesem umfangreichen Umbau und was sich im Alltag durch die agilen Herangehensweisen verändert hat.

Gab es einen speziellen Anlass dafür, dass Sie gesagt haben: Wir müssen jetzt doch mal neu ran an die Strukturen? Denn der Bereich Power Tools hatte ja gute Umsatzzahlen …

Wir wussten, dass insbesondere die Digitalisierung unsere Geschäfte grundlegend verändern würde. Und wir begannen davon zu sprechen, dass Großunternehmen agiler werden müssten. Aber was bedeutet agiler? Es war auf jeden Fall klar, dass die grundlegenden Veränderungen sehr viel höhere Innovationskraft, schnelle und trotzdem gute Entscheidungen oder eine größere Anpassungsfähigkeit verlangen würden, als dies in der Vergangenheit je der Fall war. Daraus entstand eine intensive Beschäftigung mit der Frage: Wie kann man ein Großunternehmen so gestalten, dass es auch in Zukunft schnell, innovativ und schlagkräftig genug bleibt? Dies zeichnet Bosch seit mehr als 130 Jahren aus, aber die Rahmenbedingungen haben sich stark verändert. Neben der Digitalisierung verändern der demografische Wandel und die unterschiedlichen Erwartungen der verschiedenen Generationen an die Arbeitswelt, beispielsweise was die

Zusammenarbeit betrifft, die Anforderungen an uns. Darauf wollten wir eine Antwort finden.

Der Begriff Agilität wird ja unterschiedlich verstanden …

Manche verstehen darunter: „Jeder macht, was der Chef will, aber schneller!" Das ist natürlich falsch. Oder: „Jeder macht, was er will!", eine Definition, die ebenfalls nicht richtig ist. Als wir 2013 damit begannen, uns intensiv mit der Frage zu beschäftigen, gab es nicht gerade viele Bücher mit Rezepten oder Gebrauchsanweisungen, was man zu tun hat. Also haben wir uns ein eigenes Modell erarbeitet.

Wie sind Sie dabei vorgegangen?

Wir haben uns intensiv mit dem Thema beschäftigt. Dabei haben mich einige neuzeitliche Denker sehr beeindruckt, zum Beispiel Gary Hamel. Er vergleicht, wie sich Menschen freiwillig im Internet organisieren, und stellt dem gegenüber, wie Menschen in Großunternehmen organisiert werden. Hier zeigen sich erstaunliche Unterschiede, die zu denken geben. Oder Daniel Pink, der über Motivation sagt, dass sie heute auf Autonomy, Mastery und Purpose basiere. Das sind Themen, mit denen man sich bewusst auseinandersetzen muss, insbesondere in Großunternehmen, in denen die Frage nach Autonomie besonders spannend ist. Denn in vielen Jahren Unternehmensgeschichte entwickeln sich Elemente innerhalb einer Großorganisation, die Autonomie nicht unbedingt fördern.

Wie haben Sie die bestehenden Strukturen dann in Bewegung gebracht?

Eine weitere Inspiration kam durch Design Thinking. Ich habe 2013 die User-Experience-Verantwortung für den Konzern übernommen und kam mit Design Thinking in Kontakt. Eine Grundlage des Design Thinkings ist die Überzeugung, dass eine Lösung umso besser wird, je unterschiedlicher die Menschen sind, die daran arbeiten. Die Unterschiedlichkeit bezieht sich vor allem auf den kognitiven Hintergrund der Menschen. Das heißt, wenn ich einen Ingenieur, einen Kaufmann, einen Vertriebsmitarbeiter, einen Designer und vielleicht noch einen potenziellen Kunden in einem Raum zusammenbringe, um ein Problem zu lösen, ist das Ergebnis mit großer Wahrscheinlichkeit besser, als wenn man stattdessen fünf Ingenieure in einen Raum und fünf Marketingexperten in einen anderen Raum setzt, die jeweils für sich eine Lösung für das gleiche Problem erarbeiten. Wenn man aber sieht, wie Unternehmen traditionell organisiert sind, dann fällt meist eine sehr starke funktionale Prägung auf. Das heißt, tendenziell trennen wir Menschen mit verschiedenen kognitiven Hintergründen, anstatt sie von Beginn an zusammenzubringen. Das war für uns ein entscheidender Punkt: Wie können wir dafür sorgen, dass von

Anfang an ganz verschiedene Menschen an der Problemlösung arbeiten? Das wurde ein wesentliches Ziel bei der Neuausrichtung der Organisation.

Was war der erste Stein, um das ins Rollen zu bringen? Haben Sie gesagt: „Ich habe hier ein paar wirklich tolle Erkenntnisse, wir krempeln das jetzt mal um."?

Die Erkenntnisse haben zu einem ersten Prototyp geführt. Diesen Prototyp haben wir den Mitarbeitern anvertraut und ihnen einige grundsätzliche Prinzipien, an denen wir uns bei der Organisationsgestaltung orientieren wollten, an die Hand gegeben. Die Botschaft war: Diskutiert doch mal diesen Prototyp und entwickelt daraus eure Organisation der Zukunft.

»*Wenn man sieht, wie Unternehmen traditionell organisiert sind, dann fällt meist eine sehr starke funktionale Prägung auf.*«

Und dann haben die Mitarbeiter einfach so die Organisation der Zukunft entwickelt?

Das war natürlich für viele Mitarbeiter zunächst überraschend. Ein Mitarbeiter aus dem Betriebsrat sagte mir: „Wissen Sie, Herr Raschke, Organisationsänderung geht aber anders!" Daraufhin fragte ich: „Wie denn?", und er antwortete: „Der Chef setzt sich in sein Büro, entwirft ein Organigramm, gibt das seinem Chef, der genehmigt das und dieser stellt es dem Betriebsrat vor. Dann wird die Organisation einige Wochen später eingeführt. So machen wir das doch eigentlich." Meine Antwort: „Nein, so machen wir es diesmal nicht." „Wie viel Zeit haben wir denn dafür?" „So viel Zeit, wie Sie brauchen. Wenn Sie der Meinung sind, Sie haben es ausreichend diskutiert und ein gutes Modell, dann führen wir es ein." Und so geschah es auch. Der ganze Prozess hat nur drei Monate gedauert.

Das ist schnell!

Da dieses Modell so grundlegend neu für uns war, haben wir von Beginn an kontinuierlich kleine Veränderungen und Anpassungen vorgenommen. Wir wussten, dass wir nicht vom ersten Tag an alle Fragen richtig lösen konnten. Und so ist es bis heute, wir passen die Organisation weiter an, ohne die Grundprinzipien zu verändern. Ein gewaltiger Unterschied zu früher. Damals hat man eine Organisation verabschiedet und diese durfte dann viele Jahre nicht verändert werden, sonst wäre es ja vorher nicht richtig durchdacht gewesen …

Gab es Stolpersteine?

In den ersten drei Monaten lief es erstaunlich problemlos. Die Mitarbeiter haben sich selbst organisiert, eigene Projektleiter gewählt, die Zwischenstände mit den Führungskräften diskutiert: „Was haltet ihr davon?" Und:

„Wie würdet ihr das gerne machen?" Alles war völlig transparent. Und 14-tägig fand ein Town Hall Meeting statt, bei dem der aktuelle Stand vorgestellt wurde. Das war ein reibungsloser Prozess, der alle überrascht hat. Parallel dazu haben die Mitarbeiter ein Gebäude mit inspirierenden Arbeitsumgebungen eingerichtet. Vorher waren sie auf mehrere Gebäude verteilt, jetzt sind alle zusammen unter einem Dach.

Klingt ja fast zu schön. Ging das alles so glatt?

Nein, natürlich nicht. Die Herausforderungen kamen erst deutlich später. Wie in anderen großen Veränderungsprozessen gab es im ersten Jahr viele Fragen, gepaart mit einer gewissen Unsicherheit über die Rolleninhalte und die Gestaltung einer effizienten Zusammenarbeit. Die Teams mussten sich finden und dabei auch das eine oder andere traditionelle Vorurteil überwinden. Es hat rund ein Jahr gedauert, bis die meisten Fragen zufriedenstellend beantwortet waren.

Und der Betriebsrat war einverstanden mit den Veränderungen?

Ja, der Betriebsrat war von Anfang eingebunden. Wir haben bis heute sehr viel Unterstützung seitens des Betriebsrats. Veränderungsprozesse dieser Art muss man gemeinsam gestalten.

Wenn Sie zurückschauen und die Arbeitsweise von heute mit der früheren Arbeitsweise vergleichen – was hat sich verändert?

»Was sich vor allem verändert hat, ist die Entscheidungsgeschwindigkeit.«

Was sich vor allem verändert hat, ist die Entscheidungsgeschwindigkeit. Wir hatten bislang eine funktionale Organisation mit mehreren Hierarchiestufen. Jetzt haben wir den Geschäftsbereich in 55 Business-Teams fragmentiert. Diese Business-Teams sind etwa 100 bis 120 Mitarbeiter stark und von Anfang bis Ende für ein Produkt verantwortlich. Das heißt, von der Produktidee bis zur Vermarktung entscheiden diese Teams im Rahmen einer gesetzten Strategie selbstständig. Kern ist ein sogenanntes Purpose-Team. Dieses crossfunktionale Team ist für Innovation und die operative Steuerung des Geschäfts verantwortlich. Es ist relativ klein und setzt sich aus den wesentlichen Kompetenzen zusammen. Das Team sitzt zusammen in einem Raum und kann Entscheidungen sehr viel schneller treffen als in der Vergangenheit.

Sie haben zwei Hierarchieebenen herausgenommen aus der Organisation. Welche Schwierigkeiten hat das mit sich gebracht und wie haben Sie diejenigen, für die das vielleicht ein schmerzhafter Einschnitt war, an Bord halten können?

Wir haben in dem Prozess fast alle Mitarbeiter mitnehmen können. Es gibt Mitarbeiter, die früher Gruppenleiter oder Abteilungsleiter waren und heute eine Expertenfunktion ohne Mitarbeiterverantwortung innehaben. Mein Eindruck aus Gesprächen mit diesen Mitarbeitern ist, dass viele mindestens so glücklich sind wie vorher, wenn nicht glücklicher. Und dann gibt es natürlich auch einige, für die dieser Wechsel nicht einfach ist und mit denen wir gemeinsam eine Lösung finden müssen.

Was kann Menschen dabei helfen?

Wichtig ist, zu erkennen, was den Einzelnen antreibt, neudeutsch nennen wir das Purpose. Dabei stehen Fragen im Vordergrund wie: „Was ist der eigentliche Sinn meiner Arbeit?" Oder: „Für wen verändere ich in der Welt etwas zum Positiven?" Auch sind Begriffe von Bedeutung wie Mastery: „Kann ich mich in der jetzigen Funktion weiterentwickeln?", „Was bedeutet eigentlich Weiterentwicklung für mich?" Oder Autonomie: „Welchen Entscheidungsspielraum habe ich?" Die neu geschaffene Organisation bringt viel mehr Freiheit für die Teams und macht den persönlichen Beitrag zum Gesamterfolg sehr viel sichtbarer. Ich glaube, das sind ganz wesentliche Motivatoren. Wir haben außerdem durch die neu geschaffenen Business-Teams 55 attraktive Führungsstellen geschaffen, die den Willen zur Übernahme von Verantwortung und unternehmerisches Denken erfordern.

Viele Unternehmen beschäftigen sich mit den Themen Wandel, Digitalisierung, New Work und schauen dabei Richtung Silicon Valley. Brauchen wir eine „Silicon-Valley-Kultur" in Deutschland oder passt das vielleicht gar nicht für deutsche Unternehmen?

Die Frage ist, wofür steht „Silicon-Valley-Kultur"? Aus meiner Sicht strahlt das Silicon Valley Innovationsgeist und enge Zusammenarbeit der Menschen aus. Aber wir brauchen keine Schlagwörter.

Was ist es, das Unternehmen Ihrer Meinung nach brauchen?

Zunächst ein tiefes Verständnis für die sich verändernde Umwelt. Die Digitalisierung und das sogenannte Internet der Dinge werden Produkte, Dienstleistungen und Geschäftsmodelle tiefgreifend verändern. Und das bedeutet enorme Chancen, aber auch die Verpflichtung, Neuem gegenüber offen zu sein und zu verstehen, dass das ständige Lernen in dieser Zeit ein wichtiger

> »Wir müssen den Sinn unseres Tuns in den Mittelpunkt unserer Arbeit stellen, den konkreten Beitrag zur Verbesserung der Lebensqualität unserer Kunden.«

Erfolgsfaktor ist. Wir müssen den Sinn unseres Tuns in den Mittelpunkt unserer Arbeit stellen und mit Sinn meine ich den konkreten Beitrag zur Verbesserung der Lebensqualität unserer Kunden. Die meisten Mitarbeiter interessiert es nicht, ob wir unsere Profitabilität um 0,1 Prozent gesteigert haben, sondern sie erwarten, dass wir so profitabel sind, dass ihr Arbeitsplatz sicher ist. Viel wichtiger ist es, was sie ihren Partnern, Freunden oder Kindern abends erzählen, wenn sie gefragt werden, was sie den ganzen Tag über gemacht haben und warum es sich lohnt, sich engagiert für ehrgeizige Ziele einzusetzen.

Was wäre Ihr Rat für andere Organisationen, die über Veränderungen nachdenken bzw. durch große Veränderungen gehen müssen oder wollen?

„Von außen nach innen denken", die Chancen und nicht die Risiken in den Mittelpunkt stellen und die Mitarbeiter von Beginn an in Veränderungsprozesse mit einbeziehen.

Mitarbeiter einbinden. Da ist die Frage für Unternehmen ja manchmal, ob das nicht unglaublich zeitaufwendig ist: „Jetzt muss ich auch noch alle einbinden!" Was würden Sie entgegnen?

Dieses Argument lasse ich nicht gelten. Schnelle, schlechte Lösungen kosten noch mehr Zeit, weil sie nach kurzer Zeit revidiert werden müssen. Die starke Einbindung der Mitarbeiter von Beginn an macht das Ergebnis besser und den Prozess in Summe effizienter. Und wenn ich die Partizipation nicht zur Grundlage einer derartigen Veränderung mache, dann habe ich nicht verstanden, worum es geht.

Ein schönes Schlusswort.

Eine kleine Geschichte hätte ich noch.

Sehr gern!

Die Organisation wurde am 1. Oktober 2016 ins Leben gerufen und genau ein Jahr später wurde ich zum ersten Mal in meiner über 30-jährigen Berufslaufbahn zu einer Geburtstagfeier einer organisatorischen Einheit eingeladen. Gefeiert wurde das einjährige Bestehen der neuen Organisation. Bisher hatte ich noch nicht erlebt, dass eine Organisation den Geburtstag ihrer Entstehung feiert. Die Mitarbeiter hatten dies von sich aus organisiert. Da hatte ich das Gefühl, dass wir es wohl nicht ganz verkehrt gemacht haben.

***

Nachdem mir Uwe Raschke so interessante Einblicke in die Veränderungen bei Bosch Power Tools gegeben hatte, wollte ich mir das doch noch mal im Alltag anschauen. Und so treffe ich Bernhard Hegemann und Carla-Maria Finck, die die Veränderung von vornherein begleitet haben. In offenen Bürowelten wird gemeinsam diskutiert, die neu entwickelten Geräte sind in liebevoller Werkstattatmosphäre für alle sichtbar ausgestellt. In der Gemeinschaftsküche holen wir uns einen Kaffee, setzen uns erst in die Lounge und gehen für unser Gespräch dann in einen der kleinen gläsernen Besprechungsräume, dessen Wände – ganz New-Work-like – als Arbeitsboard genutzt werden und voller Post-its hängen.

Welches waren Ihre Rollen in der Transformation der Organisation?

Bernhard Hegemann: Ich habe die Transformation bei Power Tools im Produktbereich Home and Garden mit initiiert und als Projektleiter, Treiber, Product Owner, also alles in einem, durchgeführt. Ich bin Außenstehender gewesen, habe die Mitarbeiterinnen und Mitarbeiter vor mir hergeschoben (lacht) und in die Richtung bewegt, von der ich glaubte, dass es die richtige sei. Vor knapp zehn Monaten habe ich dann eine der Führungsrollen hier übernommen und bin nun der Business Owner für das Segment Fixing, in dem es zum Beispiel um Akkuschrauber geht.

Carla-Maria Finck: Ich gehöre zu den vorangeschobenen Mitarbeiterinnen (lacht). Seit 2012 bin ich bei Home and Garden. Ich war damals in einem Bereich tätig, von dem klar war, dass er nicht so bleibt, wie er ist. Dementsprechend hatte ich einen hohen Gestaltungswillen, an den Veränderungen mitzuwirken. Und ich erinnere mich noch, es gab ein Town Hall Meeting, in dem Bernd Hegemann die Neuorganisation vorstellte ... Ich saß da als Unbeteiligte und dachte nur so: „Das geht gar nicht!"

Weshalb?

Carla-Maria Finck: Weil es total ungewohnt war. In der Vergangenheit war es so, dass ein Konzept für eine Umstrukturierung fertig ausgearbeitet war und erst dann präsentiert wurde. Nun war es aber so, dass gesagt wurde, es wird umstrukturiert, hier ist der erste Schritt, aber wir sind noch lange nicht am Ziel und müssen erst noch dieses und jenes ausarbeiten. Ich dachte mir dann: „Jetzt oder nie!"

Wie ging es dann voran mit der Umstrukturierung?

Bernhard Hegemann: Im Oktober 2015 ist die Idee entstanden, und wir haben Konzepte erarbeitet, wie das ungefähr aussehen kann. In der Konzeptphase, den ersten drei Monaten,

»Die Idee war, es von vornherein offen und transparent zu machen und diesen Weg gemeinsam zu gehen.«

waren vor allem klassische Führungskräfte dabei. Dabei kam der Wunsch auf, offen und transparent vorzugehen und die Mitarbeiter in die Gestaltung ihrer Zukunft einzubeziehen. Da stand ich dann also auf der Bühne und sagte: „Das ist die grobe Idee. Jetzt brauchen wir euch, liebe Kollegen, um mitzuhelfen, das zu gestalten." So hat's begonnen. Im Januar 2016 hat Uwe Raschke mit allen Mitarbeitern gesprochen, hat seine Vision, wo es hingehen soll, geteilt. Wir haben Gruppen und Themenblöcke gebildet, in denen die Leute mitwirken konnten. Carla und ein Kern aus Freiwilligen kamen im weiteren Verlauf dazu.

Weshalb haben Sie es so anders gemacht als bisher, also nicht mehr fertiges Organigramm und fertiger Change-Plan?

Bernhard Hegemann: Bei den Restrukturierungen, die ich bislang durchgeführt habe, war es klassischerweise so, dass man den Vorhang öffnet, es kommt ein fertiges Konzept raus. Und dann muss man monatelang erklären, warum das richtig ist. Die Idee war, es von vornherein offen und transparent zu machen und diesen Weg gemeinsam zu gehen. Das ist unser Verständnis von Führung heute.

Eine gemeinsame Reisegruppe sozusagen. Wie wurde das von den Mitarbeitern aufgenommen?

»Die Situation ‚Geschäftsführer trifft Sachbearbeiter' – das war neu.«

Carla-Maria Finck: Das erste Mal, dass wir davon gehört haben, war in der persönlichen Vorstellung durch Uwe Raschke. In einem Impulsvortrag erläuterte er: Warum ist so eine Transformation notwendig? Wo wollen wir eigentlich hin? Da ist das Wort Agilität noch nicht einmal gefallen. Es ging vor allem darum, dass wir uns verändern müssen, weil die Welt sich ändert. Er hat sich Zeit für alle 125 Mitarbeiter unseres Bereichs genommen. Dabei wurden einige Hierarchieebenen übersprungen. Das war für viele völlig ungewohnt. Wenn man sieht, dass da von ganz oben der Wille, die Motivation und das Interesse da sind, dass sich wirklich etwas ändert, dann hat das ein völlig anderes Standing! Alle zwei Wochen wurden Teilprozessschritte vorgestellt, die zusammen erarbeitet wurden. Es wurden immer mehr Mitstreiter und Teilprojekte, weil sich auch immer mehr herauskristallisiert hat, an welchen Säulen wir eigentlich arbeiten müssen und wo wir hinwollen.

Bernhard Hegemann: Die Situation „Geschäftsführer trifft Sachbearbeiter" – das war neu. Die ersten Gespräche waren sehr zurückhaltend, so nach dem Motto: Was muss ich anziehen? Was darf ich sagen, was darf ich nicht sagen? Kann ich damit meine Karriere beenden? Es gab auch Unsicherheiten wie: Ist Excel eigentlich ein Skill? Das ging über fünf, sechs, sieben Termine, angesetzt für jeweils 1,5 Stunden, gedauert haben sie aber meistens drei bis vier Stunden. Bis wir uns dann irgendwann ganz

normal darüber unterhalten haben, wo wir als Organisation stehen und welches unsere Schmerzen sind. Auf diese Weise hat sich Herr Raschke ein Bild davon gemacht, was uns bewegt, wo unsere Probleme liegen. Es war wirklich inspirierend, auf Augenhöhe darüber zu diskutieren, wie wir diesen Bereich in die Zukunft bewegen.

Im weiteren Verlauf wurden Hierarchieebenen herausgenommen. Wie sind Sie dabei vorgegangen?

Bernhard Hegemann: Die Organisation war so komplex, dass wir sie mit Lego abgebildet haben, um sie zu visualisieren und begreifbar zu machen. Dabei wurde klar, dass es zum Beispiel Gruppenleiter gibt, die nur zwei Mitarbeiter haben. Es gab da so einiges aus der Vergangenheit, was einfach historisch gewachsen war. Wir haben dann ein Prinzip verfolgt: Drei Hierarchieebenen, bestehend aus Team, dessen Führungskraft, und dann kommt die Business-Unit-Leitung. Keine weiteren Zwischenstufen mehr.

Wie sind jene, die ihre Führungsrolle abgeben mussten, damit umgegangen?

Bernhard Hegemann: Wir haben es geschafft, den Großteil in Einzelgesprächen und Coachings mitzunehmen. Es gab aber auch einige, die diesen Weg nicht mit uns gehen wollten, was ganz normal ist. Sie sind dann in andere Bereiche gewechselt. Wir beobachten, dass die, die den Weg mitgegangen, aber keine Führungskraft mehr sind, ihre Motivation nun viel stärker aus ihrer Aufgabe ziehen.

Wenn man sich 20 Jahre lang seine Karriere erarbeitet hat, dann ist das ein ziemlicher Einschnitt.

Carla-Maria Finck: Klassischerweise hat Karrieredenken bisher oft mit Macht zu tun gehabt. Heute ist das anders, im Mittelpunkt steht der Purpose dessen, was wir tun. Ich denke, das ist die richtige, die wirkliche Motivation, um das Geschäft zu lenken.

Was motiviert Mitarbeiter? Wie lauten Ihre Erkenntnisse aus den vergangenen zwei Jahren?

Bernhard Hegemann: Mitarbeiter wollen verstehen, warum sie tun, was sie tun. Und sie wollen, dass ihr Beitrag eine Veränderung bewirkt. Was die meisten frustriert, ist, wenn sie Tabellen ausfüllen oder Berichte zusammenstellen, die an irgendjemanden gehen, und man keine Ahnung hat, was damit passiert, weil man nie Feedback bekommt. Der Shift zu „Ich will verstehen, warum ich hier bin" ist etwas, das ich bei vielen als sehr motivierend wahrgenommen habe.

Carla-Maria Finck: Motivierend ist auch Wertschätzung im Sinne der Expertise. Jeder hat Expertenwissen, für die Produkte, für das Marketing,

technisches Know-how. Wenn es darum geht, Entscheidungen zu treffen, dann hören wir dem zu, der am tiefsten im Thema drin ist, und nicht demjenigen, der hierarchisch ganz oben ist.

Welche Tools, Methoden oder Themen, haben Sie wie eingeführt?

Bernhard Hegemann: Das erste und wichtigste Tool ist gesunder Menschenverstand. Daraus leitet sich viel ab. Wir hatten kein Beispiel aus anderen Industrien, nicht in der Größe. Wir haben überlegt, aus welchen Dimensionen sich die Transformation bei uns zusammensetzt: Strategie, Führung, Zusammenarbeit, Organisation, Prozesse. Alles spielt zusammen. Wir haben angefangen, die Organisation zu verändern, und gleichzeitig haben wir ein neues Gebäude gestaltet. Dann haben wir uns gefragt, welche Rollen zukünftig für das Geschäft und für die Organisation gebraucht werden und wie sie ausgestaltet sein sollten. Wir haben jeden gefragt, was er gern machen würde. Das ist dann der Punkt, wo manche vielleicht sagen: „Jetzt haben die einen totalen Knall, jetzt fragen die mich, was ich morgen machen will."

Das kann ja auch Risiken bergen … Sagt man jetzt ehrlich, was man eigentlich will?

Bernhard Hegemann: Wir haben Brown-Papers, diese großen Plakate, hingehängt mit sämtlichen Rollen: „So sieht die Organisation aus; das sind die Rollen, die es gibt. Schreibt eure Namen auf einen Zettel und hängt ihn zu der gewünschten Rolle."

Was ist, wenn dann auf einer Rolle ganz viele Zettel kleben und woanders gar keiner?

Bernhard Hegemann: Dann ist Führungsarbeit gefragt, offene und ehrliche Kommunikation. Manche Wünsche können nicht gleich erfüllt werden, sondern vielleicht erst zu einem späteren Zeitpunkt. Am Ende ging's auf.

Was heißt Führungsarbeit in dem Zusammenhang?

Bernhard Hegemann: Ab und zu braucht man jemanden, das war in unserem Fall Herr Raschke, der guckt, ob die Kompassnadel noch oder wieder richtig steht. Der sagt: „Land in Sicht, weiterrudern, das ist die richtige Richtung." Das ist ganz wichtig! Gar nicht bis ins letzte Detail, das macht die Organisation, die finden den Weg. Aber sie brauchen jemanden, der es will und der den Rahmen vorgibt.

Wie hat sich die Kultur verändert? Wie arbeiten die Leute jetzt zusammen?

Carla-Maria Finck: Wir haben Abteilungen aufgelöst und unterschiedliche Kulturen zusammengebracht. Etwas überspitzt formuliert: Früher hat

das Engineering das Produkt technisch perfektioniert, während sich das Marketing den Markt angeschaut hat. Wenn die beiden Bereiche zusammenkamen, gab's erst mal Unverständnis, da man sich nur in gewissen Zyklen traf. Jetzt ist die Teamzusammenstellung ganz anders, wir arbeiten täglich miteinander. Da findet ein enormer Austausch statt, in alle möglichen Richtungen – und auf einmal ist das Verständnis füreinander viel größer. Zu diesen beiden Bereichen kommen außerdem das Controlling, das Qualitätsmanagement … Alle sitzen nun zusammen und arbeiten auf ein Ziel hin. Transparent, offen, schnell.

Da klingen die agilen Methoden durch.

Carla-Maria Finck: Wir haben all unsere Ziele auf Monatsziele heruntergebrochen und halten alle Aufgaben hier an der Wand auf Post-its fest. Absolut transparent. Manchmal auch eine etwas schmerzhafte Transparenz.

Inwiefern schmerzhaft?

Carla-Maria Finck: Es kann schon einen gewissen Druck ausüben, weil man bestimmte Aufgaben einfach nicht wegschummeln kann.

Bernhard Hegemann: Oder aussitzen.

Carla-Maria Finck: Das Gute ist, dass es wirklich für alle im Team transparent ist. Nicht jeder ist zu 100 Prozent an jedem Projekt beteiligt. Manchmal ist man auch eher Zuhörer und kann dann eine andere Perspektive einbringen. Zweimal in der Woche machen wir ein Standup-Meeting, was super für den Austausch ist. Wir haben monatliche Sprint-Zyklen mit Planning, Review und Retrospektive.

Gibt es auch Dinge, die dabei besser laufen könnten?

Bernhard Hegemann: Noch sind wir in den Meetings sehr fachlich unterwegs. Künftig wollen wir noch stärker auf die soziale Ebene gehen. Da wollen wir noch besser werden!

Carla-Maria Finck: Da kommt natürlich das Thema mit den unterschiedlichen Persönlichkeiten auf. Einer ergreift vielleicht sofort das Wort und redet viel, während ein anderer sich nicht so recht traut. Es ist dann die Aufgabe des Agile Masters, moderierend tätig zu werden, sodass jeder seinen Raum bekommt.

Bernhard Hegemann: Ja, der Agile Master, der moderiert und fordert auch immer wieder zu Disziplin auf, schaut, dass wir uns als Team verbessern. Ich arbeite eng mit ihm zusammen, einen Teil meiner klassischen Führung habe ich an ihn abgegeben. Er setzt sich mit dem Team zusammen und fragt nach positiven, aber auch negativen Dingen, spielt mir das wieder zurück und sagt: „Hey, das ist das Feedback, denk' mal drüber nach!"

Carla-Maria Finck: Sparring, das ist wichtig! Auch für Verhaltensveränderungen eines jeden Einzelnen. Das ist ja ein bisschen wie mit Vorsätzen fürs neue Jahr – es ist harte Arbeit, dranzubleiben, nicht rückfällig zu werden. Man darf sich auch nicht ablenken oder irritieren lassen. Da darf auch das operative Geschäft keine Ausrede sein …

New Work, Agiles Arbeiten, Design Thinking, ist das gerade irgendwie cool, eine Modeerscheinung, oder ist das ein langfristiger Trend?

Bernhard Hegemann: Ich bin ja eigentlich Ingenieur, hatte mit diesen Arbeitsweisen nichts am Hut. Ich war von Anfang an der Überzeugung, dass wir manches als Unternehmen besser machen können und stärker adressieren müssen, unterwegs hatte ich aber auch mal Zweifel, ob dies der richtige Weg ist. Im Nachhinein bin ich der vollen Überzeugung, dass es der richtige Weg war und ist. Und ich glaube auch, dass es ein Enabler für Unternehmen ist, um zu überleben.

Enabler zum Überleben?

Bernhard Hegemann: Ja, zum Beispiel, um junge Leute für scheinbar klassische Unternehmen zu gewinnen. Für die Generation, die im Moment auf den Arbeitsmarkt kommt, spielt Geld häufig keine so große Rolle, die wollen anders motiviert werden, wollen andere Arbeitszeitmodelle, mehr Spaß muss her. Das ist für ältere Generationen manchmal gar nicht so leicht zu verstehen. Aber Unternehmen müssen sich dafür öffnen, sonst kriegen sie die Leute nicht. Dazu gehört auch, darüber nachzudenken, wie wir führen und wie wir zusammenarbeiten.

Also besser auf die Wünsche und Erwartungen der Arbeitnehmer eingehen?

Bernhard Hegemann: Erfolgreiche Unternehmen zeichnen sich dadurch aus, dass sie die Gesellschaft abbilden. Es ist ja oft so, dass Menschen privat völlig anders sind als während der Arbeit. Und ich denke, man kann als Unternehmen eigentlich nur erfolgreich sein, wenn man das in Einklang bringt. Wir haben gesagt: „We need to reflect the society we serve!"

Wenn Sie diesen Veränderungsprozess noch einmal anschieben würden: Würden Sie es genauso machen oder vielleicht an ein paar Stellschrauben drehen?

»Man braucht ganz viel Change-Management, ganz viel Nähe zu den Mitarbeitern.«

Carla-Maria Finck: Am Anfang war viel Unsicherheit, da hilft nur Kommunikation. Davon hätte es noch mehr geben können. Und aus deiner Perspektive, Bernd, denkt man vielleicht: „Ich rede doch schon die ganze Zeit …" Dabei geht es nicht darum, das Gesagte einfach noch mal zu wiederholen, sondern tatsächlich auf

jeden Einzelnen einzugehen und ihn mitzunehmen. Jeder braucht eine individuelle Ansprache.

Bernhard Hegemann: Man braucht ganz viel Change-Management, ganz viel Nähe zu den Mitarbeitern. Jeder hat Unsicherheiten, weil er nicht weiß, was mit ihm passiert: „Ist mein Arbeitsplatz morgen noch da? Wie werde ich eingruppiert? Was mache ich mit meiner Familie, wenn's in die Hose geht? Vertraue ich ihm da vorne?" Den richtigen Ton finden. Mitarbeiter sind da sehr sensibel.

Gab es auch Dinge, die Sie überrascht haben?

Bernhard Hegemann: Was super war: Es gab viele Kollegen ab 55 aufwärts, die gesagt haben: „Ich habe schon alles erreicht, wir machen das Unternehmen jetzt flott für die nachfolgenden Generationen!" Die haben Erfahrung, kleben nicht an ihrem Sessel und helfen, die neuen Ideen weiterzutragen! Was sie motiviert, ist die Richtung, in die es geht, der Purpose.

Was würden Sie anderen Organisationen empfehlen, die diesen Weg noch vor sich haben?

Carla-Maria Finck: Mut! Auch mal ein bisschen radikaler sein. Außerdem Begeisterung, denn man muss die Leute nicht nur abholen und Verständnis schaffen, sondern wirklich motivieren für das, was gerade passiert. Außerdem so klassische Dinge wie Schulungen zum Thema: agile Arbeitsmethodik, Design Thinking … Und Coachings! Also, da gehört eine ganze Menge dazu. Auch Hilfe von außen. Alleine kann das schwierig werden.

Bernhard Hegemann: Und Entschlossenheit! Heute merken wir: Die meisten wollen nicht mehr zurück in die früheren Strukturen. Wenn sie in dieser Welt mal drin sind, dann wollen sie nicht mehr raus. Ich hätte auch keine Lust mehr, in einer Organisation zu sitzen, wo ich jeden Tag eine Krawatte anziehen muss (lacht).

***

Von der Einführung agiler Arbeitsweisen über die Arbeit mit Design Thinking bis hin zum Umbauen ganzer Organisationen braucht es eine gute Begleitung, die Orientierung auf den Sinn, der dahintersteckt, und Verständnis dafür, was bisher nicht gut läuft, gefolgt von der Entscheidung, einen anderen Weg mit einem klaren Ziel einzuschlagen. Denn nur dann können die Herausforderungen, welche die Umstellung auf selbstorganisiertes Arbeiten und agile Methoden mit sich bringt, gut gemeistert werden. Bis sich alles gut einspielt, bis alle an Bord sind und altes Denken ad acta gelegt worden ist, ist vor allem viel Kommunikation und gemeinsames Erlernen der neuen Vorgehensweisen gefragt. Wichtig ist jedoch die Erkenntnis, dass nicht jede Neuerung überall passt. So gibt es auch Stimmen, welche die neuen selbstor-

ganisierten, agilen Arbeitsweisen kritischer sehen – insbesondere im Hinblick auf die Art der Umsetzung oder wenn Agilität einfach übergestülpt wird, weil das gerade das neue Allheilmittel zu sein scheint.

So hat Dr. *Josephine Hofmann*, Abteilungsleiterin für den Bereich „Zusammenarbeit und Führung" vom *Fraunhofer-Institut für Arbeitswirtschaft und Organisation* IAO, die sie im Abschnitt *„Leadership"* näher kennenlernen werden, auch kritische Anmerkungen:

„Es wird derzeit oft so getan, als wäre das alles viel netter – und es klingt ja auch alles schön. Ich würde behaupten, dass es in Teilen durchaus anstrengender ist, wesentlich kommunikations- und abstimmungsintensiver. Ich bin mir nicht so sicher, ob es unbedingt angenehmer ist, sich jeden Tag im Daily Standup von seinen Kollegen fragen zu lassen, weshalb man etwas nicht hinbekommen hat, wenn man bislang alle zwei Wochen seine Rücksprache mit dem Chef hatte. Viele, die demokratische Stile ausprobieren, sagen auch ganz offen, dass bisweilen zwei Stunden lang herumdiskutiert wird, um über eine Kaffeemaschine im Einkaufswert von 35 Euro zu verhandeln, wobei in der Zeit geschätzt zehn Personenstunden an Kapazität verbraucht werden … Es gibt ja auch berühmt gewordene Zitate, einen Beitrag von einem Softwareentwickler zum Beispiel, der gesagt hat, er komme sich vor wie im Kindergarten, jeden Morgen Stuhlkreis. Für ihn sei das Zeitverschwendung."

Wie kann ein wirklicher Wandel des Verhaltens und des Mindsets in Organisationen gelingen?

Es muss wirklich gewollt sein. Nicht nach dem Motto: „Wir lassen die da unten mal ein bisschen rumspielen, aber oben bleibt alles beim Gleichen." Das funktioniert nicht. Um wirklich glaubwürdig zu sein, muss es von oben mit tiefster Überzeugung getragen werden – und mit langem Atem.

Gerade in großen Organisationen beobachte ich, dass wirklicher Wandel eine ziemliche Herausforderung ist.

Veränderungen oder auch die Einführung agiler Arbeitsweisen sind für kleine oder noch jüngere Unternehmen vielleicht einfacher umzusetzen, weil sie weniger Struktur haben, weil sie in der Regel auch Mitarbeiter mit einem ähnlichen Mindset anziehen und damit Veränderungen einfacher umsetzbar sind. Für ältere Organisationen, in denen zum Teil vier verschiedene Generationen arbeiten, und, um ehrlich zu sein, auch Menschen, die sich die Arbeit nicht unbedingt selber ausgesucht hätten – da braucht man einen langen Atem. Denn die Menschen muss man ja trotzdem mitnehmen. Das Management muss in der Lage sein, auch andere Arbeits- und Lebensentwürfe zu respektieren und die bisherige Leistung zu würdigen. Schlimm finde ich, wenn gesagt wird, alle, die jetzt was Agiles machen, sind top und der ganze Rest ist von gestern. Das ist schlimm, denn das

trifft auch häufig diejenigen, die bis heute oft noch das Geld verdienen. Also keine Zwei-Klassen-Gesellschaft aufmachen.

***

Die Art und Weise, wie neue Vorgehensweisen eingeführt werden, sind zweifellos ausschlaggebend für den Erfolg. Ich muss an eine Zuhörerin bei einem meiner Vorträge zu New Work denken … Sie schien skeptisch, saß mit hochgezogenen Augenbrauen in der zweiten Reihe. Nach meinem Vortrag habe ich sie angesprochen: „Sie scheinen Zweifel zu haben, ob das mit den agilen Methoden so erfolgversprechend ist." Und nach dem, was sie mir dann erzählte, konnte ich das gut nachvollziehen. In ihrem Unternehmen wurde fast von einem auf den anderen Tag alles auf agil umgestellt. Alles selbstorganisiert, keine Führungskräfte mehr außer der Geschäftsführung, lediglich begleitet von ein paar Trainings. Ein Beispiel aus dem Alltag: Eben noch Assistentin eines Abteilungsleiters, sollte eine junge Frau nun als Agile Coach ihren früheren Chef und ein bunt gemischtes Team durch Meetings führen. Das könnte sogar klappen. Aber eher nicht von heute auf morgen. Und nicht, solange der Sinn dahinter nicht klar ist.

Neue Arbeitsweisen brauchen Zeit und eine gute Einführung. Denn es verändert sich ja nicht nur einfach die Art und Weise einzelner Arbeitsschritte, sondern gewachsene Kulturen und Strukturen werden zum Teil auf den Kopf gestellt.

Das bestätigt auch *Daniel Krauss,* einer der Mitgründer des Unternehmens *FlixMobility*, das klassische Busreisen mit moderner Technologie kombiniert und innerhalb kurzer Zeit zu Europas größtem Fernbusanbieter geworden ist. Sie lernen ihn in den Abschnitten zu Leadership und Unternehmenskultur noch näher kennen. Hier erzählt er davon, dass er im Tech-Bereich alle Hierarchien abgeschafft hat – dass das aber nicht funktioniert hat und nicht die Ergebnisse brachte, die er sich vorgestellt hatte.

Alle Hierarchien abschaffen, alles agil managen – das passt nicht überall

Agilität, Selbstorganisation und das Infragestellen von Hierarchien ist ein Thema, mit dem sich derzeit viele Unternehmen beschäftigen.

Man muss gucken, was für das Unternehmen oder das Team passt und was man möchte, zum Beispiel dynamischer und anpassungsfähiger werden. Aber zu glauben, dass sei jetzt das einzig Wahre, und alle „zwangszuagilisieren" … Nein! Es kommt drauf an, wofür. Die Problematik ist doch auch: Wenn Unternehmen über Jahrzehnte eine andere Kultur gelebt haben, dann funktioniert das nicht mal eben so.

Wie ist das bei euch?

Auch wir mussten lernen. Aufgrund unseres schnellen Wachstums hatten wir zum Beispiel zwischenzeitlich im Tech-Bereich mit knapp 200 Leuten viel zu viele Hierarchiestufen. Also habe ich alle Hierarchien abgeschafft – und es hat nicht funktioniert! Selbst in so einem modernen Umfeld wie FlixBus nicht.

Und warum hat es nicht funktioniert?

Als ich die Hierarchien abgeschafft habe, dachte ich: „Jetzt habt ihr genau das, was ihr wollt." Aber die Leute sind weggelaufen und unsere Fluktuation hat sich dramatisch erhöht. Weil die Menschen damit nichts anfangen konnten. Die Strukturen waren weg, dadurch war die Unsicherheit noch höher.

Wie seid ihr da wieder herausgekommen?

Wir haben weiter ausprobiert, um herauszufinden, was passen kann. Im Tech-Bereich haben wir jetzt relativ wenig Struktur. In anderen Bereichen, wie im Kundenservice, gibt es mehr Struktur. Das liegt unter anderem daran, dass wir sieben Tage die Woche à 24 Stunden arbeiten, wir haben einen Drei-Schicht-Betrieb und müssen die Mitarbeiter entsprechend einteilen. Natürlich könnte man das auf radikal agile Art versuchen: „Drei-Schicht-Betrieb, rund um die Uhr, verschiedene Sprachen – das wird sich schon selber regeln!" Nein, das tut es nicht! Das funktioniert vielleicht bei drei Leuten, vielleicht noch bei sieben, aber nicht bei ein paar Hundert. Aus unterschiedlichen Gründen. Das kann an einzelnen Personen liegen, die egoistisch sind, oder daran, dass es so lange dauert, bis sich die Selbstorganisation einspielt, und dabei so viele Schmerzen verursacht werden, dass ganz viel kaputt geht. Deshalb sollte man sich immer fragen, was Sinn macht. Im Tech-Bereich haben wir Führung nun anders verteilt und die Verantwortlichkeiten zwischen fachlicher und disziplinarischer Führung aufgeteilt.

***

Dennoch, manche Organisationen entscheiden sich, komplett „auf agil" umzustellen. So zum Beispiel die BMW *Group* IT.

Agilität funktioniert nicht mit einem kleinen Lab, in dem die coolen Neuen irgendwo vor sich hin basteln!

Die Arbeitsweise komplett auf agile Prinzipien umstellen? Die BMW *Group* IT, die mit ca. 5.000 Mitarbeitern IT-Lösungen für die gesamte Bandbreite des Unternehmens entwickelt und betreibt, hat Ende 2016 entschieden, diesen Weg zu gehen. Dabei wurde schnell klar: In dem

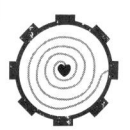

Spannungsfeld zwischen Standardisierung und Freiräumen geht es zwar um Methoden und Vorgehensweisen wie Scrum oder Kanban. Noch mehr aber geht es darum, die Haltung, das Mindset zu ändern. *Christoph Brinck*, Vice President Governance Group IT bei der BMW Group, begleitet diese Veränderung von Beginn an und gibt mir Einblicke in die Schritte auf dem Weg zur neuen Organisation.

New Work – welche Schritte seid ihr auf dem Weg in die Arbeitswelt der Zukunft bisher gegangen?

Wir haben uns in den vergangenen zwei Jahren vor allem auf die Veränderung unserer Arbeitsweise konzentriert. Darauf, wie wir intern als IT arbeiten und wie wir optimal mit den Kollegen und Kolleginnen in den Fachbereichen, mit denen wir die IT gemeinsam entwickeln und die diese dann einsetzen, zusammenarbeiten können. Relativ schnell haben wir festgestellt, dass neben den agilen Arbeitsweisen das Mindset eine noch viel größere Rolle spielt. Die Art und Weise, an Arbeit heranzugehen: mehr umsetzen als planen, mehr experimentieren, den Kunden immer im Fokus haben. Die neue Art zu arbeiten hat dabei noch weitere Auswirkungen: Silos werden aufgebrochen, raus aus dem Abteilungsdenken, raus aus dem hierarchischen Denken.

Gab es einen speziellen Anlass dafür, zu sagen, es wird Zeit, dass wir uns ändern?

Ich glaube, wie viele Corporate ITs hatten wir nicht den Ruf, der schnellste, beste Lieferant im Haus zu sein, sondern eher: „IT ist langsam, schwerfällig. Wir gehen lieber zu Cloud-Anbietern und holen uns dort unsere Leistungen." Diese latente Unzufriedenheit, gepaart mit den großen Themen Digitalisie-

> »So eine große Organisation legt natürlich nicht von heute auf morgen andere Arbeitsweisen und ein neues Mindset an den Tag. Das ist ein Prozess, der einige Zeit dauert.«

rung und allgemeine Beschleunigung hat uns angetrieben, etwas zu verändern. Ein Strategie-Workshop Ende 2016 hat uns dann dazu bewogen, radikal umzudenken, nicht mehr so weiterzumachen wie bisher. Wir haben entschieden, vollständig in die Agilität einzusteigen und uns das Motto „100 Prozent agil" gegeben. Nicht nur mit einem kleinen Lab, in dem die coolen Neuen irgendwo vor sich hin basteln, sondern dass wir uns als BMW Group IT komplett umbauen.

Wie schnell habt ihr die ersten Schritte gemacht?

Ende 2016 war ein Kristallisationspunkt. Die ersten Schritte haben wir aber schon vorher gemacht, wir hatten bereits Erfahrungen mit Agilität gesammelt, mal gute, mal weniger gute. Ende 2016 gab es Inseln, zum Beispiel in der IT-Produktentwicklung, die agile Arbeitsweisen wirklich vollständig umgesetzt und sehr gute Erfahrungen damit gesammelt haben.

Da haben wir gesagt: „Das ist das, was wir als das ‚neue Normal' ausrufen", und den Weg dorthin definiert. Dabei war uns von vornherein klar, dass es einige Zeit brauchen wird, wahrscheinlich sogar ein paar Jahre.

Das „neue Normal". Klingt gut.

Ja, und es ist wirklich das „neue Normal". Wir kommen nicht mehr in die Welt zurück, wo alles scheinbar planbar und einfacher war. Das gibt's nicht mehr.

Wie seid ihr vorgegangen?

Wir haben die „100-Prozent-agil-Strategie" mit den vier Säulen Struktur, Prozess, Technologie und Kultur entwickelt, haben das für die gesamte BMW Group IT ausgerufen und haben mit der Umsetzung, den Veränderungen Anfang 2017 Schritt für Schritt begonnen. Das eine ist dabei die Arbeitsweise, das andere die kulturelle Veränderung. Durch strukturelle Veränderungen haben wir bis dahin getrennte Einheiten zusammengeführt, insbesondere die organisatorische Trennung von Delivery und Operations aufgehoben. Es gab viele Trainings und Change-Maßnahmen. Seit zwei Jahren sind wir nun dabei und sind natürlich noch lange nicht durch, aber viele der 5.000 Mitarbeiterinnen und Mitarbeiter sind schon angesteckt und haben ihre Arbeitsweise umgestellt, andere aber auch noch nicht. So eine große Organisation legt natürlich nicht von heute auf morgen andere Arbeitsweisen und ein neues Mindset an den Tag. Das ist ein Prozess, der einige Zeit dauert.

Wie habt ihr eure neue Arbeitsweise und Haltung den euch „berührenden Bereichen" nahegebracht?

Die IT für sich allein kann ja nicht einfach eine Strategie ausrufen und dann umsetzen. Das geht nur in Zusammenarbeit mit den angrenzenden Bereichen, mit denjenigen, welche die IT brauchen und nutzen – damit zieht das also weite Kreise. Über die üblichen Gremien im Unternehmen haben wir begonnen, das Unternehmen Schritt für Schritt von unserer Produktorganisation zu überzeugen, zum Beispiel dass wir zumindest die Hälfte der Product Owner auch im Business sehen. Wir haben Tandems aufgestellt, die jeweils aus einem Kollegen aus der IT und einem Kollegen aus dem Business-Fachbereich bestehen. Sie bilden gemeinsam ein Product-Owner-Tandem und organisieren die Weiterentwicklung ihrer Produkte. Das ist sicher ein eher ungewöhnlicher Weg, aber so können wir sicherstellen, dass die Skills für die Wahrnehmung der Rolle vorhanden sind und keine einseitigen Entscheidungen in der Priorisierung getroffen werden. So haben wir also aus der IT heraus schrittweise die Business-Units mitgenommen. Denn dieses neue Modell funktioniert nur gemeinsam.

Also galt es, ein neues Verständnis füreinander zu schaffen?

Absolut! Früher hatten wir eine Kunden-Lieferanten-Beziehung zwischen Business und IT. Das funktioniert im Agilen überhaupt nicht. Bei den Feature-Teams, die aus fünf bis sieben Mitarbeitern und Mitarbeiterinnen bestehen, spielt es nun keine Rolle mehr, wer woher kommt. Im Team müssen alle Skills vorhanden sein, um eigenständig Features eines Produktes zu entwickeln und zu betreiben, also Spezifikation, Programmierung, Customizing, Test, Automatisierung, IT-Architektur, IT-Security und Operations. Ziel und Ergebnis stehen im Mittelpunkt. Gleiches gilt für die Zusammenarbeit des Product-Owner-Tandems. Es ist also eine ganz andere Zusammenarbeit entstanden: weg von dem Auftraggeber-Auftragnehmer-Verhältnis. Eine riesige Veränderung, die bei Weitem noch nicht abgeschlossen ist. Das dauert, denn die Auftraggeber-Rolle war im Zweifel ja auch eine bequeme Rolle: Wenn's nämlich nicht läuft, weiß man auch, wer schuld ist … Der Auftragnehmer! So wie wir jetzt arbeiten, ist diese Rollenverteilung nicht mehr möglich, alle hängen mit drin, wenn es mal nicht so richtig läuft.

Welche Herausforderungen oder Schwierigkeiten gab es? Und wie seid ihr damit umgegangen?

Eines der vielleicht meistunterschätzten Themen sind die Skills, welche die fachlichen Kompetenzen für das agile Arbeiten betreffen. Aber die Herausforderung lässt sich gut meistern. Wir haben Trainingsprogramme aufgesetzt und viel in Coaching investiert, haben mit Scrum Mastern zusammengearbeitet, welche die Teams direkt im Alltag gecoacht haben. Nur in ein Training zu gehen und dann zu glauben, man kann agil arbeiten, das ist natürlich Quatsch. Insofern war Coaching einer der großen Enabler.

Eine weitere Herausforderung in der agilen Transformation ist der Verlust der vermeintlichen Planbarkeit. Vor allem wenn man mit seinen Business-Kolleginnen und Kollegen noch immer in der Kunden-Lieferanten-Beziehung steckt, wenn die klassische Erwartungshaltung noch da ist: Man nennt einen Termin in zwei Jahren und der soll exakt eingehalten werden mit allem, was man zu Beginn besprochen hat. Aber worum es ja geht, ist Flexibilität! Die Stärke ist ja eben nicht, genau das zu liefern, was man vor zwei Jahren gesagt hat, sondern sich einzustellen auf das, was sich in der Zwischenzeit ergibt. Und wenn man ganz ehrlich ist: Diese Planbarkeit war früher ja auch nicht gegeben.

Sind nun alle an Bord und haben die neue Organisations- und Arbeitsweise angenommen?

Es gelingt nicht, alle sofort mitzunehmen. Ein paar muss man auch mitschleppen, das ist manchmal mühsam. Aber ich würde sagen, dass es uns gelungen ist, eine ausreichend große Menge zu mobilisieren, sodass jeder

versteht: Gar nicht mitzumachen klappt nicht mehr. Dafür ist genug Power drauf, dazu fährt der Zug mittlerweile zu schnell.

Was tut ihr, um jene, die noch nicht so richtig überzeugt sind, doch noch mitzunehmen?

Dafür haben wir keine allgemeingültige Lösung. Was wir sehr aktiv tun, ist, alle zu beteiligen und eine gute Durchmischung über alle Hierarchieebenen zu erreichen. Wir unterstützen Veränderungen und provozieren neue Perspektiven. Wenn es zum Beispiel Inseln oder Bereiche gibt, in denen Führungskräfte und Mitarbeiter sehr bremsen, kann man versuchen, frischen Wind reinzubringen und diese Inseln aufzubrechen. Das tun wir sehr bewusst, indem wir uns jedes Vierteljahr den Führungskreis und die Führungsebenen anschauen und gucken, wo funktioniert es und wo funktioniert es nicht. Auf der anderen Seite entwickeln fortgeschrittene Teams eine Sogwirkung auf Mitarbeiter. Dann müssen andere automatisch mitziehen …

Gibt es auch Bereiche, in denen das agile Herangehen nicht zielführend ist?

Mit dieser Frage müssen wir uns natürlich immer wieder auseinandersetzen. Unsere Überzeugung ist aber, dass die Kernelemente der agilen Transformation an allen Stellen einen Mehrwert liefern: wert- anstatt plangetriebene Priorisierung, direkte Ausrichtung am Kundennutzen, kleine Lieferungen in kurzen Zyklen, Inspect & Adapt. Darum ja auch „100 Prozent agil"! Wichtig ist aber: Wir haben relativ schnell erkannt, dass agile Projekte und separiert davon stabile Operations nicht gut funktionieren; da werden zu viele Hürden aufgebaut. Daher haben wir uns für die Produktorganisation und BizDevOps entschieden: Hier haben die Produktteams die Verantwortung für agile Delivery *und* stabile Operations.

Welche neuen Fähigkeiten haben sich im Laufe der Zeit entwickelt?

Die Fähigkeiten, die sich durch die agile Transformation entwickelt haben, sind vor allem Flexibilität und Geschwindigkeit, in kurzen Rhythmen und trotzdem stabil zu arbeiten. Auch das crossfunktionale Zusammenarbeiten in den gemischten Feature-Teams und bei den Product-Owner-Tandems läuft an vielen Stellen schon gut. Dadurch ist eine neue Innovationskraft entstanden.

Welche Organisationskulturen braucht es für die Zukunft?

»Teams arbeiten zusammen, egal in welcher Abteilung die Teammitglieder sind. Das ist aus meiner Sicht das A und O für ein agil arbeitendes Unternehmen. Das trägt auch dazu bei, Silos aufzubrechen.«

Was wir aufbauen, ist eine Netzwerkorganisation: Teams arbeiten zusammen, egal in welcher Abteilung die Teammitglieder sind. Das ist aus meiner Sicht das A und O für ein agil arbeitendes Unternehmen. Das trägt auch dazu bei, Silos aufzubrechen. Denn, ko-

mischerweise, wenn die Leute aus den Silos erst mal raus sind und in einem Feature-Team zusammenarbeiten, dann sind die anderen auf einmal richtig in Ordnung und können was! Ganz anders, als man das vorher vielleicht noch dachte (lacht).

Was wäre dein Rat für andere Organisationen, die sich verändern wollen oder müssen?

Einen Masterplan für die Transformation gibt es nicht. Wenn mich jemand vor zwei Jahren gefragt hätte, wo wir heute stehen werden – ich hätte es nicht sagen können. Die Vision ist wichtig! Wissen, wo man hinwill. Für die Transformation braucht es außerdem Vertrauen. Das Vertrauen der Unternehmensführung in uns und das Vertrauen in die Mitarbeiter, dass man das hinkriegt.

Was uns sehr geholfen hat, war, die agilen Prinzipien auch in der Transformation anzuwenden: Inspect & Adapt. Immer wieder schauen, was funktioniert gut, was funktioniert nicht so gut – und dann die Themen Schritt für Schritt abarbeiten.

Als weiterer Rat: Erst Inseln bilden und dann skalieren. Also nicht zu früh skalieren, denn sonst skaliert man unreife, nicht erprobte Dinge. Das kann die ganze Organisation in den Abgrund treiben. Also eher: an mehreren Stellen ausprobieren und das, was sich als wirklich gut erweist, anfangen zu skalieren. Da die Bedingungen überall unterschiedlich sind, muss man seinen eigenen Weg finden. Man kann und sollte sich aber viele Ideen von außen holen. Denn man muss ja Dinge nicht falsch machen, die schon andere falsch gemacht haben. Uns hat der Austausch mit anderen sehr geholfen, mittlerweile haben wir ein Netzwerk aus verschiedenen Firmen, mit denen wir uns regelmäßig treffen. Und: Geduld! Denn eine Kulturveränderung dauert lange.

***

7

Wie und wo wollen wir arbeiten?

Großraumbüro, Shared Desks, Homeoffice oder gleich Strand und Hängematte? Das Ganze noch kombiniert mit flexiblen Arbeitszeiten... Oder man teilt sich eine Stelle ... Die Möglichkeiten des Arbeitens haben sich in den vergangenen Jahren enorm verändert, vieles wurde und wird ausprobiert. Wie flexibel wollen wir sein? Brauchen wir überhaupt noch Büros? Brauchen wir noch feste Stellenbeschreibungen? Stechuhr – was war das noch mal?

Meine Gesprächspartner aus so unterschiedlichen Unternehmen und Organisationen wie PULS, Tandemploy, SRH Mobile University, XING, Berliner Immobilienmanagement und comdirect haben mir Einblicke gegeben: in neue Bürokonzepte, Tandemlösungen für das gemeinsame Ausüben einer Tätigkeit, Arbeitszeitmodelle, die komplett auf Vertrauen basieren, Vor- und Nachteile von Homeoffice und völlig neu gestaltete Büroflächen. So viel schon vorab: Lieblose Großraumbüros sind ebenso wenig die Lösung wie Homeoffice 24/7. Es gibt sie nicht, die Standardlösung. Vielmehr ist wirkliches Hinhören wichtig, um gut arbeiten zu können und individuelle Lösungen zu gestalten.

Wir wollen den Mitarbeitern ein Zuhause geben

Die PULS GmbH, Hersteller von Stromversorgungen, wurde im Jahr 1980 von Bernhard Erdl in München als Garagenfirma gegründet und hat mittlerweile mehr als 1.300 Mitarbeiter an vier Produktionsstandorten, davon zwei weltweit. Das Münchener Büro haben die Mitarbeiter 2017 selbst neu gestaltet, wozu sie Ansätze aus dem Design Thinking gewählt haben und über das neu eingeführte Social Collaboration Tool im ständigen Austausch standen. Entstanden ist eine hochmoderne und liebevoll gestaltete Arbeitswelt, die der Idee eines gallischen Dorfes folgt. Tanja Friederichs, Vice President Human Resources, erzählt, wie sie zusammen mit den Mitarbeitern bei der Gestaltung der neuen Räume, erst in München, dann auch in Wien, vorgegangen ist und inwiefern sich das auch auf China übertragen lässt.

Was bedeutet für Sie New Work?

Für mich bedeutet New Work vor allem, dass Menschen einen Sinn in ihrer Arbeit finden, Freude dabei haben und über den Tellerrand hinausdenken. Dies möchten wir auch mit unserer Arbeitsumgebung fördern: Mitarbeitern die Möglichkeit geben, sich einzubringen und sich selbst zu verwirklichen. Zu unseren Unternehmenswerten gehörte schon immer, dass wir Selbstorganisation fördern. Seit 30 Jahren ist unser Wertegerüst gültig und gilt in der „alten Welt" genauso wie in der „neuen Welt". Die digitalen Möglichkeiten, die viel mehr auf Netzwerkstrukturen setzen, bieten heute aber noch ganz andere Möglichkeiten, das zu leben.

Vor zwei Jahren haben Sie ein neues Raumkonzept entwickelt. Was war der Anlass?

Dafür gab es eigentlich sogar drei Anlässe und Impulse. Begonnen hat es damit, dass wir aus unseren Räumlichkeiten, in denen wir seit 30 Jahren waren, ausziehen mussten. Der erste Gedanke war, neue Räume zu suchen und diese einfach ein bisschen schicker zu gestalten. Etwa zur selben Zeit haben wir eine weltweite Social-Collaboration-Plattform eingeführt. Unser Inhaber wollte es ermöglichen, das Wissen der Entwicklungsingenieure auf andere Art und Weise zu teilen. Schnell wurde deutlich, dass das Teilen von Wissen nicht nur für die Entwicklungsabteilung wichtig ist und dass es auch nicht einfach nur um eine neue Technologie geht, sondern dass das Tool weltweit für alle hilfreich sein kann. Wir haben das Projekt direkt im Personalbereich angesiedelt, um sicherzustellen, dass alle Mitarbeiter mit auf die Reise kommen. Durch das Tool hat sich eine ganz neue Art der Kommunikation und des Miteinander-Arbeitens entwickelt.

Und drittens haben wir uns zu der Zeit intensiv mit neuen Arbeitsmethoden beschäftigt. 2015 war ich in den USA an der Stanford University, wo mir noch einmal deutlich wurde, wie stark sich unsere Arbeitswelt verändern wird. All diese Erkenntnisse haben wir in unsere Überlegungen einfließen lassen: wie unsere neue Arbeitswelt hier in München, in Wien und zukünftig auch in China aussehen kann.

Welches waren die ersten Schritte bei der Gestaltung der neuen Räume?

Wir haben zunächst den passenden Partner gesucht – und das war gar nicht so einfach, wie sich herausgestellt hat. Bei einer Projektlaufzeit von nur 17 Monaten haben wir den Architekten noch mal gewechselt, da uns die Ideen nicht überzeugt hatten. Wir sind dann noch mal neu gestartet und haben uns gefragt, welche Art von Büro uns gefallen würde und wie wir uns das zukünftige Arbeiten vorstellen. Dabei sind wir auf das Architekturbüro *Evolution Design* aus der Schweiz aufmerksam geworden, die bereits neue Arbeitswelten für *Google* und *Credit Swiss* entwickelt hatten. Mit Stefan Camenzind und seinem Team haben wir das Raumkonzept dann gemeinsam entwickelt. Von ihm kam der wichtige Hinweis, erst einmal zu verstehen, wie wir eigentlich *heute* arbeiten. In unserer Umfrage haben wir festgestellt, dass unsere Mitarbeiter 50 Prozent ihrer Arbeitszeit nicht mehr an ihrem eigenen Arbeitsplatz verbringen, sondern in Projektmeetings, Besprechungen und Videokonferenzen. Das hat uns überrascht. Denn wir sind ja nicht Microsoft oder ein Beratungsunternehmen, sondern ein mittelständisch organisiertes Elektrotechnikunternehmen mit klassischen Funktionen wie Entwicklung, Einkauf, Qualität, Personal und Finanzen. Aus dieser Erkenntnis ließ sich ableiten, dass es nicht genügend Besprechungsmöglichkeiten gibt, was Effizienzeinbußen mit sich brachte, da man sich erst mal darum kümmern musste, wann welcher Bespre-

chungsraum frei ist, anstatt sich um das eigentliche Thema kümmern zu können. Das wollten wir deutlich verändern.

17 Monate sind nicht viel Zeit ... Wie sind Sie vorgegangen?

Wir haben einen „Buttom-up-Ansatz" gewählt, haben alle Mitarbeiter mit einbezogen, von Anfang an. Und das, obwohl wir bis dahin in einer ganz anderen Kultur unterwegs waren. In Workshops haben wir die Mitarbeiter gefragt, wie sie das Unternehmen beschreiben würden. Heraus kam: „PULS ist doch eigentlich wie ein gallisches Dorf!" Das bedeutet nicht, dass wir alle Asterix- und Obelix-Fans sind. Der Gedanke der Mitarbeiter dahinter war: „Wir sind ein inhabergeführtes Unternehmen, jeder kennt sich, der Zusammenhalt ist stark, wir sind menschlich, qualitätsbewusst und naturverbunden."

Was ist im weiteren Verlauf aus der Idee des gallischen Dorfes geworden?

Wir sind der Geschichte treu geblieben und haben die Idee immer weiter ausgearbeitet: Wenn wir also ein gallisches Dorf sind, dann hat ein Dorf einen zentralen Punkt, wo sich alle treffen können. Daraus wurde unser Marktplatz. Um uns das noch besser vorstellen zu können, haben wir in den alten Räumlichkeiten einen Prototypen-Raum errichtet. Im Lauf der Zeit hat das Konzept immer mehr Beispielformate bekommen. Die Entwicklung wurde die Druiden-Werkstatt, der Konferenzbereich der Weisen-Rat.

Welche Rolle spielte hierbei das neu eingeführte Social Collaboration Tool?

Die Mitarbeiter haben zum Beispiel Ideen und Bilder eingestellt, haben sich über das Tool an der Auswahl der Materialien beteiligt und über die Größe der Meeting-Räume abgestimmt. Das war ein sehr interaktiver Prozess.

Nach 17 Monaten war es dann so weit: Sie sind umgezogen ...

»In den neuen Räumen können die Mitarbeiter völlig frei entscheiden, wo sie innerhalb des Unternehmens arbeiten möchten, obwohl sie nach wie vor ihren eigenen festen Arbeitsplatz haben.«

Ja, und der Tag, an dem wir in die neuen Räume gezogen sind, war für mich einer der emotionalsten Tage überhaupt. Die Mitarbeiter sind so glücklich durch die Räume gelaufen, sie konnten es kaum fassen. In den neuen Räumen können sie völlig frei entscheiden, wo sie innerhalb des Unternehmens arbeiten möchten, obwohl sie nach wie vor ihren eigenen festen Arbeitsplatz haben. Die individuellen Arbeitsplätze im Open-Space-Bereich haben wir so gestaltet, dass jeder das Gefühl hat, „für sich" sitzen zu können. Wir haben darauf geachtet, dass jeder das Licht individuell einstellen kann, und alle haben höhenverstellbare Tische.

Wir merken durch die neuen Räume deutliche Unterschiede im Arbeiten. Zum Beispiel sagt unser Geschäftsführer, dass er, wenn er morgens ankommt, immer schon fast drei Meetings durchgeführt hat, bis er in seinem Büro ist. Die Kommunikation ist sehr viel direkter und unkomplizierter geworden.

Sie erwähnten, dass die Mitarbeiter trotz der Open-Space-Lösung nach wie vor ihren eigenen Schreibtisch haben. Darin unterscheidet sich Ihre Bürogestaltung ja von manch anderen, die gerade umbauen.

Ja, auch das gehört zu unserem Konzept. Die PULS ist ein familiäres Unternehmen, bietet ein Zuhause, die Mitarbeiter fühlen sich wohl. Dazu gehört für uns, dass man weiß, wo man hingehört und wo der eigene Platz ist. Je nach Bedürfnissen haben alle die Möglichkeit, sich den passenden Ort zum Arbeiten zu suchen: In der Bibliothek kann man konzentriert arbeiten, es gibt viele Sofa- und Lounge-Ecken, auf dem Marktplatz gibt es eine große Kaffee-Area, und kommt man von einer Reise oder hat nachmittags mal ein Konzentrationsloch, kann man Zeit im Nap-Bereich verbringen, eine Massage bekommen oder sich auf eine Energieliege legen.

Werden die neuen Gemeinschaftsräume von allen genutzt?

Manche mussten wir da ein bisschen hinlocken. Gummibärchen gibt es zum Beispiel nur auf dem Marktplatz und dort ist auch die Kaffeemaschine, wo es neben Kaffee auch heiße Schokolade gibt. Es hilft, mit ein paar kleinen Tricks zu arbeiten, um das neue Miteinander zu befördern.

Jeder hat seinen eigenen Schreibtisch und zusätzlich haben Sie die verschiedenen Gemeinschaftsbereiche geschaffen … Brauchen Sie jetzt mehr Platz als vorher?

Das gleicht sich aus. Der individuelle Platz ist vielleicht ein Stückchen weniger geworden, dafür sind die gemeinsamen Bereiche komfortabler. Man kann sich jederzeit mit anderen treffen und geht dafür zum Beispiel in den Lounge- oder den Kreativ-Bereich. Wovon man sich ein bisschen lösen muss, ist, dass nicht mehr nur der eigene Arbeitsplatz der Platz zum Arbeiten ist, sondern das Gesamte.

»Wovon man sich ein bisschen lösen muss, ist, dass nicht mehr nur der eigene Arbeitsplatz der Platz zum Arbeiten ist, sondern das Gesamte.«

Gab es auch Schwierigkeiten, Hindernisse? Hat irgendetwas nicht gleich geklappt?

Es gab nur Kleinigkeiten, zum Beispiel, dass mehr Stühle gebraucht werden oder noch mehr Akustikpaneele in Bereichen, an denen es ein bisschen laut war, und noch ein zusätzliches Whiteboard. Oder dass in einer Ecke ein Stehtisch doch geeigneter wäre als ein Sofa, weil sich das besser zum Diskutieren eignet. Also alles in allem: ein toller Erfolg.

In Wien haben Sie die Büroräume dann nach einer ganz ähnlichen Vorgehensweise gestaltet.

Ja, 2018 haben wir ein weiteres Office in Wien aufgemacht. Ein Wettbewerber in Österreich hatte seine Europa-Aktivitäten eingestellt, sodass 80 Entwicklungsingenieure im Bereich Stromversorgung frei wurden. Erfahrene Entwickler, von denen wir gern 30 für unser Unternehmen gewinnen wollten und die viele Angebote von anderen Firmen bekommen haben. Um ihnen zu zeigen, wie wir arbeiten, haben wir sie für einen Tag nach München eingeladen, damit sie sich das hier mal anschauen können.

Wie war die Reaktion, als die Besucher, die potenziellen neuen Mitarbeiter, in den Münchener Räumen waren?

Sie waren ganz begeistert und es kam sogar die Frage auf, ob wir wirklich so arbeiten oder ob wir die Räumlichkeiten nur für diesen Tag angemietet hätten! Wir haben ihnen angeboten, die Räume in Wien ebenfalls gemeinsam zu gestalten. Das war am 1. Juli. Am 5. Juli 2017 hatten wir 26 unterschriebene Arbeitsverträge! Bis Ende August hatten wir dann eine 100-Prozent-Quote erreicht. Und das, obwohl wir in Wien erst in der Gründung waren und weder einen Firmensitz hatten noch höhere Gehälter zahlen. Die neuen Mitarbeiter, die erst zum 01.01.2018 bei der PULS Vario angefangen haben, waren schon vorab in ihrer Freizeit dabei, um das zukünftige Office für Wien mitzugestalten. Es ging um mehr als nur um einen neuen Job, denn ihre Meinung war gefragt – von Beginn an – und das spiegelt auch ihre heutige Arbeitsumgebung wider.

Welche Ideen haben sie für das Arbeiten in Wien entwickelt?

Die Kollegen in Wien haben sich für ein Konzept entschieden, das den Wiener Vierkanthöfen entspricht, in denen also mehrere Gewerke eine Arbeitsgemeinschaft bilden. Mit der PULS-Power-Schmiede sind sie noch einen Schritt weiter gegangen. Hierbei handelt es sich um die Schmiedekunst, etwas Besonderes zu schaffen, und genau diese Rolle nehmen sie bei der Entwicklung kundenspezifischer Stromversorgungen ein. Was ebenfalls spannend war: Alle 30 Mitarbeiter in Wien haben als Entwicklungsingenieur unterschrieben. Keinem war es wichtig, der Leiter zu sein, Titel spielten keine Rolle. Sie wollten in der Entwicklung komplett neu vorgehen, waren sehr kritisch mit sich und mit Blick darauf, was sie in Zukunft *nicht* mehr wollen. Sie wollen sich um die Sache kümmern und nicht um politische Rahmenbedingungen, die es in vielen Großunternehmen gibt. Sie haben die Chance gesehen, sich in solch einer Arbeitsumgebung selbst zu verwirklichen und ihre Entwicklungen voranzubringen. Also arbeiten sie jetzt in einem agilen Rahmen, es gibt Knowledge-Träger, Project Owner und Coaches, diese Rollen wechseln je nach Bedarf. Ein Stearing-Komitee

bildet den Rahmen, alles in allem aber organisieren sie sich selbst, so wie es für sie sinnvoll ist.

Und in China gehen Sie nun ähnlich vor?

Ja! Zu Beginn wussten die chinesischen Kollegen erst mal gar nicht, warum wir sie einbeziehen und fragen. Wenn wir das Raum- und Arbeitskonzept in Deutschland entwickelt haben, könnten wir es doch einfach kopieren. Aber wir wollen es natürlich nicht kopieren, sondern verstehen, wie unsere chinesischen Kollegen arbeiten. Von 450 Mitarbeitern in China haben sich 50 gemeldet – über alle Hierarchieebenen hinweg –, um an der Entwicklung des neuen Arbeitskonzeptes mitzuwirken.

In Workshops mit Ansätzen aus dem Design Thinking und agilen Methoden haben wir gemeinsam die neue Arbeitsumgebung entwickelt. War unsere Storyline in München unser gallisches Dorf, in Wien der Wiener Vierkanthof, so haben die chinesischen Kollegen den Ansatz der fünf Elemente gewählt, also Holz, Feuer, Wasser, Erde und Metall. Die fünf Elemente sind in einem Kreis miteinander verbunden, alles hat seine Berechtigung. Das steht für sie für Ausgewogenheit und Netzwerke. Unsere beiden Geschäftsführer in China haben zunächst gemeinsam mit dem Management in einem Prototypen-Raum gearbeitet, auch um zu symbolisieren, dass Hierarchien nicht mehr so wichtig sind.

Die chinesischen Kollegen haben sich also recht schnell auf das neue Vorgehen eingelassen?

Absolut! Als wir vor drei Jahren mit dem Thema New Work in China anfingen, fand ich dort kaum Unternehmen, die wirklich tiefe Ansätze hatten. Das hat sich aber schnell geändert! In China ist es eher so: Wenn sich nichts verändert, ist es langweilig. In Deutschland überlegen wir immer erst, wie wir mit Veränderungen umgehen. Ich glaube, wir müssen uns noch viel bewusster werden, dass wir uns nicht auf unserem Standard ausruhen können!

Welche Fähigkeiten werden in Zukunft relevanter?

New Work heißt für mich, den Fokus auf Vernetzung und Kollaboration zu legen, das Miteinander in den Mittelpunkt zu stellen, vor allem wenn Hierarchien weniger relevant werden. Offenheit ist wichtig, sich nicht einfach abfinden mit Dingen. Kommunikation ebenfalls: wirklich gut zuhören, Menschen ernst nehmen, verstehen. Und hartnäckig an Dingen dranbleiben – und mutig sein.

Geht da jeder mit?

Es gibt den einen oder anderen, der sagt, das ist nicht meins, das ist nicht die PULS, wie sie früher war. Wir versuchen aber, jeden mitzunehmen, und tun alles dafür. Wenn jemand für sich entscheiden sollte, dass er den Weg nicht mitgehen möchte, dann muss er auch die Konsequenzen ziehen. Ich glaube, dass Menschen, die nicht lernen wollen, in vernetzten Arbeitswelten zu arbeiten, weil sie meinen: „Ich habe es bisher nicht gebraucht und ich brauche es in Zukunft nicht!", irgendwann nicht mehr attraktiv für den Arbeitsmarkt sein werden.

Sie haben sich an der Stanford University neue Impulse für die Arbeitswelt der Zukunft geholt. Meinen Sie, dass wir in Deutschland mehr von der Silicon-Valley-Kultur brauchen?

Ich denke, es geht nicht darum, irgendetwas von irgendwo zu kopieren. Es geht darum, den eigenen Weg zu finden. Viele hätten gern einen Masterplan für New Work, aber den gibt es nicht. Man kann Eindrücke sammeln und diese für das eigene Unternehmen abgleichen.

Welche Tipps würden Sie Unternehmen auf dem Weg in die Arbeitswelt der Zukunft geben?

»Nicht vorschreiben, was toll ist, sondern ermöglichen, sich selber auf den Weg zu machen und Neues zu entdecken.«

Ich finde es wichtig, mit den Mitarbeitern gemeinsam an der Entwicklung und Gestaltung zu arbeiten, also nicht vorzuschreiben, was toll ist, sondern ermöglichen, sich selber auf den Weg zu machen und Neues zu entdecken. In einem iterativen Prozess sukzessive vorgehen. Wenn andere fragen: „Warum macht ihr euch so viel Arbeit?", dann sage ich: „Ja, warum denn nicht? Mache ich den Aufwand vorher oder mache ich ihn nachher?" Wenn man den Aufwand gleich macht und alle das Gefühl haben „Das ist meins!", ist das doch besser, als ihnen im Nachhinein zu erklären, dass sie das gut finden sollen. Wir arbeiten uns gemeinsam vor, das ist ein Entwicklungsprozess. Und dafür gibt es nicht *den* Plan. In einem Veränderungsprozess kann man sich am Anfang oft nicht vorstellen, was die Zukunft bringt. Man muss dann mutig sein, muss Hindernisse überwinden, muss konsequent dazulernen.

Wie ist Ihr Ausblick für die Zukunft?

Es gibt tolle Möglichkeiten, für HR ist es gerade eine unglaublich spannende Zeit! Wir sind dabei, Menschen in eine neue Arbeitsepoche zu begleiten. Das Thema Selbstverwirklichung steht im Fokus und wir haben die Möglichkeit, wieder mehr auf Gemeinschaft zu setzen, nachdem in der Industrialisierung alles in kleine Schritte zerlegt wurde. Die Voraussetzun-

gen, die Herangehensweise und die Ausgestaltung sind natürlich für jedes Unternehmen individuell und immer wieder anders.

***

Mut, Herz und offenes Denken. Das ist es, was Unternehmen auf dem Weg in die Zukunft brauchen!

In ihrem früheren Job bei einer Personalberatung waren Anna Kaiser und Jana Tepe immer wieder damit konfrontiert, dass es viele Menschen gibt, die unzufrieden sind in ihren Jobs, mit der Art und Weise zu arbeiten, das Leben irgendwie zwischen die Arbeit zu pressen. Und dann passierte Folgendes: Auf eine Führungsposition bewarben sich zwei Frauen gemeinsam, mit einem Anschreiben und einem Lebenslauf. Überraschung und Neugier waren die Reaktion. Und eine Einladung zum Interview. Danach war die Begeisterung groß und noch am selben Abend fingen Anna Kaiser und Jana Tepe an, zu Jobsharing zu recherchieren. Das Arbeitsmodell gab es in Deutschland zwar schon länger, doch strategisch umgesetzt wurde es bis dahin nicht. Also beschlossen sie, genau das zu tun und gründeten bereits vier Wochen später ihr Unternehmen *Tandemploy*.

Als ihr euer Unternehmen 2014 gegründet habt – welches waren euer Ansatz und euer Angebot?

Jana Tepe: Wir wollten dafür sorgen, dass Menschen einen Tandempartner finden, wenn sie sich für Jobsharing interessieren. Dafür haben wir eine Online-Jobsharing-Plattform entwickelt, die es ermöglicht, dass Leute zueinander finden, eine Matching-Plattform.

Anna Kaiser: Wie beim Online-Dating!

Jana Tepe: Wobei es mit dem perfekten Tandempartner nicht so schwierig ist wie mit dem Mann fürs Leben. Da gibt es mehr Kandidaten, die infrage kommen (lacht).

Anna Kaiser: Uns war wichtig, eine Technologie zu bauen, die nicht nur die harten Faktoren wie Ort und Arbeitsbereich berücksichtigt, sondern auch die weicheren Faktoren wie Persönlichkeit, Arbeitsweise und Kommunikation. Und von Anfang an haben wir viel zu dem Thema erzählt, auf unserem Blog und in Interviews. Vor allem haben wir „The Story Behind" erzählt, nämlich: „Wie wollen Menschen leben und arbeiten?" Das Thema berührt die Menschen, es gibt ein großes Bedürfnis danach, anders zu arbeiten. Jobsharing ist dabei eine ganz konkrete, greifbare Lösung.

Waren es eher junge Leute, die sich dafür interessiert haben oder mehr Frauen als Männer? Gibt es klassische Zielgruppen?

Jana Tepe: Überhaupt nicht! Das ist weder ein weibliches noch ein männliches Thema, auch kein Thema nur für junge Leute. Es ist ein menschliches Thema! Die Zielgruppe auf unserer Plattform ist total gemischt. Wir hatten ganz schnell einen Männeranteil von 40 Prozent, was im Vergleich zur Teilzeitquote von Männern in Deutschland unglaublich hoch ist. Und wir hatten auch sofort eine ganz altersdurchmischte Zielgruppe.

Das ist interessant!

Jana Tepe: Ja! Es gibt ja so viele Gründe, warum man anders arbeiten möchte. Ein starkes Motiv ist zum Beispiel der Wunsch nach einer bunteren Arbeitswoche. Nicht mehr 40 Stunden die Woche in einem Job, sondern die Möglichkeit, sich die Arbeitswoche freier zusammenzustellen. Vielleicht mit einem festen Job, den man sich mit jemandem teilt, und gleichzeitig mit Freelancer-Projekten oder ehrenamtlichen Tätigkeiten. Es gibt so viele Dinge, für die sich Menschen Zeit wünschen.

War das für die Arbeitgeberseite neu?

Anna Kaiser: Jobsharing war bis dahin oft ein Zufallsprodukt. Das ist bis heute in vielen Firmen nach wie vor der Fall. Die Situation ist oft die: Ein Mitarbeiter möchte die Arbeitszeit reduzieren, bespricht das mit dem Chef und der guckt dann panisch, wie er in der Firma jemanden finden kann, um die Stelle auf 100 Prozent aufzufüllen. Für solche Situationen war unsere Plattform, mit der wir 2014 in der Beta-Version online gegangen sind, eine Lösung. Die Unternehmen können auf sich aufmerksam machen: „Ihr lieben potenziellen Jobsharer, bewerbt euch gerne bei uns, wir sind offen für das Modell." Und je mehr wir das Thema auf die Agenda gebracht haben, desto bekannter wurde es und desto mehr Role Models und Beispiele aus der Praxis gibt es.

Gibt es denn typische Role Models?

Anna Kaiser: Jobsharing funktioniert ganz großartig in unterschiedlichsten Bereichen. Es gibt mittlerweile Tandems auf Führungskräfte-Ebene und auf Projektmanagement-Ebene. Da dachten selbst wir am Anfang, das sei schwierig zu organisieren. Wir haben sogar Tandems in der Beratung! Ein Kunde von uns hat ein „Männer-Beratungstandem", die gesagt haben, wir verzichten auf einen großen Firmenwagen und kaufen uns einfach zwei kleine Autos. Jobsharing ist vor allem eine neue Form von Kollaboration. Es geht gar nicht so sehr um Teilzeit.

Ja, der Begriff „Teilzeit" …

Jana Tepe: … ist negativ besetzt.

Anna Kaiser: Für Mütter, die nicht voll arbeiten und wenn, dann nur am Vormittag.

>»Es geht den Menschen oft gar nicht um Teilzeit oder um weniger Arbeitsstunden, sondern um mehr Flexibilität.«

Jana Tepe: Dabei geht es den Menschen oft gar nicht um „Teilzeit" oder um weniger Arbeitsstunden, sondern um mehr Flexibilität. Deswegen haben wir auch bei uns im Unternehmen ganz schnell angefangen, die 40-Stunden-Woche infrage zu stellen. Wir gehen einfach nicht mehr davon aus, dass jeder Job am besten in 40 Stunden passt. Warum auch.

Wie macht ihr das in eurem Unternehmen?

Anna Kaiser: Manche arbeiten fünf Tage die Woche, andere drei oder vier Tage. Für die Gehälter setzen wir ein Vollzeitäquivalent an. In Bewerbungsgesprächen sagen wir nicht, dieser oder jener Job ist in „Vollzeit" oder „Teilzeit", sondern wir fragen: „Wie viel Stunden willst du arbeiten?" Und dann schauen wir, wie das in unsere Mosaikstruktur passt.

Euer Plattformmodell hat sich im Laufe der Zeit weiterentwickelt. In welche Richtung?

Jana Tepe: Im Laufe der Zeit kamen immer mehr große Organisationen auf uns zu, die unser Modell klasse fanden und uns erzählt haben, dass sie tolle Mitarbeiter haben, die sich ebenfalls flexible Arbeit wünschen, und zwar in den bestehenden Strukturen der Unternehmen. Ob wir dafür nicht Lösungen hätten, um die Mitarbeiter zusammenzubringen? Die grundlegende Technologie hatten wir – warum also nicht mit einem größeren Hebel noch viel wirksamer werden?! Wir haben unsere Software also weiterentwickelt, um die Mitarbeiter in Firmen für neue Arbeitsformen miteinander zu verbinden. Für Jobsharing, für Projektarbeit, für Mentoring-Programme oder für Peer-Learning im Alltag. So können wir neue Arbeitsformen schaffen und Perspektivwechsel in Unternehmen ermöglichen. Wir matchen zum Beispiel auch Working Circles innerhalb von Unternehmen. Viele organisieren ihre Working Circle oder ihre Mentoring-Programme noch mit Excel-Listen und sind ganz zerknirscht, weil das kompliziert und aufwendig ist. Der Wille ist absolut da, aber die Umsetzung ist oft schwierig, was dazu führt, dass nur wenige von den Programmen profitieren können, und das ist schade.

Anna Kaiser: Mit der Software haben wir jetzt eine Möglichkeit für all jene geschaffen, die sich in ihrem bestehenden Unternehmen neue Arbeitsformen wünschen.

Neue Raumkonzepte spielen in der Diskussion über die neue Arbeitswelt ja eine große Rolle. Wie ist das bei euch im Unternehmen?

Jana Tepe: Bei unserer Raumauswahl haben wir darauf geachtet, dass verschiedene Arbeitsplätze vorhanden sind: Räume, wo man auch mal die Türen schließen kann, ein Großraumbüro, ein Meeting-Raum, wir haben auch einen Schlafraum … Da hat der Makler etwas geschmunzelt … Vieles ist vom Team selbst gebaut. Und das führen wir ständig weiter. Es kommt auch vor, dass Mitarbeiter sagen, dass sie gern noch etwas verschönern möchten. Klar! Die Räume sollen schön sein, weil man hier einfach so viel Zeit verbringt. Wenn's zu Hause wesentlich schöner ist als im Büro, kann ich verstehen, dass man lieber im Homeoffice bleibt.

Stichwort Homeoffice …

»Die Räume sollen schön sein, weil man hier einfach so viel Zeit verbringt. Wenn's zu Hause wesentlich schöner ist als im Büro, kann ich verstehen, dass man lieber im Homeoffice bleibt.«

Anna Kaiser: Das ist ganz spannend! Obwohl wir es möglich machen, dass jeder jederzeit im Homeoffice arbeiten kann, nutzen die Leute das gar nicht so sehr. Klar gibt es Tage, an denen man zu Hause bleibt, um sich zu konzentrieren oder einfach weil der Handwerker kommt. Aber die Leute sind gerne hier. Im Alltag ist es einfach schön, sich auszutauschen, mit Leuten zusammenzuarbeiten.

Jana Tepe: Die Mischung macht's. Für manche ist Homeoffice überhaupt nichts, da fällt ihnen sofort die Decke auf den Kopf, und andere machen gern ein oder zwei Homeoffice-Tage die Woche.

Was meint ihr: Welche Fähigkeiten und Mindsets brauchen Organisationen für die sich verändernde Arbeitswelt?

Jana Tepe: Ich glaube, es braucht drei ganz wichtige Sachen: Mut, Herz und offenes Denken. Das ist die Grundlage, um sich zu öffnen für neue Entwicklungen. Ich denke auch, Organisationen müssen bereit sein, wirklich an ihren Grundfesten zu rütteln und Silos zu öffnen. Denn wenn man noch im alten Schema denkt und arbeitet, ist es schwer, Räume zu kreieren, in denen man in neue Richtungen schauen kann, in denen Menschen zusammenkommen und Ideen entwickeln.

Welche Tipps gebt ihr Organisationen, die sich wandeln wollen?

»Ganz wichtig ist, dass die Signale, die von oben kommen, authentisch und ernst gemeint sind.«

Jana Tepe: Am besten mit kleinen, konkreten Schritten, mit kleinen Maßnahmen anfangen. Große Firmen tendieren oft dazu, einen riesengroßen Entwurf zu machen, ein tolles Konzept – aber bis das fertig und der Prozess

bis in alle Feinheiten durchdacht ist, sind Jahre vergangen – und dann passt es schon gar nicht mehr in die Zeit.

Anna Kaiser: Ganz wichtig ist, dass die Signale, die von oben kommen, authentisch und ernst gemeint sind. Viele wollen wirklich etwas verändern und gleichzeitig gibt es vor allem in Großkonzernen noch sehr starre, intransparente, hierarchische Strukturen. Man kann aber „kleine Feuerchen entzünden", sodass es immer mehr Beispiele gibt, wie es gehen kann. Was wir außerdem beobachten: Es hängt stark von der Führungskraft ab, ob die Mitarbeiter in einem Team glücklich sind oder nicht. Da lohnt es sich, hinzuschauen: „Wieso wollen alle in Abteilung XY? Wieso kündigt da niemand? Warum machen Frauen in der Abteilung genauso Karriere?" Oft liegt es an den Personen, an deren Führungsstil. Darauf können Vorstand und Management reagieren und einen gewissen gesunden Druck auf die einsamen „Ellbogen-Helden" ausüben, die kontraproduktiv für die Zusammenarbeit in Unternehmen sind. Gleichzeitig ist das natürlich oft nicht ganz leicht, weil viele der „Ellbogen-Leute" noch in den Vorständen sitzen. Aber die Beispiele von Firmen, die es anders machen, werden mehr!

***

Zusammen eine E-Mail-Adresse und ein Schreibtisch – Wie Tandem-Arbeiten im Alltag funktioniert

Virtuelle Hörsäle und Vorlesungsvorbereitung, jederzeit und überall verfügbare Lernmöglichkeiten: An der SRH *Fernhochschule – The Mobile University* können Studierende im Fernstudium flexibel an Online-Vorlesungen oder Präsenzveranstaltungen in ganz Deutschland teilnehmen, sich digital mit Dozierenden und anderen Studierenden vernetzen und die Studienunterlagen jederzeit im E-Campus einsehen und herunterladen. Im Hamburger Studienzentrum treffe ich *Dörte Stadtbäumer* und *Michaela Tietz*. Anfang 2018 haben sie in Kooperation mit der SPIEGEL Gruppe die SPIEGEL AKADEMIE ins Leben gerufen. Die Projektleitung für die SPIEGEL AKADEMIE üben sie gemeinsam in einem Tandemmodell aus.

New Work – was ist das aus eurer Sicht?

Michaela Tietz: Das hat für mich viel mit dem Überdenken der bisher gültigen Vorstellungen von Arbeit und Arbeitsweisen zu tun. Sprich, klassisch ins Büro zur Arbeit kommen, in einem festen Team arbeiten, in Einzel- und Großraumbüros, wo jeder seinen festen Schreibtisch hat, mehr oder we-

> *»Die klassische Denke: Jeder muss jederzeit präsent sein, der Mitarbeiter ist vor Ort. Das ist bei uns ganz anders.«*

niger feste Arbeitszeiten … Das ist so die klassische Denke: Jeder muss jederzeit präsent sein, der Mitarbeiter ist vor Ort.

Dörte Stadtbäumer: Und das ist bei uns ganz anders. Wir teilen uns eine Stelle und arbeiten viel virtuell.

Ihr teilt euch eure Funktion?

Dörte Stadtbäumer: Genau, wir haben eine gemeinsame Aufgabe als Tandem und teilen uns die Woche auf.

Wie ist euer Arbeitsmodell entstanden?

Dörte Stadtbäumer: Bei einem Gespräch mit einer Personalerin bot sie mir eine Stelle in Vollzeit an. Diese wollte und konnte ich aufgrund der familiären Situation damals nicht annehmen. Sie hat dann von sich aus angeboten, noch jemand zweites für die Stelle zu suchen. Da habe ich mich gefragt: Warum soll eigentlich der Arbeitgeber für mich suchen? Das könnte man ihm doch auch abnehmen und sich gleich als Tandem bewerben. Und das haben Michaela und ich dann auch getan.

Gibt es einen Namen für euer Modell?

Dörte Stadtbäumer: Jobsharing oder Jobtandem. Wir sind bisher kein Standardmodell. Hier in der Organisation gibt es unser Modell nur einmal in der Form.

Das Tandemmodell war also neu für euren Arbeitgeber …

Dörte Stadtbäumer und **Michaela Tietz:** Ja!

Und wie habt ihr ihn überzeugt?

Michaela Tietz: Das brauchten wir gar nicht! Wir haben uns initiativ beworben und haben gesagt: „Wir sind zusammen eine Vollzeitstelle und können Ihnen Folgendes anbieten." „Ach und das geht nur im Tandem? Alles klar, dann machen wir das so!" Die potenziellen Arbeitgeber, bei denen wir uns vorgestellt haben, hätten uns vermutlich nicht eingeladen, wenn das Modell für sie nicht ansatzweise infrage gekommen wäre, sie haben also eine gewisse Offenheit mitgebracht.

Dörte Stadtbäumer: In unseren Bewerbungsgesprächen lag der Fokus immer auf den Aufgaben und unserer fachlichen Qualifikation. Wir bringen Expertise in einem Bereich mit, in dem es nicht so viele Menschen mit diesen vielfältigen Erfahrungen gibt. Wir sind Experten im Bereich der privaten Aus- und Weiterbildung mit einem Schwerpunkt auf Digital Learning.

Wie sieht euer Modell im Alltag aus?

Dörte Stadtbäumer: Jeder von uns arbeitet laut Vertrag 20 Stunden, also 40 Stunden insgesamt pro Woche. Ich arbeite von Montag bis Mittwoch und Michaela von Mittwoch bis Freitag. Mittwoch ist Übergabe- und Strategietag, da sind wir den ganzen Tag gemeinsam hier, können gemeinsame Termine wahrnehmen. Grundsätzliche Themen legen wir auf den Mittwoch. Wenn zum Beispiel ein neues Produkt startet, führen wir Gespräche gerne zusammen, damit wir beide den Autor oder den Kursleiter kennenlernen.

Das heißt, ihr seid die ganze Woche von Montag bis Freitag acht Stunden täglich zu erreichen?

Dörte Stadtbäumer: Ja, wir sind immer zu erreichen.

Michaela Tietz: Und auch nach acht Stunden lassen wir nicht den Stift fallen. Ich lese beispielsweise schon Dienstagabends die Mails, sodass wir eigentlich nur die Themen, die noch zusätzlich kommen, besprechen müssen.

Vor eurer eigentlichen Arbeitszeit seid ihr also schon im Einsatz?

Michaela Tietz: Ja, das ist aber unsere persönliche Entscheidung, um unser Arbeitsmodell gut leben zu können.

Dörte Stadtbäumer: Wir checken beide regelmäßig E-Mails, auch wenn wir nicht im Büro sind. Oder wenn mal was brennt – wir sind erreichbar. Am Wochenende schalten wir die E-Mails aber auch mal ab (lacht).

Es bedarf also einer guten Selbstorganisation, oder?

Dörte Stadtbäumer: Ja. Und Selbstdisziplin.

Michaela Tietz: Man muss sagen können: „Es gibt einen Anfang und ein Ende und Pausen zwischendurch." Zu Beginn waren wir fast immer im On-Modus.

Dörte Stadtbäumer: Mittlerweile sind wir sehr gut eingespielt. Ich weiß genau, dass Michaela die Themen am Donnerstag und Freitag weiter bearbeitet, dass ich also am Montag direkt weitermachen kann. Ich muss mich nur auf den aktuellen Stand bringen.

Habt ihr einen gemeinsamen Arbeitsvertrag?

Michaela Tietz: Wir haben einzelne Arbeitsverträge. Aber die Verträge sind identisch.

Dörte Stadtbäumer: Und unser Mitarbeitergespräch findet gemeinsam statt, denn die Aufgaben sind ja dieselben und für die Erfüllung sind wir gemeinsam verantwortlich.

Aber die Aufgaben werden gemeinsam festgelegt und die Leistung wird gemeinsam bewertet?

Michaela Tietz: Ja, und auch gemeinsam erbracht. Und das klappt hier bei der SRH Mobile University wirklich sehr gut. Dass, was rauskommt, ist wichtig, das ist das „Stadtbäumer-Tietz-Ergebnis".

Teilt ihr denn wirklich alle Aufgaben oder gibt es Schwerpunkte?

>»Wichtig ist uns, dass diejenigen, die mit uns zusammenarbeiten, keine gedanklichen Anstrengungen auf sich nehmen müssen, wen sie wofür ansprechen.«

Michaela Tietz: Prinzipiell gibt es keine Schwerpunkte. Es gibt niemanden, der sagen würde: „Ah, für dieses Aufgabengebiet spreche ich mit der einen oder mit der anderen." Wichtig ist uns, dass diejenigen, die mit uns zusammenarbeiten, keine gedanklichen Anstrengungen auf sich nehmen müssen, wen sie jetzt wofür ansprechen. Das wäre ja wieder Zusatzaufwand. Es gibt die E-Mail-Adresse „Stadt-Tietz" – dahinter stecken zwei Menschen, die haben ein Aufgabengebiet und deswegen muss man nicht überlegen, wen man wann erreicht. Man spricht einfach diese eine Stelle an.

Wie viel Kommunikation braucht es zwischen euch, um so arbeiten zu können?

Dörte Stadtbäumer: Wir sprechen uns gut ab und mailen.

Michaela Tietz: Wir haben eine gute Projektplanung mit allen dazugehörigen Aufgaben. Da kann nichts unter den Tisch fallen.

Ihr sagtet vorhin, ihr arbeitet viel virtuell. Brauchen wir eigentlich noch Büros im klassischen Sinne?

Dörte Stadtbäumer: Wir sind in Hamburg ansässig, weil die SRH Mobile University hier ein Studienzentrum als Anlaufstelle für Studierende geschaffen hat. Die Studierenden können vorbeikommen und unsere Serviceangebote wahrnehmen, zum Beispiel an Kolloquien teilnehmen. Aber für unsere Arbeit ist es eigentlich egal, auf welchem Schreibtisch wir unseren Laptop für unsere Aufgaben aufschlagen. Was wir brauchen, ist eine gute Verbindung zur Verwaltung der Hochschule in Süddeutschland. Über Telefon, aber eben auch über „Adobe Connect" oder „Skype for Business".

Michaela Tietz: Manchmal merkt man, dass die virtuelle Arbeit auch ihre Grenzen hat. Es ist schon schön, wenn man sich mal auf einen Kaffee trifft,

das Persönliche fehlt mir manchmal ein wenig. Es passiert auch mal, dass wir bei Besprechungen vergessen werden, kein böser Wille, das passiert einfach, weil wir nicht vor Ort sind.

Also lieber doch nicht gleich alle Büros abschaffen?

Dörte Stadtbäumer: Büros helfen, einen strukturierten Rahmen und weniger Störungen zu haben. Und ich finde es auch gut, Kollegen persönlich zu treffen. Vor Kurzem war zum Beispiel ein neuer Professor hier im Büro zu Besuch – wir haben zehn Minuten gesprochen und schon war die Idee für einen neuen Kurs geboren.

Michaela Tietz: Mit unserem Kooperationspartner SPIEGEL ONLINE machen wir es so, dass wir in der Regel „digitale Jour fixes" haben. Aber ab und an treffen wir uns dann doch persönlich und man spürt einfach den Unterschied. Bei den persönlichen Treffen finden noch andere Informationen statt, die digital nicht stattfinden.

Also ist eine gute Mischung aus digital und persönlich wichtig?

Dörte Stadtbäumer: Ja, auch zum Beispiel bei schwierigen Themen: Zwischentöne hören, Meinungen nachvollziehen können. Im persönlichen Gespräch ist das meist einfacher.

Michaela Tietz: Wichtig ist der persönliche Kontakt als Basis. Bisher nutzen wir Audiokonferenzen mit unserer Hochschule in Süddeutschland, Videokonferenzen helfen zukünftig noch mal mehr, weil man sich sieht.

Gibt es etwas, das nicht so leichtfällt bei eurem Tandemmodell?

Dörte Stadtbäumer: Woran ich mich gewöhnen musste, war die Einarbeitung aus dem „Off", nachdem ich Donnerstag und Freitag nicht im Büro war. Aber alles in allem läuft es super, wir verstehen uns mittlerweile schon fast blind.

> »Wir vertrauen uns sehr und wissen, dass wir die Dinge in unserem gemeinsamen Sinne machen.«

Wir vertrauen uns sehr und wissen, dass wir die Dinge in unserem gemeinsamen Sinne machen. Vielleicht entscheidet die eine mal anders, als die andere es tun würde, aber wir können immer hinter unseren Entscheidungen stehen. Es gibt auch mal Dinge, die wir unterschiedlich sehen, aber wir finden immer eine gute Lösung.

Habt ihr euch das bewusst erarbeitet?

Michaela Tietz: Das hat sich eingespielt. Es hilft bestimmt, dass wir ein sehr ähnliches Grundverständnis haben, zum Beispiel was Dienstleistungs- und Ergebnisorientierung angeht.

Dörte Stadtbäumer: Und die Kommunikation klappt gut. Ich fühle mich nie übergangen. Ich glaube, das hat auch viel mit Persönlichkeit zu tun, dass das Tandemarbeiten so klappt.

Was empfehlt ihr anderen, die so arbeiten wollen? Unternehmen, aber auch anderen Tandems …

Michaela Tietz: Die gemeinsame E-Mail-Adresse ist Gold wert! Das macht es für alle leicht. Außerdem finde ich, sollte der Begriff „Teilzeit" vermieden werden. Denn er hat ein Geschmäckle und transportiert so viele Vorstellungen und Vorurteile, die kontraproduktiv sind. Deswegen sind wir gemeinsam eine Stelle, bearbeiten gemeinsam unsere Projekte, mit gemeinsamen Aufgaben. Punkt.

Dörte Stadtbäumer: Für unseren Chef Prof. Dr. Schneck als Rektor und Geschäftsführer der Hochschule war unser Tandemmodell von vornherein ganz normal, er hatte nie ein Problem damit und hat unsere Art der Zusammenarbeit nie thematisiert. Deshalb hat sie auch niemand im Unternehmen angezweifelt. Das ist, glaube ich, der Kern: dass die Führung des Unternehmens neue Arbeitsmodelle ausprobiert und fördert. Dann gibt es bei anderen Mitarbeitern auch keine Vorbehalte.

Michaela Tietz: Ja, das muss wirklich mitgetragen werden.

Dörte Stadtbäumer: Und mit flexibleren Arbeitsmodellen bekommen die Unternehmen auch mehr qualifizierte Mitarbeiter.

***

Vertrauen und ein starkes Miteinander – Wie flexible Arbeitszeitmodelle gelingen

Bei XING treffe ich *Xenia Meuser*, Vice President HR. Das Unternehmen hat mittlerweile mehr als 1.200 Mitarbeiter, 600 davon arbeiten in Hamburg, weitere an den Standorten München, Barcelona, Porto, Wien und Zürich. Allein in den vergangenen fünf Jahren ist das Unternehmen um mehr als 500 Mitarbeiter gewachsen. *Xenia Meuser* gibt mir Einblicke in die Kultur des Unternehmens und erzählt von den vielfältigen Möglichkeiten, die Arbeitszeiten zu gestalten. Auf dem Weg zum Meetingraum für unser Interview gehen wir durch bunt gestaltete Büros mit Taskboards an den Wänden, so dass ich schon einen ersten Eindruck von der Arbeitsweise bei XING gewinne.

Wie kann ich mir die XING-Unternehmenskultur vorstellen?

Was uns eint, ist eine sehr starke Identifikation mit XING, mit der Vision „For a better working life". Wir wollen unsere Mitarbeiter dabei unterstützen, ein einfaches und effektives Arbeitsleben zu führen sowie Beruf und Privatleben besser miteinander zu vereinbaren. Das drückt sich auch intern in einem starken kollegialen Miteinander aus. Wir haben eine kooperative Kultur, wir helfen einander und fragen nicht zuerst: „Ist das denn überhaupt meine Aufgabe?!" Daraus entsteht ein starkes Miteinander, eine ausgeprägte Lernkultur und eine Durchlässigkeit. Man braucht diese Transparenz über das Gesamtunternehmen, um entscheiden zu können, was richtig ist. Das heißt, ich sollte mich nicht nur in meinem Bereich auskennen, sondern auch Transparenz über die Themen von anderen Unternehmensbereichen haben. Gleichzeitig ist unsere Kultur leistungsorientiert und auch unsere KPIs (Anm. der Verfasserin: Leistungskennzahlen) sind absolut transparent. Und die Arbeit soll Spaß machen. Im Sinne von: Leistung als Ansporn, nicht als Belastung.

Was ist New Work à la XING?

New Work ist für uns ein ganz wichtiges Thema. Es steht im Kern unserer Positionierung als Unternehmen. New Work ist für uns weit mehr als Digitalisierung des Arbeitslebens. Es geht vielmehr um die Dinge, die daraus folgen. Damit meine ich neue Formen der Zusammenarbeit, innovative Organisationsformen und moderne Leadership-Konzepte. Daher ist New Work für mich auch eindeutig ein Thema für die Personalabteilungen, die diese Veränderungen gestalten können. Dieses Verständnis von New Work kommt auch bei unserer Leuchtturmveranstaltung „NWX: New Work Experience" zum Ausdruck, zu der wir mehr als 1.500 Gäste in der Elbphilharmonie versammelt haben. Selbstverständlich leben wir aber auch nach innen, was wir nach außen tragen. Wir arbeiten zum Beispiel mit Prinzipien und weniger mit Regeln. Ganz konkret zeigt sich das unter anderem an unserem Arbeitszeitmodell: Wir haben keine festen Modelle. Man findet bei uns alle Teilzeitvarianten und auch unterjährig ist es möglich, Arbeitszeiten zu verändern. Manchmal wechseln die Leute monatlich, zum Beispiel von 30 auf 34 Stunden pro Woche und wieder zurück. Da sind wir absolut flexibel.

> »Wir arbeiten mit Prinzipien und weniger mit Regeln.«

Und das klappt?

Ja, das funktioniert sehr gut. Es zeichnet XING aus, dass sich unsere Mitarbeiterinnen und Mitarbeiter darauf verlassen können, dass wir darauf eingehen, wenn Veränderungen im Privatleben eintreten oder sie weitere Themen neben der Hauptbeschäftigung verfolgen möchten. Dass sie relativ viel Flexibilität und hohe Freiheitsgrade haben, das bedeutet gleich-

zeitig hohe Eigenverantwortung. Die Sozialisierung erfolgt über das Team, das ein gutes Gespür dafür hat, ob jemand einen Beitrag leistet oder in der Selbstoptimierung agiert.

Woher wisst ihr, wer wie viel arbeitet?

Es gibt keine Zeiterfassung, es gibt auch keine Kernarbeitszeiten – es läuft komplett über Vertrauensarbeitszeit. Theoretisch kann also jeder kommen und gehen, wann er will, und jeder kann auch so viele Pausen machen, wie er will. Immer natürlich in dem Vertrauen, dass man seine vertragliche Arbeitszeit einhält, wann auch immer man sie erarbeitet. Aber natürlich gibt es auch ungeschriebene Regeln. Es gibt zum Beispiel Bereiche mit hohem Kundenkontakt, da wissen die Mitarbeiter, ohne dass es irgendwo steht, dass um 9 Uhr der erste Kunde anruft und das Team bis 17 Uhr besetzt sein muss.

Wie managt ihr das?

Natürlich fängt es auch mal an zu menscheln. Es gibt Bereiche, in denen klappt das super, dort besteht ein Geben und Nehmen, mal bleibt der eine Kollege, mal der andere. Es passiert aber auch, dass jemand das Vertrauen im Sinne von „Ich kann machen, was ich will" versteht. Dann braucht es Führung, denn sonst entsteht ein Ungleichgewicht. Und das ist auch die Herausforderung für uns: Wir haben sehr unterschiedliche Mitarbeiter-gruppen. Manche, die sehr geregelte Arbeitszeiten haben und hier vor Ort sein müssen, und andere, die praktisch nur remote arbeiten könnten. Deswegen machen Regeln auch nicht immer Sinn bei uns. Sonst bestün-de die Gefahr, dass wir eine Regel schafften, die vielleicht für 20 Prozent hilfreich und für 80 Prozent vollkommen unpassend ist.

Klärt ihr das direkt im Einstellungsgespräch oder in der Einarbeitungsphase?

Ich denke, man kann gar nicht alles detailliert klären. Die meisten kom-men hierher und erleben erst mal einen gewissen Spirit, sie arbeiten und sind vielleicht auch völlig glücklich, bis sie etwa erfahren, dass man in einem anderen Team ganz viel Homeoffice machen kann. Dann ist es wichtig, deutlich zu machen, warum das in dem einen Team möglich ist und warum es in dem anderen Team nicht geht. Stellt man aber fest, dass es keine Begründung dafür gibt, dann ist es Zeit, zu hinterfragen, ob es auch anders geht.

Bisher glaube ich, haben wir ganz gute Grundprinzipien. Zum Beispiel hat jeder das Recht auf einen Tag Homeoffice im Monat. Das klingt erst mal nach wenig Flexibilität. Wenn man sich aber anschaut, dass die Kol-legen im Kundenkontakt eigentlich immer hier vor Ort sein müssen und andere fast immer remote arbeiten könnten, ist dies der Versuch, eine

Minimallösung zu finden, auf die alle ein Anrecht haben. Darüber hinaus ist es Verhandlungssache im Team und mit der Führungskraft.

Das Team verhandelt das tatsächlich selbst?

Ja, das organisiert sich in vielen Teams von selbst. Wenn du Vertrauen hast und das Team offen in der Kommunikation ist, gibt es selten Leute, die etwas machen, was nicht hilfreich ist, was nicht zum Job oder für das Team passend ist. In den Ausnahmefällen, in denen die Selbstorganisation nicht funktioniert, ist es Aufgabe der Führungskraft, Orientierung zu geben und Entscheidungen im Sinne des Unternehmens zu treffen.

Klingt ja fast zu gut, um wahr zu sein. Was wäre denn, wenn jemand mitten in einem großen Projekt sagen würde, ich möchte jetzt auf 28 Stunden reduzieren?

Das ist jetzt natürlich spieltheoretisch. Ich kann mir aber nur schwer vorstellen, dass jemand bei XING mitten in einem Projekt, das unter Volldampf läuft, sagt: „Jetzt reduziere ich und geh mal auf 28 Stunden." Dafür ist das Miteinander zu stark. Grundsätzlich haben wir die Regelung bei XING, dass jeder auf 80 Prozent reduzieren kann, dass er das nicht begründen muss und dass die Führungskraft das innerhalb von zwei Monaten möglich machen muss. Wenn das für den Bereich umsetzbar ist, wäre das sogar von heute auf morgen möglich. Wir setzen auf eine Mischung aus Selbstverantwortung und Teamsozialisierung. Die letztendliche Entscheidung und der Diskurs darüber sind in der Verantwortung der Führungskraft. Gleichzeitig soll die Führungskraft aber auch entlastet werden, indem sie Themen in die Teamdiskussion geben kann.

Klingt einfach und logisch. Ist es das auch wirklich?
In vielen Unternehmen scheint das nicht so einfach umsetzbar zu sein …

Das braucht natürlich viel Eigenverantwortung und Disziplin. Das läuft auch bei uns nicht immer überall ideal. Wichtig ist aber das Mindset dahinter. Wir glauben erst einmal, dass jeder, der hierherkommt, einen Beitrag leisten will und Spaß an der Arbeit hat. Wenn das nicht so ist, glauben wir, dass es einen Grund dafür gibt. Diesen zu verstehen ist wichtig. Wenn ich höre, dass jemand gerade privat in Trennung ist und deswegen kurzfristig in Teilzeit gehen möchte, dann kann ich das besser verstehen, als wenn jemand sagt: „Oh, ich habe jetzt spontan Lust auf eine Weltreise", in einer Zeit, in der das Team stark belastet ist. In beiden Fällen wäre es das gleiche Anliegen, die Bewertung würde aber unterschiedlich ausfallen.

»Wir glauben erst einmal, dass jeder, der hierherkommt, einen Beitrag leisten will und Spaß an der Arbeit hat.«

Wahrscheinlich braucht es viel Kommunikation, um sich einzupendeln.

Ja, es braucht Kommunikation, Vertrauen und gleichzeitig eine Art Kontrolle, also Kontrolle über Ziele und Timings, denn irgendwann müssen Aufgaben und Projekte natürlich fertig sein. Was es braucht, wenn mal etwas nicht so gut läuft, ist ein Ventil, damit das angesprochen werden kann. Da sind wir bei XING durch unsere agilen Arbeitsweisen, zum Beispiel durch Team-Retrospektiven, gut aufgestellt.

Homeoffice, flexibles Arbeiten … Wie sieht denn eure Bürogestaltung aus? Habt ihr feste Arbeitsplätze oder sucht man sich jeden Tag seinen Schreibtisch neu?

Das wird bei uns immer vielfältiger. Wir hatten bisher ganz feste Arbeitsplätze, was aufgrund unserer recht besonderen Kommunikationskultur gut und wichtig ist. Denn es gibt bei uns nicht den einen Kommunikationskanal. Die einen benutzen E-Mail, die nächsten HipChat, andere melden sich dort wiederum nie an. Die erreichst du nur, wenn du deren Telefonnummer hast. Insofern war es wichtig, zu wissen, wo jemand sitzt, weil du ihn vielleicht nur so erreichen konntest. Wir haben gerade ein Projekt gestartet, um für uns herauszufinden, wie wir genau die richtigen Kommunikationsplattformen und -kanäle verwenden können und damit unabhängiger davon werden, wo jemand sitzt. Denn zum einen arbeiten wir immer mehr in Projekten, in denen die Leute nicht mehr so viel von ihrem Platz aus arbeiten, und zum anderen ist Raummangel mittlerweile ein Thema bei uns.

Wie zeigt sich das?

Zum Beispiel sind wir im HR-Bereich 40 Leute, und wenn man auf unsere Fläche kommt, sind nur ca. 30 Prozent der Plätze besetzt, da ein Teil der Kollegen häufig in Interviews und Meetings ist. Da überlegen wir natürlich, wie wir die Fläche optimal nutzen und für die unterschiedlichen Anforderungen neue Raumkonzepte schaffen können. Die einen brauchen es besonders ruhig, die anderen brauchen Zonen, in denen sie sich besprechen und kreativ sein können. Das ist uns zum Beispiel in unserem Objekt Kaisergalerie gut gelungen, da haben wir Stillarbeitszonen sowie Zonen, in denen die Kollegen konsequentes Desk Sharing machen.

Da gibt es ja oft erst mal Aufregung, wenn einem der Arbeitsplatz gefühlt weggenommen wird …

Ich glaube, da sind die Reaktionen so vielfältig wie wir Menschen. Wir hatten die Diskussion gerade in meinem Team. Mir ist es nicht wichtig, wo ich sitze, ich bin so viel in Terminen, ich mache gerne Desk Sharing. Zunächst hatte sich auch das Team für Desk Sharing entschieden, nach weiterer Prüfung stellte sich aber heraus, dass es für manche Jobprofile

nicht passt. Es gibt einige im Team, die von 8 bis 17 Uhr an ihrem Platz sitzen. Da wäre wirklich die Frage, was der Mehrwert wäre, wenn man sich jeden Morgen einen neuen Platz suchen muss. Auch gibt es Konstellationen, in denen man sehr eng zusammenarbeitet. Dann ist es hilfreich, nebeneinander zu sitzen. Man muss schauen, für welche Jobprofile was hilfreich ist. Über diese Diskussion haben wir uns wieder für feste Plätze entschieden und es so geregelt, dass diejenigen, die viel in Terminen sind, eine Art Desk Sharing machen. Sie haben Arbeitsplätze, an denen es okay ist, wenn da auch mal ein Kollege sitzt.

Also individuell rangehen?

Grundsätzlich würde ich immer über das Jobprofil kommen, weniger über das Individuum. Ein Recruiter, der den ganzen Tag in Gesprächen ist, der mag es als Individuum auch schön finden, wenn er seinen individuellen Arbeitsplatz hat. Ihm zu erklären, dass er dies in seiner Rolle nicht benötigt, finde ich weniger schwierig, als dies jemandem zu vermitteln, der tagtäglich an seinem Schreibtisch sitzt, vielleicht sogar zwei Bildschirme braucht und Akten bei sich stehen hat.

Inzwischen rückt ja auch Architektur viel stärker in den Vordergrund …

Arbeitsplatzgestaltung ist ein wichtiger Teil von New Work: Es entsteht wirklich eine neue Art, über Architektur und Büroflächen zu denken. Je nachdem, wie die Fläche gestaltet ist, sagt es etwas darüber, was hier passiert. Wenn es sehr steril ist, lädt das nicht gerade zu Kreativität ein, andererseits brauchst du auch nicht uberall Chaos. Das hilft nicht dabei, Dinge strukturiert und konzentriert abzuarbeiten.

Architektur schafft Bewusstsein, wie man sich miteinander verhält, wie man kommuniziert. Nur ein Sofa oder einen Kickertisch hinzustellen reicht anscheinend nicht …

Oder Bällebäder … Wichtig ist, zu überlegen, welche Bedarfe es während des Arbeitstages gibt. Und zu schauen, wie man unabhängig von Professionen oder Fachbereichen Zonen schafft. Dann kann man beispielsweise Ruhearbeitszonen schaffen, wo alle Leute, die gerade ruhig arbeiten wollen, konzentriert und ungestört nebeneinander arbeiten. Da gelten dann aber feste Regeln: Es wird nicht telefoniert die Leute unterhalten sich nicht. Wer hier sitzt, arbeitet konzentriert. Ich glaube, das sind zukünftige Modelle: in Jobprofilen zu denken und gleichzeitig jobübergreifende Areale zu schaffen.

***

Flexibles Arbeiten – gemeinsam mit den Mitarbeitern neue Lösungen finden

Die *Berliner Immobilienmanagement GmbH*, kurz BIM, hat gemeinsam mit den Mitarbeitern ein neues Modell für flexibles und mobiles Arbeiten entwickelt. Im Auftrag des Berliner Senats kümmert sich die BIM um Gebäude und Grundstücke des Landes Berlin: um Wohnraum, um Gebäude, die der Daseinsvorsorge dienen, und um historische Bauten wie das Brandenburger Tor und das Konzerthaus am Gendarmenmarkt. 2003 wurde die BIM gegründet, 2015 fusionierte sie mit dem Liegenschaftsfonds Berlin. Mehr als 500 Mitarbeiter sind mittlerweile für die Bewertung und die Bewirtschaftung sowie für Vermietung und Verkauf von insgesamt rund 5.000 landeseigenen Immobilien verantwortlich. *Romy Steinmann, Leiterin Personal & Organisation*, gibt mir einen Einblick in den Organisationsentwicklungsprozess und die Neugestaltung des Arbeitszeitmodells bei der BIM.

Arbeitszeitmodelle bei der BIM: Wie sieht das bei Ihnen aus?

Mit unserer Betriebsvereinbarung Vertrauensarbeitszeit haben wir uns von zwei unterschiedlichen Modellen verabschiedet. Auslöser war, dass die BIM 2015 fusioniert ist mit dem Liegenschaftsfonds. 150 neue Kollegen kamen hinzu. Die Herausforderung: Die neuen Kollegen haben ihre Zeit erfasst, die bisherige BIM hatte keine Zeiterfassung. Das hat die große Frage aufgeworfen, wie wir zukünftig die Arbeitszeit gestalten wollen: Wie kriegen wir beide Modelle zusammen, welche Kompromisse können wir machen?

Und wie ist es Ihnen gelungen, die beiden Modelle zusammenzubringen?

Es gab einige Gesprächsrunden dazu. Verhandlungstermine, wir kamen aber nicht wirklich weiter.

Klingt nach Spannungen …

Ja, das Thema hat einige Spannungen mit sich gebracht. Wichtig war, zu klären, welche Vor- und Nachteile es gibt. Beim Liegenschaftsfonds gab es die Möglichkeit, als Zeitausgleich einen Tag freizunehmen, bei der BIM war das nicht so. Themen also, die jeden Mitarbeiter berühren.

Und dann?

Vom Betriebsrat kam der Vorschlag, das Thema im Rahmen einer Mediation zu bearbeiten, um voranzukommen. Wir haben Dr. Hoff, einen Mediator und Arbeitszeitexperten, hinzugeholt. Er hat die Vorstellungen aller Seiten aufgenommen und hatte die gute Idee, eine Gruppe von

Mitarbeitern aus allen Fachbereichen und Hierarchieebenen zusammenzustellen. Eine Gruppe, in der alle Belange berücksichtigt werden können.
Das war wichtig, um die Gespräche aufzulockern und zu merken, dass es
noch weitere Meinungen gibt.

Welche weiteren Meinungen kamen denn hinzu?

Die Mitarbeiter haben ihre Erfahrungen aus dem Alltag eingebracht. Und
im Laufe des Prozesses kristallisierte sich heraus, dass die Vertrauensarbeitszeit doch das bessere Modell ist. Denn es passt besser, um Flexibilität zu haben, um auch mal einen Arzttermin während der Arbeitszeit
wahrnehmen zu können, das Kind schnell abzuholen oder wenn mal Handwerker zu Hause sind. Deshalb wollen Leute auch mal mobil arbeiten. So
kam der Gedanke auf, das mobile Thema auch noch mit unterzubringen.

Welches Modell haben Sie schließlich festgelegt?

Die Eckpfeiler sind, dass es keine Kernzeiten mehr gibt, sondern dass wir
nun sogenannte Servicezeiten haben. Die meisten Besprechungen finden
in der Regel zwischen 9 und 17 Uhr statt, in der Zeit muss man erreichbar,
es müssen aber nicht alle anwesend sein.

Man stimmt sich dazu im Team ab?

Genau. So müssen nicht alle da sein. Das war wirklich eine Veränderung.
Auch dass wir gesagt haben, dass in den Arbeitszeiten auch andere Dinge
gemacht werden dürfen und dass man die Arbeitszeit eigenverantwortlich
ausgleichen muss.

Und wie läuft es mit dem mobilen Arbeiten im Alltag?

Wir machen mobiles Arbeiten prinzipiell möglich. Allerdings gilt es cher
für Ausnahmesituationen, wenn jemand zum Beispiel Handwerker im
Haus hat und so weit weg wohnt, dass es keinen Sinn macht, wieder ins
Büro zu fahren, dafür aber die Möglichkeit besteht, auch von zu Hause zu
arbeiten. Es ist grundsätzlich schon gewünscht, dass die Arbeit in den
Räumlichkeiten der BIM stattfindet. Im Rahmen unseres derzeitigen Open
Strategy Prozesses beschäftigen wir uns deshalb auch mit Bürokonzepten
und neuen Arbeitswelten.

*Homeoffice, flexibles Arbeiten, eigenverantwortlicher Zeitausgleich. Hat das alles
gleich reibungslos geklappt?*

Klar haben wir auch mal festgestellt, dass es
Auslegungsschwierigkeiten gab. Wir müssen
alle miteinander lernen. Wir sind ein Dienst-
leistungsunternehmen, es ist wichtig, dass

»Klar haben wir auch mal
festgestellt, dass es Auslegungsschwierigkeiten gab.
Wir müssen alle miteinander
lernen.«

wir erreichbar sind, dass wir hier Gäste empfangen oder Notfallsituationen für unsere Kunden abdecken.

Und wenn dann keiner da ist …

Dann wird's schwierig … Nach etwa einem Jahr haben wir eine Evaluation gemacht. Da wurde zum Beispiel deutlich, dass wir beim mobilen Arbeiten noch konkreter werden müssen. Daraufhin haben wir einen Anwendungsleitfaden dazu formuliert. Die telefonische Erreichbarkeit muss gewährleistet sein, also entweder stellt man das Telefon auf das Mobiltelefon um oder, wenn jemand kein Mobiltelefon hat, löst man das anders im Team.

Woher weiß man denn, wer wann da ist?

Die Mitarbeiter tragen ihre Termine in ihren Outlook-Kalender ein. Auch das war zunächst eine Umstellung, den eigenen Kalender freizugeben.

Gibt es neue oder andere Herausforderungen für die Führungskräfte?

Eine Herausforderung ist, dass es unterschiedliche Auslegungen gibt, gerade wenn Dinge neu sind. Es ist ein Spannungsfeld zwischen Geben und Nehmen. Im Blick zu behalten, wie es für das Team läuft, auch wahrzunehmen, wenn irgendwo ein Missbrauch passieren sollte. Das ist manchmal nicht ganz leicht, denn die Führungskräfte haben selber viele Termine, sind unterwegs und nicht immer vor Ort.

Was machen Sie, wenn es nicht gut läuft, wenn die Balance zwischen Geben und Nehmen im Team nicht mehr stimmt?

Wir haben eine Lösung dafür entwickelt, dass man jemanden auch aus der Vertrauensarbeitszeit herausnehmen kann, wenn wirklich Missbrauch passiert und dies zum Beispiel aus dem Team an die Führungskraft herangetragen wird.

Sensibles Thema. Ist das denn schon mal vorgekommen?

Es gab den Fall bisher nur einmal. Da muss man natürlich Sensibilität mitbringen und alle Seiten einbeziehen. Das Gespräch lief dann sogar ganz positiv, und man einigte sich darauf, für drei Monate eine andere Regelung zu finden, zu schauen, wie es läuft, und im Gespräch zu bleiben.

Es gibt also noch Gewöhnungsbedarf hinsichtlich der neuen Arbeitszeitmodelle?

Was wir den Mitarbeitern nach wie vor zur Verfügung stellen, ist eine Arbeitszeiterfassung auf freiwilliger Basis. Da meldet man sich an, aktiviert ein Tool und dann läuft die Zeit. Auch um für sich selber zu sehen: An welchen Themen arbeite ich eigentlich wie viel?

Sie erwähnten vorhin die Evaluation …

Ja, wir wollten wissen, ob das neue Modell erfolgreich ist. Es war uns wichtig, zu wissen, wie die neuen Regelungen ankommen. Deshalb haben wir ein Jahr nach der Einführung eine Evaluation gemacht. Bei dem Evaluationsworkshop waren fast alle Bereiche vertreten, Betriebsrat, Mitarbeiter, Führungskräfte und Geschäftsleitung. Die Gesamtbewertung der Vertrauensarbeitszeit auf einer Skala von 1 bis 10 war mit 8,76 erfreulich positiv. Besonders positiv: Die Flexibilisierung der Arbeitszeit, den Wegfall der Kernzeiten finden die Mitarbeiter gut. Das mobile Arbeiten wird ebenso als positiv empfunden sowie der Zeitausgleich, der weiterhin natürlich durchaus möglich ist.

Und was musste der Evaluierung zufolge noch optimiert werden?

Bei den Terminabstimmungen haben wir noch Optimierungspotenzial aufgedeckt. An der Kommunikation, an den Abstimmungen im Team im Alltag musste noch gearbeitet werden.

Manche Dinge sind ja wahrscheinlich auch gar nicht abzusehen, wenn solche Neuregelungen eingeführt werden …

Absolut. Wie zum Beispiel auch die Konkretisierung der Regelung zum mobilen Arbeiten. Da gab es unterschiedliche Auslegungen und Handhabungen. Auch seitens der Führungskräfte und bedingt durch unterschiedliche Charaktere. Dafür ist es wichtig, sich auszutauschen, zu erfahren, wie es in anderen Bereichen gehandhabt wird. Zum Beispiel auch, damit umzugehen, dass manche Bereiche nicht so viel Homeoffice machen oder so flexibel agieren können wie andere, da dies ja auch abhängig ist von den einzelnen Aufgaben, Themen und Funktionen im Unternehmen.

Wenn Sie noch mal vor einem ähnlichen Thema stehen würden, wie würden Sie es angehen?

Ich würde es genauso wieder machen. Insgesamt hätte es kaum besser laufen können. Aus einer schwierigen Situation der Arbeitszeitregelung mit zwei Modellen haben wir gemeinsam eine vereinheitlichte Lösung geschaffen.

»*Aus einer schwierigen Situation der Arbeitszeitregelung mit zwei Modellen haben wir gemeinsam eine vereinheitlichte Lösung geschaffen.*«

Auch dank der externen Unterstützung?

Auf jeden Fall. Die Impulse von außen waren wichtig für uns. Jemand von außen, der sich super in diesem Thema auskennt, mit ganz viel Erfahrung in vielen Unternehmen, der im Rahmen einer Mediation beide Parteien und alle Ansichten zusammengebracht hat. Jemand, der ganz sachlich,

klar, mit extrem gutem Fachwissen auch mal die Geschäftsleitung überzeugen und sagen konnte: „Sie sollten an dieses und jenes denken, wir müssen überlegen, wie Sie es gut hinkriegen." Das war gut.

Was würden Sie anderen Unternehmen in ähnlichen Situationen empfehlen?

Alle einbinden. Die Ansichten aller zu hören und alle Hierarchien einzubinden, das ist entscheidend. Ich denke, das ist wirklich ein Hebel gewesen – aus verschiedenen Bereichen und Funktionen die unterschiedlichen Perspektiven reinzubringen. Und nicht nur die Bereichsleiter, sondern auch die Teamleiter, denn das sind diejenigen, die die Dinge im täglichen Leben regeln, die vor Problemstellungen und Fragestellungen stehen und wissen möchten, wie sie die Dinge angehen können. Es war wirklich wichtig, dass sie ihre Gedanken und Ideen einbringen konnten.

***

„Es ist spannend, wenn man nah dran ist!"

Als ich Annette Siragusano bei der *comdirect bank* besuche, fällt mir auf, wie flexibel die Räume genutzt werden, dass es keine trennenden Wände gibt und dass die Entscheidung, wo wir uns unterhalten, sehr spontan fällt. Daher spreche ich sie natürlich auch auf ihre Raumphilosophie an.

Sie sind hier ja gemeinsam mit Ihrem Team auf einer offenen Fläche. Haben Sie alles umgebaut, alle Wände eingerissen?

Ja, ein interessantes Thema (lacht) … Viele Unternehmen denken ja: „Jetzt haben wir schicke Räume, jetzt sind wir agil!" Das ist nicht so! Wir haben schon agil gearbeitet, als wir noch nicht auf den offenen Flächen waren, sondern noch Einzelbüros hatten. Das ging trotzdem. Als die Fläche frei wurde, haben wir gesagt, wir möchten gerne hier rein, weil wir glauben, dass uns das noch mal stärker im Miteinander hilft. Und das ist auch so. Denn es macht mehr Spaß, man sieht mehr, man hat mehr Raum und wir haben hier auch gleich das Studio mit reingebaut.

Und wo sitzen Sie?

Direkt bei meinem Team. Ich glaube, es hilft extrem, wenn man direkt bei seinem Team sitzt. Ich bin kein Freund von Einzelbüros. Es ist spannend, wenn man nah dran ist – und das Team profitiert auch davon. Es ist ein anderes Miteinander.

Gibt es feste Arbeitsplätze oder sucht man sich jeden Morgen seinen Arbeitsplatz neu?

Wir haben es so gemacht, dass jeder sich einen festen Arbeitsplatz aussuchen konnte. Denn wir wollten nicht, dass man morgens erst mal einen Platz suchen muss und eine halbe Stunde Rüstzeit braucht, also Container rausholen, zum Schreibtisch rollen etc. ... Und wenn wir jetzt der Meinung sind, dass wir mal tauschen wollen, dann tauschen wir halt, fertig. Ich glaube, das ist flexibel genug. Und natürlich machen die Leute auch mal Homeoffice, auch das ist bei uns total flexibel, wie es halt passt.

Darf jeder immer Homeoffice machen?

Es ist schon so, dass wir das relativ flexibel handhaben. So wie es Sinn macht. Was wir aber merken, ist, dass es dem Arbeiten hilft, wenn wir uns sehen und miteinander sprechen. Ich bin kein Fan von tausend Abstimmungsschleifen per Mail. Und wenn alle im Homeoffice sind, dann funktioniert das natürlich nicht. Was wir sehr bewusst machen, sind Homeoffice-Tage als Konzeptionstage. Wenn jemand zum Beispiel eine große Studie auswertet oder jemand an einem Workbook schreibt. Dann ist das meist wirklich produktiver. Das hat natürlich wieder viel mit Vertrauen zu tun.

***

8 Lernen und Weiterbildung neu gestalten

Neues Wissen, neue Methoden, persönlich-soziale Kompetenzen, Skilling und Reskilling … Neue Kompetenzen werden inzwischen so zeitnah benötigt, dass verschiedene Lernformate unkompliziert in den Alltag zu integrieren sein müssen. Die Frage ist also, wie Weiterbildung und Wissenstransfer in Unternehmen heute bestmöglich gelingen. Zumal nicht jeder Mitarbeiter schöne Erinnerungen mit Lernen verbindet und Weiterbildung in vielen Unternehmen nicht unbedingt den besten Ruf genießt. Manchmal können die Weiterbildungsstrukturen und -kulturen aber einfach noch nicht mit der neuen Dynamik Schritt halten. Aber es tut sich etwas: Neue Lernformen, die sich bedarfsgerecht in den Alltag integrieren lassen, die gemeinsames Lernen fördern und Spaß machen, finden mehr und mehr Anhänger. Unternehmen probieren aus, traditionelle Lernformen, zum Beispiel Seminare, werden ergänzt durch individuelles Lernen im Alltag. Die „Lernkultur" in Unternehmen wandelt sich.

Geben und Nehmen. Ein neues Verständnis für Weiterbildung: Miteinander lernen und Wissen weitergeben

Katja Horter, selbstständige Beraterin und Coach mit den Spezialgebieten Corporate Education und digitale Weiterbildungsstrategien, gibt mir Einblicke in ihre aktuellen Erfahrungen und Beobachtungen.

Welche Schwerpunkte beim Thema Lernen und Weiterbildung nimmst du derzeit wahr?

Bisher war Weiterbildung ja oft ein Thema, das stark davon abhing, wie es den Unternehmen gerade geht, hier wurde als Erstes gestrichen. Im Augenblick hat Weiterbildung hingegen einen großen Stellenwert. Und zwar über den klassischen Sinn von Weiterbildung hinaus, mehr im Sinne von *Fähigkeiten*. Denn Unternehmen merken, dass sie Mitarbeiter brauchen, die, um nur ein Beispiel zu nennen, programmieren können. Der Markt ist leer gefegt, also muss man die Leute selber weiterbilden. Ebenso sind Automatisierung und Artificial Intelligence gerade große Themen, also die Frage danach, wie sich die Jobs der Zukunft entwickeln. Da herrscht ziemliche Panik. Angst davor, den Zug zu verpassen. Diese Panik versucht man mit Weiterbildung zu reduzieren. Außerdem wächst auch das Interesse der Mitarbeiter an Weiterbildung. Lebenslange Weiterbildung ist ein großes Thema geworden. Es wird zum Beispiel zunehmend interessant, sogenannte Nanodegrees in einzelnen Fachthemen zu erwerben.

Wie entwickelt sich Weiterbildung konkret in Unternehmen?

Unternehmen bilden immer häufiger ganze Mitarbeitergruppen weiter und gehen damit weg von der Weiterbildung Einzelner. Außerdem wird

Weiterbildung immer mehr über Online-Angebote und Lern-Nuggets gestaltet. Was die Ausbildung neuer Fähigkeiten angeht, gibt es gerade tolle Chancen, denn es kommen nicht mehr nur junge Leute in einen bestimmten Weiterbildungskreis. Am Beispielthema Programmieren: Noch gibt es da kaum Leute, die älter als 45 sind. Das wird in den Unternehmen jetzt immer diverser.

Du hast gerade Lern-Nuggets erwähnt. Was ist darunter zu verstehen?

Das sind in erster Linie Online-Kurzkurse. Kurze Sequenzen während des Arbeitsalltags, die die Umsetzung in der Praxis fördern.

Lernen während des Arbeitsalltags?

Ja, auch. Wichtig ist dabei, dass die Lernnuggets wiederum in ein größeres Gesamtprogramm eingebunden werden. Meiner Ansicht nach ist es am hilfreichsten, wenn es eine bestimmte Zeit gibt, in der gelernt, in der Wissen aufgenommen wird. Und zusätzlich eine Zeit, in der Erfahrungsaustausch stattfindet, in der auch Skill-Anwendungen Raum haben. Sowie Momente, in denen man liest oder sich Videos anschaut.

Wohin entwickelt sich das Lernen von Standardprogrammen?

Ich denke, das Lernen von Standardprogrammen, zum Beispiel Excel, wird nicht mehr Face-to-Face sein. Es wird eher so sein, dass man eine Einführung bekommt, die kann online durch ein aufgezeichnetes Training erfolgen, das muss kein Präsenztraining mehr sein. Dort erhält man die Grundkenntnisse, einen Grundführerschein – alles Weitere kann man sich dann selbst im Laufe der Zeit aneignen. Über Datenbanken zum Beispiel, über die das Know-how abrufbar ist. Dieses „Lernen im Alltag" müssen Unternehmen natürlich unterstützen. Also nicht einfach sagen: „Lebenslanges Lernen ist in eurer Verantwortung", sondern wirklich Zeit dafür geben im Alltag, zum Beispiel indem es ganz natürlich dazugehört, Tutorials zu schauen.

>*Dieses Lernen im Alltag müssen Unternehmen natürlich unterstützen, (...) wirklich Zeit dafür geben im Alltag.«*

Das ist auch eine Frage der Unternehmenskultur.

Absolut. Die Unternehmen müssen nicht nur die Zeit schaffen, sondern auch die Kultur! So sollte es, um beim Excel-Beispiel zu bleiben, jederzeit okay sein, den Lead-User zu fragen, zu ihm hinzugehen, weil man weiß, dass er einen nicht dafür verurteilt. Ob Videos schauen, den Lead-User um Hilfe bitten – wenn man eine lernende Organisation ausruft, ist es wichtig, zu ermöglichen, dass die Leute miteinander lernen, untereinander Wissen weitergeben. „Peer-Learning" – ein Geben und Nehmen.

Wir waren eben kurz bei der Angst davor, den Zug zu verpassen. Kann das auch ein Antreiber sein, um nicht den nächsten Shift zu verschlafen?

Auf jeden Fall. Zumal es ja wirklich noch schwer absehbar ist, wie sich einzelne Tätigkeiten durch Technologien verändern werden. Am Beispiel Versandhandel: Dass Printkataloge irgendwann endlich sind, das konnte man vorhersehen, wahrscheinlich schon vor ca. zehn Jahren.

Wie macht man eine Organisation fit für den Wandel?

Indem der Change wirklich bei den Mitarbeitern ankommt. Wenn man weiß, dass sich ganze Businessmodelle ändern werden, ist es notwendig, Mitarbeiter nicht irgendwo hinzustecken in der Organisation, sondern sie ihrer Persönlichkeit und ihren Präferenzen entsprechend weiterzuentwickeln. Viel mehr als anhand der aktuellen fachlichen Fähigkeiten. Also zu schauen, wer ist der kreative Typ, wer der analytische Typ etc.

Auf Gesamtorganisationsebene müsste man dafür wissen, wo es lang- oder zumindest mittelfristig hingeht. Wer muss an der Entwicklung einer Gesamtvision beteiligt sein?

Zum einen der Chief Innovation Officer. Und außerdem kann HR sich da viel stärker einbringen: mit den Mitarbeitern erarbeiten, welche Fähigkeiten sie brauchen, sowohl Hard Skills als auch Soft Skills. Das Zusammenspiel zwischen HR und Innovation, zwischen HR und Technik muss noch ausgebaut werden. Sich zum Beispiel zu fragen, was bedeutet Artificial Intelligence denn für zukünftige Skills? Wie kann man jetzt schon Mitarbeiter in die Richtung schulen?

Wie kann man das Bewusstsein dafür schaffen, dass es manche Jobs in ein paar Jahren eventuell nicht mehr geben wird?

Oder sogar andersrum! Denn wäre man im Versandhandel schon vor zehn oder 15 Jahren auf die heute 50-jährigen Mitarbeiter zugegangen und hätte gesagt: „Hast du nicht mal Lust auf Programmierung? Spannendes Thema. Da gibt es ein Seminar, probier das doch mal aus!" Also positiv versus negativ, nicht: „Deinen Job wird's nicht mehr geben!", denn das weiß man ja so genau gar nicht, sondern eher: „Probier's doch mal aus!"

Das macht es wahrscheinlich so schwierig: Niemand kann vorhersagen, wie sich die Dinge wirklich entwickeln. Und dann passiert dieses typische Verhalten „Erst mal so weitermachen, läuft doch noch …".

Wir brauchen einen Kulturwandel, was Weiterbildung angeht: »Ich weiß, dass mein Job sich immer wieder verändert – und deswegen halte ich mich fit!«

Unternehmen sollten dahinkommen, Lernen anforderungsbasiert zu gestalten. Wir brauchen einen Kulturwandel, was Weiterbildung

angeht: „Ich weiß, dass mein Job sich immer wieder verändert – und deswegen halte ich mich fit!"

Wie wird Lernen in Unternehmen zukünftig gestaltet?

Vieles wird in der Mischung „Digital und Präsenz" stattfinden. „Digital" überwindet dabei den Ort, man kann zu einer Präsenzzeit dabei sein, vorm Rechner, und im Nachgang gibt es noch Videos und Unterlagen. Eine Lernrevolution so nach dem Motto „Wir lernen alle nur noch für uns, alleine vorm Rechner", wird es aus meiner Sicht nicht geben. Die Kurse von Udacity oder Careerfoundry haben zum Beispiel Elemente eines Präsenztrainings im Sinne von „Wir sind verfügbar". Individuelle Tutoren und Mentoren aus der Industrie begleiten bei der „Learning-Journey". In großen Konzernen haben sich inzwischen „Clubs" gebildet, dort kann man sich treffen und zu Themen austauschen.

Menschen kommen also nach wie vor zum Lernen zusammen …

Absolut, Menschen *wollen* zusammenkommen. Das kann aber auch mal online sein: Man sitzt vorm Rechner, die Vorträge finden zu einem festen Zeitpunkt statt und man kann realtime diskutieren. Der Mix ist das Wesentliche, sprich, es gibt etwas, auf das man sich vorbereitet, man ist zu einem Zeitpunkt online oder präsent an einem Ort, wo man sich mit anderen austauscht. Das Tolle ist, dass man es aufnehmen kann, um es zu einem späteren Zeitpunkt noch mal anzuschauen bzw. zu hören. Wiederholung einfach gemacht. So hat man auch die Möglichkeit, es viel besser in den Arbeitsalltag zu transformieren.

Das ist ja oft die Frage: Wie bekommen wir das Gelernte aus dem Seminar in den Alltag?

Ich teile das auf in die Elemente „vor dem Training", „während des Trainings" und „nach dem Training". Sich also schon vor dem Training Gedanken machen, um dann vorbereitet zu sein für Diskussionen. Während des Trainings Ankerpunkte setzen, um das Gelernte in den Arbeitsalltag zu transportieren, also zu schauen: „Wie könnt ihr das im Alltag verankern?" Und im Nachgang auch noch weitermachen, zum Beispiel nach drei Monaten eine Fortsetzung, um immer wieder Ankerpunkte zu setzen. Oder einen monatlichen Call machen. Was auch immer gut passt! Das Entscheidende ist, dass die Teilnehmer für die Umsetzung mitverantwortlich sind. Früher ist man nach zwei Tagen Weiterbildung nach Hause gegangen, aber irgendwie hat einen doch niemand wirklich verantwortlich dafür gemacht, das Gelernte umzusetzen.

Das ist aber aufwendiger als früher, oder?

Ja, im Sinne des Return on Education jedoch genau richtig! Das ist ja das, worauf es für Unternehmen und jeden Einzelnen ankommt: dass man überprüfen kann, was Weiterbildungsmaßnahmen bringen, bezogen auf die Projektqualität, die Mitarbeiterzufriedenheit, auf den Umsatz ...

Wie kann man insgesamt das Bewusstsein und die Wertschätzung für Bildung und Lernen weiter stärken?

Ich denke, das fängt sehr früh an. Mal ehrlich, Lernen ... früher in der Schule –, das war ja kein besonderer Wert für uns ..., allgemein in der Gesellschaft. Hat man sich als Schüler noch weitergebildet?

Meist war man froh, wenn die Hausaufgaben durch waren ...

Oft ist es ja ungefähr so: „Wir müssen jetzt lernen, wir müssen uns hinsetzen – und das tut weh. Und nur dann gibt's am Ende ein Zertifikat."

Wie lässt sich das ändern?

Die positive Entwicklung derzeit ist, dass man schon frühzeitig anfängt, Spaß am Lernen und Ausprobieren zu fördern. Übertragen auf Unternehmen: den Mitarbeitern die Zeit geben, um zu lernen. Und die Möglichkeit, Gelerntes auszuprobieren. Das ist der Culture Change.

***

„Wandel findet im Machen statt" – Working Out Loud bei Bosch

Eine Reihe von Unternehmen haben bereits die noch recht junge Methode *Working Out Loud*, kurz WOL, für sich entdeckt. Sie fördert Vernetzung und kulturellen Wandel und hilft auf lockere Art und Weise, miteinander zu lernen. Das eigene Wissen wird geteilt – und alle profitieren davon. Zu den deutschen WOL-Pionierinnen gehört *Katharina Krentz*. Seit 2005 ist sie bei Bosch und seit 2010 beschäftigt sie sich mit dem Thema Enterprise Social Network (ESN), also vernetzter digitaler Zusammenarbeit innerhalb von Unternehmen. Sie hat die WOL-Initiative bei Bosch angestoßen und mittlerweile ein weltweites internes Netzwerk aufgebaut. Ich lernte Katharina Krentz auf dem IBM HR Festival 2018 kennen, wo sie die Methode vorstellte. Die Teilnehmer erfuhren, wie schnell es mit Working Out Loud möglich ist, Menschen kennenzulernen und gemeinsam an Themen zu arbeiten. In unserem Gespräch gibt sie mir einen Einblick, wie Working Out Loud bei Bosch im Alltag umgesetzt wird.

Zunächst einmal zu dem großen Begriff „New Work": Was bedeutet der bei Bosch?

Wir sehen, dass die großen Veränderungsthemen Digitalisierung, Globalisierung und demografischer Wandel einen enormen Einfluss auf Unternehmen, Organisationen und Arbeitsabläufe haben. Auf die Führungskultur und die Zusammenarbeit. Themen wie Arbeitszeitmodelle, Arbeitsmethoden und Karrierewege ändern sich. Bosch gibt es seit über 130 Jahren. Wir sind auf dem Weg, ein führender Anbieter im Internet der Dinge zu werden, und haben viele innovative Einheiten, die sich um die Zukunftstechnologien kümmern. Bereits heute arbeiten bei uns mehr als 25.000 Softwarespezialisten. Wenn wir sehen, welche technologischen Möglichkeiten wir heute haben und welche Anforderungen an Unternehmen gerichtet werden, dann dreht sich New Work für uns um all diese neuen Möglichkeiten.

Weshalb sind Sie Spezialistin für Working Out Loud geworden?

Seit 2015 beschäftige ich mich sehr intensiv mit Working Out Loud, eine Methode, die sich auf das Individuum konzentriert. Seit 2017 bin ich in Vollzeit für Working Out Loud verantwortlich. Denn nach zwei Jahren haben wir gesehen, was die Methode kann und leistet. Ich leite in der Funktion ein virtuelles zwölfköpfiges Team: ich mit 100 Prozent, die anderen elf Teammitglieder mit 10 Prozent ihrer Kapazität. Wir treiben es ganz bewusst als Initiative voran, aus einer Graswurzelbewegung entstanden, die wir nun zu einem strategisch relevanten Thema weiterentwickeln.

Weshalb haben Sie mit Working Out Loud angefangen? Gab es einen speziellen Anlass?

In meiner ursprünglichen Aufgabe als interner Community Manager habe ich mir die Frage gestellt, wie wir Community Manager ausbilden müssen, damit sie ihren Job gut machen, und wie sie ihr Wissen in die Organisationen weitergeben können. Bei Internetrecherchen bin ich 2013 auf Working Out Loud und auf John Stepper, den Begründer der Methode, gestoßen. Zu dem Zeitpunkt gab es das Buch und die Circle Guides noch nicht, aber es gab die Idee. Die Idee, vernetzt, öffentlich transparent, mehrwert- und sinnstiftend in einer Gruppe zu arbeiten. Über mein unternehmensübergreifendes Netzwerk, das sich mit dem Wandel von Organisationen und Kollaborationsplattformen beschäftigt hat, kam die Einladung, dass John Stepper gerne das Konzept nach Deutschland bringen möchte. Im Mai 2015 haben wir uns getroffen: 17 Personen aus acht verschiedenen Unternehmen. Wir hatten eine Skype-Session mit John, der uns sein Konzept erklärt hat. Daraufhin haben wir die ersten deutschen Working Out Loud Circles gegründet. Unternehmensübergreifend, in unserer Freizeit, um herauszufinden, ob wir diese Methode auch im Unternehmen anwenden

können. Wir haben das quasi an uns selbst ausprobiert und in Woche drei entschieden, dass es exakt das ist, was wir bei Bosch brauchen.

Weshalb?

Wir haben gesehen, dass die Methode eine Lücke im Lern-Portfolio schließt: den Fokus auf die Fähigkeiten eines jeden Mitarbeiters zu richten, sich in virtuellen Experten-Netzwerken zu vernetzen. Intern im Unternehmen – Bosch Connect heißt es bei uns –, aber auch extern. Also Netzwerkaufbau und vernetztes Zusammenarbeiten Schritt für Schritt lernen, Nutzung digitaler Tools und Apps etc.

Wenn man noch gar keine Ahnung hat von Working Out Loud: Wie funktioniert das, womit startet man? Muss man sich da anmelden oder geht man da einfach hin?

Bei Bosch funktioniert das so: Man kann ganz einfach Mitglied in der Working Out Loud Community in unserem ESN (Enterprise Social Network) werden. Jeder kann sich anmelden, jeder hat Zugriff. Das ist öffentlich, für jeden Mitarbeiter einsehbar. Man trägt sich in eine Teilnehmerliste ein, beantwortet ein paar Fragen, zum Beispiel wer ich bin, an welchem Standort ich arbeite, welche Sprachen ich spreche, ob ich das „Face-to-Face" machen möchte, mit persönlichen Treffen oder auch virtuell via Skype in einer Videosession.

Klingt unkompliziert.

Absolut! Wir fragen dann, wann du anfangen möchtest und ob es eine zeitliche Präferenz gibt. Und basierend auf diesen Präferenzen bringen wir fünf Kollegen zusammen. Fünf Kollegen aus unterschiedlichen Funktionen, wenn möglich aus unterschiedlichen Ländern.

Also sehr diverse Gruppen!

»Durch die unterschiedlichen Perspektiven und Menschen, durch die unterschiedlichen Herangehensweisen und unterschiedliche Problemlösungsfähigkeiten entsteht ein großer Mehrwert.«

Je diverser, desto besser. Wir sehen zwar, dass es am Anfang schwieriger ist und dass es auch Hemmungen und Berührungsängste gibt, aber schon nach Woche drei und vier macht es sich bezahlt, wenn der Circle sehr divers ist. Durch die unterschiedlichen Perspektiven und Menschen, durch die unterschiedlichen Herangehensweisen an neue Themen und durch unterschiedliche Problemlösungsfähigkeiten entsteht ein großer Mehrwert. Allein durch die Diversität und die unterschiedlichen Sichtweisen!

Wie kommt es zu dem ersten Treffen?

Unsere Trainingsorganisation schickt diesen fünf Leuten zu Beginn eine E-Mail und sagt: „Hey, ihr Fünf seid's, hier ist ein Link auf eure eigene geschlossene Sub-Community, es kann jetzt losgehen." Bei uns arbeiten die Teilnehmer im geschlossenen Raum, weil wir gesehen haben, dass die ersten Schritte, das erste Ausprobieren, gerne im geschützten Umfeld gemacht werden. Wir stellen ihnen die Bosch Circle Guides zur Verfügung, angereichert um Bosch-Zusatzmaterial, in dem wir Empfehlungen aussprechen für die verschiedenen Übungsaufgaben. Außerdem bieten wir verschiedene Links zu „Good Practices" an, um zu zeigen, was es schon alles gibt und um anzuregen: „Hey, nutze, was schon da ist, und pass es auf deine Bedürfnisse an!"

Gibt es Schwerpunktthemen? Ursprünglich befasst sich Working Out Loud ja eher mit individuellen Fragestellungen … Kann da jeder machen, was er will?

Ja! Kann er tatsächlich! Und das kommunizieren wir auch so. Die Mitarbeiter können sehr gerne ein persönliches privates Ziel oder ein Arbeitsziel wählen. Wir sagen auch ganz offen, dass sich der Mehraufwand, wenn man ein Arbeitsziel wählt, durch die Abarbeitung der Aufgaben und die Circle-Meetings im Rahmen hält. Wir möchten, dass die Mitarbeiter neue Fähigkeiten erlernen oder bestehende ausbauen: die Fähigkeit, ad hoc ein Netzwerk aufzubauen mit Experten, die man vorher noch nicht gekannt hat, die Fähigkeit, in der digitalen Welt effektiv mit einem virtuellen Netzwerk zu kommunizieren, die eigene Arbeit und das eigene Wissen sichtbar zu machen, von anderen zu lernen, andere von mir lernen zu lassen. All das erarbeitet man sich in zwölf Wochen. Ob man das mit dem Ziel macht, die Ernährung umzustellen, oder ob man das mit dem Ziel macht, sein Projekt sichtbarer zu machen und damit auch anderen Geschäftsbereichen helfen kann, ist uns im ersten Schritt nicht so wichtig. Wichtiger sind für uns zunächst die Entwicklung des Mindsets und der genannten Fähigkeiten. Die bringen uns als Unternehmen voran.

Was hat sich durch die Methode verändert?

Bereits mehr als 1.500 Kollegen haben mitgemacht, über 4.000 sind in der Working Out Loud Community, es gibt über 500 Circle, also WOL-Gruppen. Die Teilnehmer sind in unserem Bosch Social Network sichtbar. Sie haben ein ausgefülltes Profil, ein Profilbild, sind mit Schlagworten versehen, basierend auf ihrer Expertise, ihren Erfahrungen, ihren Talenten und Projekten, an denen sie mitgewirkt haben. Sie machen sich sichtbar und stellen allen ihre Erfahrungen zur Verfügung. Sie sind sehr

»Wenn mir plötzlich ein Entwicklungsleiter aus Indien hilft, mit dem ich eigentlich gar nichts zu tun habe, der aber zu dem Thema, das mich gerade berührt, Input hat, dann macht das etwas mit mir.«

hilfsbereit. Sie wissen, wie man digital wertschätzend auf Augenhöhe kommuniziert, wissen, wie sich das anfühlt, wenn ich erst gebe und dann zurückbekomme, wissen, wie diese Netzwerkmechanismen funktionieren. Sie haben erlebt, wie es sich anfühlt, Menschen, die sie nicht kennen, anzusprechen, mit ihnen eine Beziehung aufzubauen und sich gegenseitig zu helfen. Dieser Wandel, den wir hier gerade durchlaufen, ist erlebbar. Wenn mir plötzlich ein Entwicklungsleiter aus Indien hilft, mit dem ich eigentlich gar nichts zu tun habe, der aber zu dem Thema, das mich gerade berührt, Input hat, dann macht das etwas mit mir. Vor allem bewirkt es, dass ich diese Art der Zusammenarbeit als wertvoll empfinde und auch weitertrage, indem ich ebenfalls – auch unbekannten – Kollegen helfe und in meinem Netzwerk Inhalte teile.

Also eine Entwicklung hin zum Miteinander, zu Geben und Nehmen …

Das ist das Faszinierende an Working Out Loud. Auf der logischen Ebene wissen wir alle, was man tun müsste oder sollte oder mal machen könnte. Wirklicher Wandel findet dann statt, wenn ich für mich den Mehrwert erlebt habe. Dann ändere ich mich, meine Art zu arbeiten, zu kommunizieren, zu denken, zu handeln. Dieses „Wir nehmen uns Zeit und lernen uns richtig kennen" – und dann arbeitet jeder an seinem eigenen Thema, aber wir helfen uns gegenseitig, wir reflektieren, wir geben uns Feedback und basierend darauf kann sich jeder individuell weiterentwickeln. Das ist an dieser Methode einzigartig.

Was braucht es, damit Working Out Loud erfolgreich funktionieren kann?

Wichtig ist, dass alle die gleiche Haltung teilen. Also die Bereitschaft, über Fehler zu reden, die Bereitschaft, transparent zu arbeiten, auf Augenhöhe zu kommunizieren und für ein gutes Miteinander im Team zu sorgen.

Was für Projekte oder Ergebnisse entstehen denn zum Beispiel in Working Out Loud Circeln?

Am Ende der zwölf Wochen fragen wir nach Feedback, um analysieren zu können, was es dem Mitarbeiter und der Organisation gebracht hat. Ein Beispiel: Eine Kollegin von Bosch Powertools hat beschrieben, dass sie sehr kritisch in einen Circle gestartet sei, weil ihr dieses Buzzword überhaupt nicht gefallen und sie die Methode nicht greifbar gefunden habe. Aber sie hat mitgemacht. Innerhalb dieser zwölf Wochen hat sie eine Idee, die sie schon länger hatte, als Projekt aufgebaut. Über das neu aufgebaute Netzwerk hat sie es geschafft, die Idee und das Projekt sichtbar zu machen. Sie hat Ressourcen für das Projekt bekommen und konnte es innerhalb kürzester Zeit starten und umsetzen. Einfach indem sie auf fremde Menschen zugegangen ist, wusste, wie man Experten findet,

sie von der Idee überzeugt und so Hilfe erhält, auch über Bereichs- und Hierarchiegrenzen hinweg!

Agiles Arbeiten, Scrum, Design Thinking, Working Out Loud … Sind das gerade die großen Buzzwords oder ist das etwas Langfristigeres?

Das Verblüffende: Den Begriff Working Out Loud gibt es seit 2010. Den Begriff Design Thinking gibt es auch schon länger, das agile Manifest ist aus dem Jahr 2001. So neu ist das also gar nicht. Dass die Themen jetzt so **»Dass die Themen jetzt so populär werden, liegt, glaube ich, daran, dass die Zeit dafür reif ist.«** populär werden, liegt, glaube ich, daran, dass die Zeit reif dafür ist. Wir haben zum Beispiel bereits über 10.000 Mitarbeiter in User Experience geschult und haben einen Bereich mit rund 20.000 Mitarbeitern, in dem der Großteil der Mitarbeiter agil arbeitet. Ich denke, das sind langfristige Entwicklungen.

Also Herangehensweisen und Methoden, die von Dauer sind?

Wir wissen mittlerweile, dass Veränderung Tagesgeschäft ist. Stillstand gibt es nicht mehr. Die permanente Veränderung bedingt kontinuierliches Lernen und kontinuierliche Weiterentwicklung der Art und Weise, wie wir zusammenarbeiten. John Stepper spricht von „Growth Mindset". Wir wissen heute, dass es verhandelbar ist, worin wir gut sind, basierend auf Interesse und Willen. Wenn ich gestern zum Beispiel schlecht in Mathe war, heißt das nicht, dass ich das morgen auch noch sein muss. Wenn ich den richtigen Lehrer habe, wenn ich den Willen habe, dann kann ich das verändern. Ich glaube, dass dieses Bewusstsein zunehmen wird. Es geht also gar nicht so sehr darum, wie wir es nennen, also Working Out Loud, Design Thinking oder agiles Arbeiten. Sondern um das Bewusstsein, um die Idee dahinter. Darum, dass wir uns alle permanent mit neuen Themen beschäftigen müssen und dass wir es nur gemeinsam schaffen, indem wir alle unser Wissen einbringen und uns gegenseitig unterstützen.

Nun gibt es ja verschiedene Menschentypen. Manche, die sagen: Oh ja, eine Veränderung! Und andere, bei denen man schauen muss, wie man sie mitnimmt. Ist Working Out Loud also auch ein Weg, alle mitzunehmen, damit sich alle wohlfühlen mit den digitalen Tools?

Das haben wir uns natürlich stark erhofft. Heute, ein paar Jahre später, wissen wir: Wer nicht will, der macht auch nicht mit! Aber der Wunsch war, neue Möglichkeiten anzubieten, anwendungsfallbasiert zu zeigen, was man damit anfangen kann. Zu zeigen, was da für jeden drinsteckt, sowohl aus der individuellen als auch aus der Teamperspektive. Wir versuchen, viele verschiedene Angebote zu schaffen, denn wir wissen natürlich, jeder

lernt anders, jeder braucht andere Formate, um gut lernen zu können. Den Schritt dahin muss jeder allerdings selber gehen.

Wo hat es denn mal nicht so gut funktioniert?

Wir sehen, dass manche sich von dem Buzzword abschrecken lassen und gar nicht erst beginnen. Und wir sehen auch, dass Working Out Loud Circles abgebrochen werden, dass es Aussteiger gibt – wenn auch nur selten.

Woran liegt das?

»*Working Out Loud funktioniert nicht, wenn man nur hingeht und anwesend ist. Man muss sich reindenken und reinfühlen, muss Lust dazu haben, braucht ein Thema, das einen motiviert, bei dem man sehen kann, was es einem bringt.*«

Sich Zeit zu nehmen für selbstorganisiertes Lernen, die Zeit dafür zu verteidigen – das ist etwas, das manchmal schwierig ist im Arbeitsalltag, vor allem wenn dieser sehr fremdbestimmt ist. In zwölf Wochen verändert sich im Tagesgeschäft oft viel, da kommt noch mal ein neues Projekt, dann noch eine Taskforce, dann ein neuer Kunde, das hat man oft nicht im Griff. Es ist also durchaus eine Herausforderung, diese eine Stunde für den Working Out Loud Circle gegenüber anderen Anforderungen zu verteidigen. Das braucht viel Disziplin, sicher auch Mut. Außerdem funktioniert Working Out Loud nicht, wenn man nur hingeht und anwesend ist. Man muss sich reindenken und reinfühlen, muss Lust dazu haben, braucht ein Thema, das einen motiviert, bei dem man sehen kann, was es einem bringt. Man muss diszipliniert dranbleiben, die Übungsaufgaben machen, um wirklich davon zu profitieren. Es gibt auch Teilnehmer, die am Ende der zwölf Wochen Working Out Loud nicht in Euphorie verfallen, sondern sagen: „Das war jetzt ganz okay, jetzt verstehe ich das Tool besser und weiß, wie ich virtuelle Netzwerke aufbaue. War nett. Dankeschön!"

Was würden Sie anderen Unternehmen, die WOL einführen möchten, mit auf den Weg geben?

Einfach machen! Selber ausprobieren! Working Out Loud funktioniert im Unternehmen vor allem dann, wenn es Erfahrungsträger gibt, die sagen können, was es mit ihnen gemacht hat. Man kann ganz klein starten. Einer probiert es aus, erzählt es weiter, gibt es weiter. Das Gute an Working Out Loud ist, dass man die Themen frei wählen kann. Wenn ich noch einmal am Anfang stünde und Working Out Loud noch einmal einführen würde, dann würde ich gern gleich ein größeres Team auf die Beine stellen, würde noch mutiger sein, zum Beispiel sofort den Arbeitsdirektor bitten, die Schirmherrschaft zu übernehmen, und nicht erst nach zwei Jahren … Denn

auch Graswurzelbewegungen benötigen Licht von oben, um wachsen und gedeihen zu können.

Wo geht's hin, was bringt die Zukunft?

Wir experimentieren derzeit damit, ein Themendach für ein begleitetes Working Out Loud Circle-Programm vorzugeben. Wir sagen: „Hey, wir machen das ganz gezielt in einem ganzen Bereich. Lasst uns ausprobieren, wie wir zur Kulturveränderung bei uns im Bereich beitragen können." Wir geben also einen Fokus vor. Ich denke, das kann ein guter Weg sein. Das würde ich auch anderen Unternehmen raten. Machen, ausprobieren, eigene Erfahrungen sammeln und natürlich an die Unternehmensziele und Strategie anpassen, damit es darauf und auf den kulturellen Wandel einzahlt. Wichtig ist, dass der Wandel zum Unternehmen, zu seinen Menschen und seinen Themen passt!

9 Leadership für die Arbeitswelt der Zukunft

Welcher Führungsstil ist hilfreich für eine komplexe, veränderungsintensive Welt? Für eine Welt, in der Teams oft gar nicht mehr ständig an einem Ort zusammen sind, in der Teams agil und selbstorganisiert arbeiten? Wie soll man diese Teams führen? Und was genau ist eine gute Führungskraft? Welche Führungsmodelle passen in Zeiten ergebnisorientierter, agiler Selbstorganisation?

Die aktuelle Führungsforschung ist sich einig, dass für die VUCA-World andere Führungsqualitäten und ein breiteres Set an Führungsfähigkeiten gefragt sind. Führung scheint also auf keinen Fall überflüssig zu werden, vielmehr übernimmt die Führungskraft eine neue Rolle, um Mitarbeiter, Teams und das Unternehmen als Ganzes fit zu machen für Veränderungen und Resilienz zu schaffen. Sind die Unternehmen schon so weit? Zumindest haben fast alle erkannt, dass sich die Anforderungen an Führung verändern, viele sind auf dem Weg und einige haben bereits neue Führungsmodelle und moderne Führungskulturen implementiert.

***

Warum nicht zwei Führungskräfte haben?

Zum Beispiel die globale Hotelsuchplattform *trivago*: Das Düsseldorfer Unternehmen, das seit seiner Gründung 2005 innerhalb von 13 Jahren auf über 1.500 Mitarbeiter gewachsen ist, hat entschieden, Führung komplett neu zu gestalten: Dort hat jetzt jeder Mitarbeiter zwei Führungskräfte. Warum trivago dieses neuartige Leadership-Modell eingeführt hat, erläutert mir *Anna Drüing*, Chief People Officer.

Ihr habt ein neuartiges Leadership-Modell entwickelt … Wie kann ich mir das vorstellen?

Bei trivago gibt es seit Sommer 2017 zwei Leadership-Rollen: den *Responsibility Lead* und den *Talent Lead*. Jeder Mitarbeiter hat nun beides: einen Responsibility Lead und einen Talent Lead – zwei verschiedene Personen. Der Responsibility Lead ist aus dem eigenen Bereich, entsprechend dem früheren Team Lead. Und der Talent Lead ist idealerweise aus einem ganz anderen Bereich, um die Distanz zum Alltag zu haben, um objektiver zu sein, einen anderen Blickwinkel einbringen zu können.

Weshalb habt ihr dieses neue Modell eingeführt? Lief vorher etwas falsch?

»Wir wollten mit den beiden Rollen möglich machen, dass persönliche Stärken besser einfließen können.«

Früher waren der Talent Lead und der Responsibility Lead in einer Person vereint als Team Lead. Und je nachdem, welche Ausprägung oder Stärke die Person hatte, lief vielleicht das eine oder das andere besser. Was

wir nicht wollten, war, dass der Talent-Lead-Part nicht genug Beachtung findet. Gerade wenn die Zeit knapp ist, passiert es schnell, dass man fast nur noch über fachliche Themen redet. Aber kaum noch über die Person, zum Beispiel fragt: „Was brauchst du gerade?" Das sollte nicht hinten runterfallen. Wir wollten mit den beiden Rollen möglich machen, dass persönliche Stärken besser einfließen können, dass es möglich ist, sowohl fachliche als auch persönliche Führung zu übernehmen – oder auch nur eins von beidem. Also beidem gleich viel Gewicht zu geben.

Wie wird man denn Talent Lead? Kann man sagen „Ich habe Interesse daran, ich möchte mich bewerben"?

Ja, genau. Für diese Rolle, die man zusätzlich zum eigenen Arbeitsbereich ausübt, kann man sich bewerben. Wir haben sogar einen Auswahltag dafür.

Was muss man mitbringen, um Talent Lead zu werden?

Es zählen Dinge wie Einstellung und Reife, die Fähigkeit, Themen zu moderieren, zum Beispiel die 360-Grad-Gespräche. Dort gibt der Talent Lead das Feedback, weil es so am objektivsten ist. Und man braucht Engagement für die Rolle, denn man übt sie, wie gesagt, zusätzlich zur eigenen Arbeit aus.

Erhält der Talent Lead eine Schulung, eventuell sogar eine Art Coachingausbildung?

Der Talent Lead ist eine „Go-to-Person" für die berufliche und persönliche Entwicklung. Vom Coaching wollen wir es aber trennen, denn das ist ja wirklich ein eigener Beruf.

»Der Talent Lead ist eine ‚Go-to-Person' für die berufliche und persönliche Entwicklung.«

Für die frühere klassische Team-Lead-Rolle hatten wir einen klassischen Weiterbildungsweg konzipiert. Diesen haben wir jetzt aufgesplittet – für den Responsibility Lead und für den Talent Lead. Das startet mit einem internen Modul, in dem wir die Werte in Bezug zu den Rollen setzen. In den nächsten Schritten gibt es dann verschiedene Module mit externen Weiterbildern.

Und wie funktioniert die Arbeit mit den Talent Leads im Alltag?

Vor allem auf Bedarfsbasis, je nach Wunsch und individueller Vereinbarung. Der Talent Lead hat die Aufgabe, zu schauen, welche Themen es gerade gibt, wo nachgehakt werden muss etc. Außerdem gibt es Gespräche zu bestimmten Themen, zum Beispiel „Wie sieht es bei dir im Team aus? Wo brauchst du Unterstützung?"

Welche Erfahrungen macht ihr mit dem Modell?

Wir lernen momentan. Wir haben das neue Modell auf die Straße gebracht. Und nun müssen wir schauen, wie es läuft. Wir werden die Talent Leads jedes Jahr fragen: „Wollt ihr weitermachen? Wie viel Kapazität habt ihr?" Vielleicht werden manche sagen: „Das ist nicht meine Rolle."

Ihr habt in eurem Unternehmen schon früh gesagt, dass ihr keine „Politik" wollt. Gibt es trotzdem diese klassischen Silos? Falls ja: Wie wirkt ihr dem entgegen?

Unter anderem eben ganz stark durch die Talent-Lead-Rolle. Als Talent Lead kann man mehrere Talents betreuen – dadurch bekommt man viele Einblicke, das vernetzt uns alle. So können wir als Unternehmen noch viel enger zusammenwachsen. Außerdem durch die Offenheit, Bereiche zu wechseln, neue Themen zu übernehmen. Zum Beispiel haben in der Geschäftsführung Rolf und André ihre Bereiche getauscht, das wurde sehr positiv aufgenommen. Wenn jemand sagt „Ich habe Lust auf etwas Neues", dann fördern wir das, jeder kann intern wechseln.

***

Führen mit Freiheitsgraden

2007 gründete Dirk Graber das Unternehmen *Mister Spex*, um Brillen und Kontaktlinsen über einen eigenen Online-Shop zu günstigen Konditionen anzubieten. Mittlerweile ist Mister Spex Europas führender Online-Optiker mit über 450 Mitarbeitern. *Eva Nöll*, Vice President Human Resources, ist seit 2009 dabei und kennt noch die Zeit, als Mister Spex aus 20 Mitarbeitern bestand und sie als One-Woman-Show allein den Personalbereich gemanagt hat. Mittlerweile ist sie Mitglied des Managementteams, steuert die strategische Personalausrichtung und macht ihren Job in 30 Stunden pro Woche. In unserem Interview gibt sie Einblicke in die Arbeitsweise und die Führungsphilosophie bei Mister Spex.

Du bist Vice President HR, Mitglied des Managementteams, und das alles in Teilzeit?

Genau, ich arbeite 30 Stunden pro Woche, bin also Teilzeitführungskraft. Ich bin Mutter, habe zwei Kinder, keinen Hund, keine Katze (lacht).

Mister Spex ist in den letzten Jahren stark gewachsen, mittlerweile auf über 450 Mitarbeiter. Welche Herausforderungen hat das mit sich gebracht?

Wir haben die Erfahrung gemacht, dass ein Unternehmen in jeder Phase unterschiedliche Dinge braucht. Am Anfang konnte ich alles alleine ma-

chen, war der Ansprechpartner für alle, insbesondere auch für die Mitarbeiter. Es war sehr familiär. Das löst sich mit dem Wachstum ein wenig auf. Man braucht spezialisiertere Mitarbeiter und kommt irgendwann an den Punkt, an dem man sich überlegen muss, wie man das Unternehmen weiter strukturiert, welche Art von Führung Sinn macht. Und das, ohne eine zu ausgeprägte Hierarchie zu entwickeln.

Und wie ausgeprägt ist diese Hierarchie bei euch?

Wir haben schon eine Form von Hierarchie, im Gegensatz zu anderen Start-ups. Es gibt verschiedene Level im Unternehmen und verschiedene Karrierepfade. Wir sind überzeugt, dass wir das wegen der Größe und der unterschiedlichen Standorte brauchen. Aber wir haben keine verschlossenen Türen, sondern Glastüren, die für jeden offenstehen. Vom Geschäftsführer bis zum Praktikanten, alle können sich mitteilen und befinden sich auf einem gleichen Gehörtwerden-Niveau. Das heißt, jeder hat das Recht, Feedback zu geben, zu nehmen, Dinge zu tun, und kann auch seine Ideen verfolgen.

> *»Vom Geschäftsführer bis zum Praktikanten – alle können sich mitteilen und befinden sich auf einem gleichen Gehörtwerden-Niveau.«*

Wie würdest du den Mister-Spex-Führungsstil beschreiben?

Im Herzen sind wir ein Start-up. Auch wenn wir nicht mehr so klein sind, unser Herz schlägt immer noch so und unsere Unternehmenskultur ist auch so. Wir versuchen, so viel wie möglich von diesem Start-up-Gefühl, diesem Familiären, dieser Hands-on-Mentalität zu erhalten.

Woran zeigt sich das im Alltag?

Zum Beispiel daran, dass Mitarbeiter ihre Projekte nicht nur selber definieren, sondern auch selber umsetzen dürfen. Und das funktioniert nur mit Mitarbeitern, die sich verantwortlich fühlen. Uns geht es darum, dass man sich für das Projekt, das man hat, ob man es selbst gesucht und gefunden oder bekommen hat, verantwortlich fühlt bis zur letzten Instanz. Das bedeutet nicht, dass man alles alleine machen muss. Es bedeutet aber, dass man dafür verantwortlich ist, dass man am Schluss ein Ergebnis hat. Oder, wenn man kein Ergebnis hat, dass man das frühzeitig kommuniziert und alle Hebel in Bewegung setzt, um das Ziel vielleicht doch noch zu erreichen.

Habt ihr einen Namen für diesen Führungsstil?

Wir nennen es Ownership und Führen mit Freiheitsgraden. Wir geben Mitarbeitern die Freiheit, ihren Weg zum Ziel selbst zu gestalten.

Das funktioniert so von allein?

Es bedeutet nicht, dass der Mitarbeiter mit dem Projekt losläuft, und zwei Jahre später kommt er dann wieder und sagt, ich bin dann jetzt mal fertig. Es ist vielmehr so, dass man es durch regelmäßige Abstimmungen schafft, den Mitarbeiter auf seinem Weg zu begleiten, ohne ihn einzuengen. Wie er von Step 1 zu Step 2 kommt, spielt also eine untergeordnete Rolle, das Ergebnis zählt. Natürlich ist das aber auch kein Freiflug. Wir haben Unternehmenswerte, die wir mit den Mitarbeitern besprechen, und Vereinbarungen, die wir treffen. Es gibt ein Rahmenkonstrukt.

Es gibt also Leitplanken für den Weg von A nach B?

Genau. Und die Freiheit gibt es so lange, wie sich der Mitarbeiter auf seinem Weg in diesem Rahmenkonstrukt bewegt.

Und ab wann rauscht jemand gegen die Leitplanke?

Das kann man vielleicht so beschreiben: Spur 1 und 2 auf der Autobahn – alles wunderbar. Spur 3 wäre der Standstreifen, kurz vor der Leitplanke, da muss man sich dann besprechen, warum das Projekt jetzt an dieser Stelle steht und weshalb das so ist. Als Führungskraft ist es dann die Aufgabe, den Mitarbeiter wieder in den Korridor, also auf Spur 1 oder Spur 2, zu bringen, um am Ende ein gutes Ergebnis erzielen zu können.

Habt ihr das Leadership-Modell explizit eingeführt oder ist es im Laufe der Zeit einfach entstanden?

Das hat sich eher ergeben – in einem natürlichen Prozess. Dahinter steckt prinzipiell ein Konzept der European Leadership Academy. Dieses Konzept spiegelt wider, was wir hier auf natürliche Weise schon getan haben. Mithilfe dessen haben wir unser Modell dann noch weiter fixiert. Unsere Werte „Wir übernehmen Verantwortung", „Wir geben und nehmen Feedback, um zu lernen", „Wir handeln mit Respekt", „Wir gewinnen als Team" und „Wir bleiben hungrig" stellen wir allen neuen Mitarbeitern vor, damit sie sich ein Bild machen können, wie wir miteinander arbeiten. Außerdem hängen die Werte überall im Unternehmen und es gibt verschiedene interne Blogbeiträge dazu. Die Menschen, die bei uns arbeiten, bringen den Wunsch nach Ownership meist sowieso mit. Sie verlangen danach, Dinge selbst entscheiden zu können, sie wollen Dinge aus eigenem Antrieb voranbringen.

Sagt jemand einfach, ich habe eine coole Idee, ich mache das jetzt mal?

Es gibt schon immer einen Auftrag, der erklärt, was wir erreichen wollen. Und dieser kann gerne auch vom Mitarbeiter ausgehen, wenn er sagt, ich habe das und das gesehen, ich denke, das hilft uns, was hältst du davon?

Ja, mach mal, und dann kann man das starten. Zu jedem Projekt gibt es einen Kick-off, das ist aber nicht immer formal, sondern kann auch mal am Schreibtisch oder eine E-Mail sein.

Und wie geht es dann weiter?

Der Ablauf von Projekten ist schon recht strukturiert. Wir planen unsere Ziele quartalsweise, nach einer übergeordneten Jahresplanung und der Vision, die wir haben. Im Managementkreis überlegen wir, was hierfür notwendig ist, welches die Trendthemen des Jahres sind, die uns weiterbringen. Im letzten Jahr haben wir zum Beispiel mehrere Stores aufgemacht – das ist ein Thema, an das wir glauben. Diese Themen und Visionen tragen wir dann in die Teams und überlegen in den einzelnen Abteilungen, was in den nächsten drei Monaten passieren muss, um das übergeordnete Ziel zu erreichen, zum Beispiel den ersten Store zu eröffnen.

Kannst du ein Projekt beschreiben, anhand dessen deutlich wird, wie das funktioniert?

Als wir die erste Location für einen Store gesucht haben, haben wir Mitarbeiter gesucht, die sich mit dem Retail-Geschäft auskennen, denn stationärer Handel war etwas ganz Neues für uns. Das Ziel war klar: sicherstellen, dass der Laden ausgestattet und eröffnet wird. Und dann gab es Teilprojekte. Im Personalbereich waren wir zum Beispiel dafür verantwortlich, den Store mit dem passenden Personal zu besetzen, sodass das Shopping-Erlebnis so dargestellt und transportiert wird, wie es zu unserer Mister-Spex-Philosophie passt. Für mich hieß es dann, dass ich eine Recruiterin eingestellt habe, die aus diesem Bereich kommt und versteht, was die Store-Mitarbeiter mitbringen müssen, um Verkäufe zu erzielen. Es gab Vorgaben, den Prozess hat sie aber völlig selbstständig gesteuert, ich habe mir nicht jeden Mitarbeiter angeguckt, der interviewt wurde. Ich war als Ansprechpartnerin da, aber sie ist selbstständig ans Ziel gekommen und hat dafür gesorgt, dass zur Eröffnung genügend Mitarbeiter auf der neuen Fläche standen.

Gibt es auch Mitarbeiter, die so nicht arbeiten möchten?

Ja, es ist schon vorgekommen, dass Leute gesagt haben, ich kann so nicht arbeiten. Ich glaube, man kann nur dann gut arbeiten, wenn einem die geforderte Arbeitsweise entspricht. Uns haben natürlich auch mal Mitarbeiter verlassen. Wir haben aber auch sehr viele Mitarbeiter, die genau wegen dieser Arbeitsweise hier sind, weil das genau ihres ist.

Braucht es dafür also spezielle Persönlichkeitstypen?

Wir suchen tatsächlich vor allem Menschen, die unsere Werte teilen, die Ownership mitbringen, die immer mehr wollen, die Themen sehen,

nicht schüchtern sind, die mit Feedback umgehen können, die aus Fehlern lernen und diese auf dem Weg zu etwas Besserem sehen. Und wir brauchen Mitarbeiter, die zwar diese Hands-on-Mentalität haben, die aber gleichzeitig, und das trifft vor allem auf leitende Positionen zu, eine gewisse Form von Urteilsfähigkeit der eigenen Arbeit gegenüber haben, um zu erkennen, bis wohin die Hands-on-Mentalität sinnvoll ist und wo es jetzt gerade überhaupt nicht mehr gut ist. Auch das ist eine Form von Ownership: zu überlegen, wie kann ich meine Rolle so erfüllen, dass uns das weiterbringt?

Und was ist, wenn Projekte scheitern?

Natürlich gehen Projekte schief. Fehler sind bei uns eindeutig erlaubt, denn aus nichts lernt man so schnell wie aus einem Fehler, wenn man ihn reflektiert und wenn man seinen eigenen Anteil daran auch kennt. Es hilft ja nichts, zu sagen, der oder die ist schuld. Man muss genau analysieren, warum wir jetzt nicht da sind, wo wir sein wollten. Können wir es noch retten oder war die Idee vielleicht einfach nicht gut? Das ist ja nicht schlimm, dann kann man einen Strich drunter machen, das nächste Projekt angehen. Und man wird diesen Fehler tendenziell nicht noch mal machen.

Wie verhält es sich mit dem Spannungsfeld „Freiheit versus Abstimmung"?

Es gibt viel Freiheit, gleichzeitig stimmen wir uns allerdings auch eng ab. Die Abteilungen hier am Standort haben wöchentliche Jour fixes mit den Mitarbeitern, mit jedem Einzeln und mit dem ganzen Team.

Gilt diese engmaschige Abstimmung für alle im Unternehmen?

Ja, das gilt auch für uns Managementmitglieder, auch ich habe einmal in der Woche mit meinem zuständigen Geschäftsführer meinen Jour fixe. Wir diskutieren unsere Themen und dann weiß man, ob man auf dem richtigen Weg ist und an den richtigen Punkten arbeitet. Zusätzlich trifft sich unsere Managementrunde jeden Mittag exakt um 11:47 Uhr für 15 Minuten im Geschäftsführungsbüro und berichtet in einem ganz schnellen Format, was, bezogen auf die Quartalsziele, eine gute Nachricht ist und wo es gerade nicht weitergeht. Wo brauche ich vielleicht eine Info? Wenn meine Mitarbeiterin beispielsweise keine Rückmeldung zu Kandidaten für die IT bekommt, dann kann ich ihre Info mitnehmen und dem zuständigen Managementmitglied sagen: „Hey, sie bekommt kein Feedback und kann nicht weiterarbeiten, was können wir tun?"

Exakt um 11:47 Uhr. Hat das eine Bedeutung?

Wir haben eine krumme Uhrzeit gewählt, weil man sie sich besser merken kann und dann – in der Tendenz – alle pünktlicher kommen. Wir hätten auch 11:49 Uhr oder 9:23 Uhr nehmen können.

Welches sind eure Learnings aus den vergangenen zehn Jahren?

Ich glaube, in einem Konzept, das so viel Freiheit ermöglicht, muss man sich selbst als Führungskraft sehr gut kennen, damit man weiß, welche Mitarbeiter man als Sparringspartner braucht. Das ist gleichzeitig auch

»In einem Konzept, das so viel Freiheit ermöglicht, muss man sich selbst als Führungskraft sehr gut kennen.«

mein zweites Learning: Mitarbeiter und auch meine Vorgesetzten betrachte ich nicht als Mitarbeiter und Vorgesetzte, sondern als Sparringspartner in unterschiedlichen Dimensionen. Ich selber gebe gar nicht viel vor. Natürlich habe ich am Schluss die Verantwortung, aber ich stimme mich gerne ab. Es ist mir sehr wichtig, dass man ein vertrauensvolles, gutes Verhältnis hat. Gelernt habe ich auch, dass, holt man Menschen ins Unternehmen, die nicht passen, diese meistens nicht nur selbst unglücklich werden, sondern auch viel Schaden anrichten können: in Teams, die dann nicht mehr funktionieren, durch Unruhen, die viel Energie kosten, anstatt dass man sich auf seine Arbeit konzentrieren kann.

Was macht ihr nach solchen Fehlern anders?

Manchmal suchen wir sehr lange für eine Position, wir sind da recht rigoros geworden und lassen uns nicht mehr auf ein „Na ja, wir können ja mal gucken" ein. Es ist ein weiteres Learning, dass man fachliche Fähigkeiten trainieren kann, aber die Einstellung und das Wollen – das kann man nicht trainieren. Das ist entweder da oder es ist nicht da. Man kann es fördern oder zutage bringen, aber man kann es nicht erzeugen. Hire for will, not for skill.

***

„Loslassen bedeutet nicht, überflüssig zu sein"

 Wie sich die Rolle von Führungskräften durch agile Strukturen verändert, habe ich auch Uwe Raschke, Geschäftsführer von Bosch Power Tools, gefragt.

Braucht es neue Leadership-Skills für die Arbeitswelt der Zukunft?

Ja, selbstverständlich! Wenn Sie eine Organisationsform mit vielen Hierarchieebenen haben, ist Kontrolle ein wesentlicher Teil der Führungsaufgabe. Ich bin überzeugt, dass es

»Die beste Lösung muss gewinnen und nicht die Lösung vom Chef, auch das ist ein wichtiger Prozess.«

ganz wichtig ist, von Kontrolle auf Empowerment umzuschalten. So können Mitarbeiter ihre Kreativität besser einsetzen und gemeinsam gestalten. Dafür brauchen wir Führungskräfte, die, noch mehr als in der Vergangenheit, in der Lage sind, präzise Strategien

zu formulieren, und darüber hinaus über gute Kommunikationsfähigkeiten verfügen. Die Strategie muss nicht nur bekannt sein, sondern der Fortschritt auch transparent gemacht und gemessen werden. Außerdem müssen Führungskräfte als Experten in ihren Teams mitarbeiten. Die beste Lösung muss gewinnen und nicht die Lösung vom Chef, auch das ist ein wichtiger Prozess.

Dafür sind eine gewisse Gelassenheit und Selbstvertrauen im besten Sinne nötig. Auch mal Kontrolle abgeben …

Ja, das ist so. Dazu gehört vor allen Dingen Vertrauen. Die Frage ist, welches Menschenbild ich habe und ob ich „McGregor X oder Y" bevorzuge. Wir haben hervorragende Mitarbeiter, die außergewöhnlich Gutes leisten. Wir sollten viel Vertrauen in die Kraft unserer Mitarbeiter haben.

Agiles Arbeiten, Design Thinking, McGregor's Theory X and Y" … Wie wichtig ist es, dass sich Führungskräfte wirklich mit diesen Themen beschäftigen?

Sehr wichtig. Ich habe in den letzten zwei Jahren mit etwa 1.400 Mitarbeitern persönliche Gespräche zu diesem Prozess geführt. Mir war es wichtig, den Prozess aus der Mitarbeiterperspektive zu begleiten und zu erläutern, worum es uns bei diesen Veränderungen geht. Ich wollte verdeutlichen, dass es sich nicht um eine x-beliebige organisatorische Veränderung handelt, sondern dass wir vor einem tiefgreifenden Wandel in der Zusammenarbeit stehen. Und dass wir uns davon nicht wieder nach zwei Jahren verabschieden und sagen: „War eine nette Idee, hat nicht geklappt, also machen wir etwas Neues." Ich glaube, dass es wichtig ist, dass die Mitarbeiter das Commitment der obersten Führungskräfte spüren und merken, dass man sich nicht nur mit der nächsten Hierarchieebene unterhält.

Also als Führungskraft sehr aktiv dabei sein?

Ja. Wir müssen diesen Weg gemeinsam gehen und gemeinsam lernen. Je früher unterschiedliche Sichtweisen zusammenkommen und gemeinsam diskutiert werden, desto besser und rascher läuft die Umsetzung. Anfangs tun sich viele Führungskräfte schwer mit dem Loslassen. Aber loslassen bedeutet nicht, überflüssig zu sein, sondern neue Arbeitsinhalte zu akzeptieren, die oft anspruchsvoller sind als das seit Jahren Geübte. Führungskräften wird jetzt auch viel deutlicher von den Mitarbeitern gesagt, wo sie deren Erwartungen nicht entsprechen. Das kann schmerzhaft sein, ermöglicht aber auch eine zeitnahe Korrektur des eigenen Verhaltens.

***

Annette Siragusano von der *comdirect bank, die die* Arbeitsweise ihrer Abteilung komplett umgebaut hat und nun nach agilen Prinzipien mit ihrem

 Team arbeitet, erzählt ebenfalls, wie sich das auf das Verständnis von Führung auswirkt.

Was ändert sich durch die agile Herangehensweise in Bezug auf Führung?

Ich sehe meine Rolle als „Enabler". Meine Rolle ist, dafür zu sorgen, dass die Leute arbeiten können. In Engpässen zu unterstützen und zu gucken, dass alle Bälle, die wir in der Luft

»*Führung bedeutet, Coach zu sein und dafür zu sorgen, dass das Team arbeiten kann.*«

haben, zusammenpassen. Man führt nicht darüber, dass man Themen hart vorgibt. Denn die Leute „pullen", also ziehen sich die Themen selber. Das ist natürlich ein ganz anderes Selbstverständnis, als zu sagen, ich laufe ein bisschen durch die Gegend, repräsentiere das Unternehmen und verteile irgendwie die Aufgaben. Das ist es nicht! Führung bedeutet, Coach zu sein und dafür zu sorgen, dass das Team arbeiten kann.

Das hat auch viel mit Vertrauen zu tun und damit, Verantwortung abzugeben …

Das Spannende ist ja, dass man vor allem loslassen muss. Wenn ich Themen abgebe, dann weiß ich nicht mehr alles im Detail. Und auch wenn der Vorstand mich fragt, kann es sein, dass ich erst mal sagen muss: „Ich weiß es nicht, ich frag aber gerne nach." Auch das muss man dann aushalten können. Und das ist die Kunst: ein vertrauensvolles Umfeld zu schaffen, in dem die Mitarbeiter Verantwortung haben, sich die Themen nehmen, auf die sie Lust haben – und dass sie auch wissen: Wenn es mal einen Engpass gibt oder jemand eine Frage hat, bin ich immer da.

***

Die beiden Gründerinnen von Tandemploy, Anna Kaiser und Jana Tepe, teilen sich ihre Rolle als Geschäftsführerinnen. Wie Führung im Tandem gelingt, interessiert mich dabei natürlich besonders.

Wie führt ihr euer Unternehmen? Habt ihr einen besonderen Führungsstil?

Jana Tepe: Wir führen im Tandem und versuchen, ein Vorbild zu sein in der Art und Weise, wie wir führen. Und dabei gleichzeitig so wenig wie möglich zu führen.

Anna Kaiser: Ich denke, dass wir mehr begleiten als führen. Das Wort „enablen" finde ich wichtig. Den Raum zu geben, aus der Komfortzone herauszukommen. Sodass jeder seine Potenziale entfalten und über sich hinauswachsen kann.

Jana Tepe: Gleichzeitig haben wir ein Auge darauf, dass jeder an der für ihn besten Stelle eingesetzt ist. Manchmal merkt man ja, dass die Talente von jemandem an anderer Stelle vielleicht besser passen könnten. Darü-

ber sprechen wir dann, zum Beispiel ob es Sinn macht, die Aufgaben zu verschieben oder zu verändern.

Also viel Austausch und Vertrauen?

»Wir haben einen sehr wertschätzenden, liebevollen Führungsstil und gleichzeitig haben wir einen ganz klaren Rahmen und Werte.«

Anna Kaiser: Auf jeden Fall. Ich würde sagen, wir haben einen sehr wertschätzenden, liebevollen Führungsstil und gleichzeitig haben wir einen ganz klaren Rahmen und Werte. Flexibilität und Freiheit für den Einzelnen sind nur möglich, wenn wir hohe Eigenverantwortlichkeit, Verbindlichkeit und Loyalität leben. Für die Zusammenarbeit sind diese Werte wichtig. Wir sind dann auch strikt, wenn es nicht funktioniert.

Jana Tepe: Wir brauchen sogar mehr Disziplin und Spielregeln, als es in manchen hierarchischen Unternehmen nötig wäre. Denn sonst funktioniert die große Freiheit nicht. Die Strategie wird zum Beispiel mitgestaltet vom Team. Wir arbeiten mit „Objectives & Key Results", kurz OKRs: Die Teams entscheiden gemeinsam über ihre Ziele, ohne uns, machen das mit sich im Team aus und diskutieren es wiederum mit den anderen Teams, um die Ziele abzugleichen.

Was ist, wenn es mal in die falsche Richtung geht?

Jana Tepe: *Dann korrigieren sich die Teams untereinander.* Wenn Sales zum Beispiel Ziele hat, bei denen Marketing sich denkt: „Was? Nee, das haben wir doch überhaupt nicht so besprochen. Wir arbeiten in eine ganz andere Richtung!" – dann korrigieren sie sich gegenseitig. Wenn es mal aus dem Ruder laufen sollte, würden wir uns einfach in die Diskussion einschalten. Das ist aber noch nie in extremer Form passiert. Höchstens bei Unterzielen, die sehr ambitioniert waren. Die Teams tendieren eher dazu, sich die Ziele sehr hoch zu stecken. Höher, als wir das machen würden.

Gab es auch schon Fälle, in denen diese Selbstorganisation nicht geklappt hat?

Jana Tepe: Ja, das gab es schon. Es gab Kollegen, die sehr stark gegen unsere Werte verstoßen haben, sodass wir schnell merkten, dass das einfach nicht gut zusammenpasst. Wichtig ist, das umgehend anzusprechen. Und auch immer noch mal eine Chance zu geben, Verhalten zu ändern. Und wenn es dann wirklich nicht passt – dann zügig zu entscheiden, dass es kein perfektes Match ist.

Anna Kaiser: Wir hatten auch schon die Situation, wo wir am Anfang dachten, dass es nicht passt, haben es angesprochen und dann …

Jana Tepe: 180-Grad-Wendung!

Anna Kaiser: Wir waren so positiv überrascht, dass wir für uns gelernt haben: Immer ansprechen, egal was gerade los ist! Das ist fair für alle, alle können daraus lernen. Oft ist es ja für Menschen nicht so einfach, wenn sie in eine neue Firma und eine neue Kultur kommen.

***

Hierarchie fußt auf Kompetenzen

Der Online-Marktplatz für Ferienwohnungen und Ferienhäuser *traum-ferienwohnungen.de* bringt Urlauber und Vermieter persönlich und direkt zusammen. Mittlerweile gibt es auf der Plattform rund 100.000 Ferienunterkünfte in 69 Ländern: von Ferienwohnungen auf dem Land und Apartments in der Stadt bis hin zu Hausbooten und umgebauten Windmühlen. 2001 wurde Traum-Ferienwohnungen von den Studenten Nicolaj Armbrust, Sebastian Mastalka und Marc Kornmann (Kornmann verließ das Unternehmen 2012) gegründet, zunächst im Homeoffice, dann kamen die ersten Mitarbeiter hinzu. Das starke Wachstum des Unternehmens, das Sie im Kapitel zu Organisationskulturen und -strukturen noch näher kennenlernen, brachte viele Herausforderungen mit sich. Deshalb haben die Geschäftsführer *Sebastian Mastalka* und *Nicolaj Armbrust* die Struktur ihres Unternehmens komplett umgekrempelt und Hierarchien abgeschafft. In unserem Gespräch erzählen sie mir, wie die Teams sich nun organisieren.

Heißt Selbstorganisation, dass es keine Macht mehr gibt? Oder findet Macht, im Sinne von Entscheidungen treffen und gestalten, jetzt in anderen Ausprägungen statt?

Nicolaj Armbrust: Das musste sich erst mal finden. Macht kommt ja auch von Ansehen. Wir haben dafür das Bild der Hierarchie eines Löwenrudels: Im Löwenrudel ist der stärkste, älteste, männliche Löwe für das Beschützen des Rudels da. Aber die stärkste Löwin ist für die Jagd da. Und wenn sich der älteste Löwe da einmischt, dann kriegt auch er eins auf die Nase. Das heißt: In jedem Kompetenzbereich, in jedem Teilbereich hat man zwei, drei, vier verschiedene Leute, die voranschreiten. Das sind dann die Löwen, die „Anführer" für diesen Bereich. So die Theorie, die Wunschvorstellung! Natürlich gab es mit dem Umschalten des Systems erst mal ein Vakuum. Wir hatten zunächst eine komplette Führungsdiffusion. Auf einmal dachten auch Auszubildende, dass sie erfahrenen Mitarbeitern sagen können, wo es lang geht. Und dann gab es – ganz wie im Löwenrudel – auch mal was auf die Nase. Im Laufe der Zeit hat sich eine natürliche Hierarchie gebildet.

Worauf fußt diese natürliche Hierarchie?

Sebastian Mastalka: Auf Kompetenzen. Mal übernimmt einer, zum Beispiel für Thema A, die Führung, bei einem anderen Thema ist es Löwe B und Löwe A ordnet sich ein. Das wechselt also von Thema zu Thema.

Das heißt, jeder kann sich, je nach Kompetenzen, die Löwenmähne aufsetzen?

Sebastian Mastalka: Ja, wenn er denkt, dass er die Kompetenz hat und ein Thema vorantreiben will, dann nimmt er das halt in die Hand.

Nicolaj Armbrust: Wir haben auch herausgefunden, dass viele das gar nicht wollen. Viele möchten nur ihren normalen Job tun; und das ist vollkommen okay. Man braucht auch mal eine Schulter zum Anlehnen, jemanden, der Verantwortung übernimmt.

Sebastian Mastalka: Außerdem gibt es bei uns die sogenannten Gilden. Dort tauschen sich die Vertreter aller Richtungen des Unternehmens fachlich aus. In den unterschiedlichen Teams gibt es beispielsweise Marketingleute – in der Gilde tauschen sie sich teamübergreifend aus. Ein Austausch von Gleichgesinnten, die sonst ein bisschen einsam wären. Das ist auch so eine Art Machtzentrum.

Welche Leadership-Skills brauchen wir für die Arbeitswelt der Zukunft?

Nicolaj Armbrust: Kommunikationsfähigkeit, Vertrauen geben und Dinge abgeben können, nicht immer alles selber machen. Wenn du nicht teamfähig bist, dann wird es in selbstorganisierten Strukturen schwierig. Und es ist wichtig, dass man Rahmenbedingungen und Themen transparent macht. Das ist die Aufgabe der Leader in der Selbstorganisation, damit alle vor Augen haben, worum es geht, damit sie sich gut organisieren können. Denn wenn die Leader das nicht machen, dann macht es keiner.

»Kommunikation ist eine der wichtigsten Führungsfähigkeiten! Und Motivation. Auch wenn es mal nicht so läuft: „Hier geht es lang, ich geh voran!«

Sebastian Mastalka: Kommunikation ist dabei eine der wichtigsten Führungsfähigkeiten!

Nicolaj Armbrust: Und Motivation. Auch wenn es mal nicht so läuft. „Hier geht es lang, ich geh voran!" Damit das Löwenrudel folgt und nicht sagt: „Ach, geh selber jagen! Die Antilope ist eh zu schnell für uns!" Wenn das passiert, muss einer hervorstechen und sagen: „Lasst uns das zusammen machen!"

***

Führungswerte gemeinsam entwickeln

Innerhalb kurzer Zeit ist das 2013 von André Schwämmlein, Daniel Krauss und Jochen Engert gegründete Unternehmen FlixMobility, das klassische Busreisen mit moderner Technologie kombiniert, zu Europas größtem Fernbusanbieter geworden. Beim Betrieb des FlixBus-Netzes arbeitet das junge Unternehmen eng mit mittelständischen Busunternehmen zusammen: Innovation, Digitalisierung und Start-up-Spirit treffen auf eine traditionell geführte Branche. Mittlerweile expandiert das Unternehmen in globale Märkte und ist mit der Marke FlixTtrain seit 2018 auch auf deutschen Gleisen unterwegs. Mich interessieren besonders die Unternehmens- und Führungskultur in dem Unternehmen, das in kurzer Zeit eine traditionelle mittelständische Branche durch digitale Lösungen verändert hat. Also treffe ich Daniel Krauss im Berliner Büro und er gibt mir Einblicke in die Kultur und den Führungsstil des jungen Unternehmens.

Gibt es bei euch Führungsleitlinien?

Ja, basierend auf unseren Werten haben wir Führungsprinzipien entwickelt. Also: Wie wende ich die Werte im Daily Business an? Da ich schon so lange dabei und Teil der Grundkultur bin, ist es für mich einfach, Mitarbeitergespräche auf Basis unserer Werte zu führen. Aber für jemanden, der neu dazukommt, ist das natürlich erst mal noch nicht so klar. Das arbeiten wir gerade noch mehr aus, erstellen Material, sodass es auch für alle wirklich hilfreich ist.

Wie geht ihr dafür vor?

Mit einer Kombination aus Einzelgesprächen und Workshops, im Dialog Das Wichtige dabei ist, in den Prozess zu gehen, Schleifen zu drehen, mit allen zu besprechen: „Hey, liebe Führungskraft, das haben wir uns überlegt. Ist das hilfreich?" Schrittweise vorwärtsgehen, im wahrsten Sinn des Wortes agil. Agilitätshemmend wäre, es top-down zu machen.

Nachdem ihr zunächst alle Führungsebenen im Tech-Bereich abgeschafft hattet und gesehen habt, dass das noch nicht die gewünschten Ergebnisse bringt, habt ihr euer Führungsmodell im Tech-Bereich komplett umgestellt.

Ja, die klassische hierarchische Führungskraft gibt es nicht mehr. Wir haben jetzt drei Rollen: den People Manager, den Agile Coach und den Product Owner. Die People Manager sind ausnahmslos dafür verantwortlich, dass sich die Menschen weiterentwickeln können, dass die Teams gut funktionieren, dass sie alles haben, was sie brauchen, um gut arbeiten

zu können. Sie sind für den Aufbau der Teams und auch disziplinarisch verantwortlich. Vor allem aber ist das eine Kümmerer-Funktion.

Die Agile Coaches wiederum sind für den Ablauf verantwortlich und unterstützen das Vorgehen. Das kann „agil" sein, wie es im Buche steht, es kann aber auch klassisch Wasserfall sein. Im Vordergrund steht, dass das Team auf die beste Art arbeitet.

Die dritte Rolle ist der Product Owner als starker Teil des Teams. Er ist für das Gesamtprojekt verantwortlich, ganz klassisch im Sinne einer Digitalorganisation. Er hat die Verantwortung dafür, dass die Produkte den gewünschten Anforderungen entsprechen. Das Team ist natürlich ein wichtiger Teil der Gleichung und dafür verantwortlich, dass die Qualität stimmt und das Bestmögliche dabei herauskommt.

Außerdem gibt es eine „Exzellenz in der Fachlichkeit". Zum Beispiel haben wir einen Vice President Tech und einen Vice President Product. Letzterer arbeitet mit den Product Ownern daran, dass alle Einzelprodukte und Substrategien zusammenkommen und zur globalen Unternehmensstrategie passen.

Also drei Rollen, die auf unterschiedliche Weise Führung übernehmen.

Ja, der People Manager guckt, dass es lauter tolle Leute sind, die alle wissen, was sie tun. Der Agile Coach findet mit dem Team gemeinsam heraus, wie es am besten arbeiten kann. Und der Product Owner sagt: „Leute, ich hab einen Auftrag beschafft. Wir bauen das bestmögliche Produkt!" Insgesamt haben wir knapp 35 Teams, ca. sieben Leute pro Team.

Gibt es in jedem Team einen People Manager und einen Agile Coach?

Der People Manager ist für drei bis vier Teams verantwortlich. Das ist nicht ganz ohne, da er balancieren muss zwischen Aufmerksamkeit für jeden Einzelnen und Aufmerksamkeit für das Team als Ganzes. Und das für mehrere Teams gleichzeitig. Ähnlich ist es bei den Agile Coaches, sie kümmern sich um zwei bis drei Teams. Über den People Manager sind alle mit mir verbunden.

***

Auch *Christoph Brinck* erzählt, wie sich Führung im Zuge von „100 Prozent agil" bei der BMW *Group* IT verändert hat.

Was hat sich in Bezug auf Leadership verändert und wie geht ihr damit um?

Die agile Transformation verändert die Rolle der Führungskräfte massiv. Das führt auch zu Verlustängsten. Und zwar häufiger bei den Führungskräften als bei den Mitarbeitern. Was sich als ganz probates Mittel erwie-

sen hat, waren hierarchieübergreifende Workshops: Quer durch alle Ebenen und Bereiche haben wir die Leute zusammengebracht, damit sie gemeinsam Lösungen entwickeln. Also gemeinsames Erleben und Teilhaben an der Veränderung.

Im Laufe der Zeit fiel uns auf, dass das bisherige klassische Führungsmodell mit der Führungskraft, die an der Spitze der fachlichen und disziplinarischen Führung steht, in

»Wir separieren immer mehr zwischen fachlicher und disziplinarischer Führung.«

unserem neuen Modell nicht mehr so gut funktioniert. Denn was heißt es eigentlich, im agilen Kontext Führungskraft zu sein? Viele fachliche Entscheidungen liegen nun beim Product Owner. Wie viel Leadership übernimmt also der Product Owner, wie viel der Scrum Master? Und wie viel Verantwortung bleibt bei der klassischen Führungskraft? Wir probieren gerade ein neues Modell aus, das gut zu funktionieren scheint: Wir separieren immer mehr zwischen fachlicher und disziplinarischer Führung. Zum einen bilden wir Führungskräfte aus, die sich sehr stark um die Weiterentwicklung von Mitarbeitern kümmern, zum Beispiel um Kompetenzmanagement; und zum anderen gibt es weiterhin die Führungskräfte, die sehr fachlich unterwegs sind, die ihr Produkt weiterentwickeln, die starke unternehmerische Entscheidungen fällen. Wir konzentrieren uns also auf Teamentwicklung versus Produktentwicklung, was früher in einer Hand war und wobei die Teamentwicklung oft zu kurz kam. An der Entwicklung des neuen Leadership-Modells haben wir viele beteiligt. Dadurch holt man auch diejenigen ganz gut ab, die Zweifel oder Ängste haben.

Welche Leadership-Skills werden in der Zukunft wichtiger?

Agilität funktioniert ja nur, wenn du den Teams ausreichend Freiheiten gibst, Entscheidungen zu treffen, denn sonst machen sie sich voneinander abhängig. Aber Abhängigkeiten müssen gemanagt werden und machen deshalb langsam. Also werden Führungskräfte gebraucht, die delegieren können, die Autonomie zulassen. Zum Beispiel geben wir Budgets in Produkte, investieren eine bestimmte Summe und die Product Owner mit ihren Teams entscheiden autonom, wie sie das Budget verwenden – was sie daraus machen, ist ihre Sache. Servant-Leadership ist eine weitere wichtige Fähigkeit. Also: Wie unterstütze ich Mitarbeiter dabei, autonom zu handeln? Das zeigt sich in der Haltung: „Ich arbeite für meine Mitarbeiterinnen und Mitarbeiter!" Das versuchen wir zu etablieren. Was dabei ganz wichtig ist, ist das Thema Fehlerkultur. Das Null-Fehler-Prinzip ist bei uns in der Produktion von Fahrzeugen natürlich unerlässlich. Gleichzeitig wollen wir aus Fehlern lernen. Deshalb versuchen wir, in unserer Kultur zu etablieren, dass Fehler etwas Positives sind, wenn ich sie schnell erkenne und auch schnell drauf reagiere und nicht versuche, sie zu vertuschen, damit bloß keiner sieht, was falsch gemacht wurde. Wir probieren auch

so Dinge aus wie „Fuckup Nights", also ich erzähle von einem Fehler, aus dem ich am meisten gelernt habe.

Um die neuen Leadership-Skills für alle sichtbar zu machen, haben wir ein Agile Leadership Manifesto verfasst, in dem zum Beispiel steht, dass wir an die Entfaltung menschlichen Potenzials, an Vielfalt, Zusammenarbeit in Netzwerken und an das Ausprobieren von Neuem glauben und dafür Raum geben.

***

Duzen und Krawatte ab. Das kann ein Signal sein. Aber es sind andere Dinge, die Wandel ausmachen

Abschließend möchte ich wissen, was die aktuelle Forschung zum Thema New Work und Führung sagt, und spreche darüber mit Dr. Josephine Hofmann vom Fraunhofer Institut für Arbeitswirtschaft und Organisation IAO. Sie gibt mir Einblicke in die Veränderung von Unternehmens- und Führungskulturen, was dabei helfen und was eher hinderlich sein kann.

Seit wann spielt New Work für die Unternehmen, mit denen Sie arbeiten, eine Rolle?

Seit zwei bis drei Jahren ist das Thema stark in den Fokus gerückt. Derzeit ist das ein recht schillernder Begriff, der eigentlich gar nicht so neu ist, die Auslegung hat sich aber stark verändert.

Viele Unternehmen sind gerade mittendrin in den Veränderungen Richtung New Work. Was genau ist New Work aus Ihrer Sicht?

New Work ist aus meiner Sicht ein Oberbegriff mit im Wesentlichen drei Teilthemen. Das eine ist das Thema Flexibilisierung von Arbeitsformen, dazu gehören auch Arbeitsgestaltungs- und Bürokonzepte, örtliche und zeitliche Flexibilisierung und damit auch die Möglichkeit, die Vereinbarkeit von Beruf und Familie oder Privatleben besser zu gestalten und einfacher zu machen. Zweites Thema ist die Frage nach Strukturen: Klassische, aufbauorganisatorische Strukturen und Hierarchien werden infrage gestellt, Selbstorganisation und Beteiligungsorientierung sind Organisationsformen, die immer mehr diskutiert und ausprobiert werden. Das dritte Thema betrifft die Sinnstiftung von Arbeit.

Wie sehen Sie in diesem Zusammenhang den Themenkomplex Digitalisierung?

Digitalisierung ist im Prinzip die Basis und der massive Treiber. Sie macht viele der genannten Veränderungen, die veränderten Arbeitskontexte erst möglich. Vor allem die Flexibilisierung von Arbeitsformen und -orten

funktioniert ja nur in zunehmend digitalen Arbeitsumgebungen. Wenn wir statt Digitalisierung digitale Transformation sagen, sind wir schnell bei der Veränderung unserer gesamten Wirtschaft. Und da geht es um die Notwendigkeit, viel agiler und schneller zu agieren. Das ist Ursache und Wirkung in einem und wiederum auch der Treiber, sich mit diesen Fragestellungen auseinanderzusetzen.

Was verändert sich hierdurch im Hinblick auf Führung?

Das Verständnis von Führung verändert sich im Sinne von: „Wofür ist Führung eigentlich da? Was machen Führungskräfte? Warum tun sie das und mit welcher Kompetenz?" Führungskräfte werden zukünftig eher eine orientierende, begleitende und vernetzende Funktion wahrnehmen. Orientierung geben: Wo geht es hin? Auf welchem Weg und was tun wir, um in der Wettbewerbswelt von morgen zu bestehen?

> *»Führungskräfte werden zukünftig eher eine orientierende, begleitende und vernetzende Funktion wahrnehmen.«*

In welche Richtung geht ein modernes Führungsverständnis?

Das Verhältnis zwischen Führung und Selbstorganisation verschiebt sich. Führungskräfte werden mehr abgeben, Führung bekommt eher einen Personalentwicklungs- und Orientierungsauftrag. Es gibt ja mittlerweile Konzepte, bei denen es zwar noch eine Führungskraft gibt, die weiterhin für Hierarchiethemen und Personalgespräche zuständig ist, aber zusätzlich gibt es auch einen fachlichen Coach. Das sind Modelle, die durchaus Sinn machen können, je nachdem, wie eine Organisation aufgestellt ist, wie stark sie wächst etc.

Viele Unternehmen stellen ihre Kultur infrage, einige bauen ganze Führungsebenen ab. Ein großer Einschnitt für Organisationen und für diejenigen, die über Jahre ihre Karriere aufgebaut haben.

Ja, diesen Trend „weniger Hierarchie" gibt es, was auch tatsächlich mal heißen kann, dass ganze Führungsebenen herausgenommen werden. Vor allem wenn sie bei näherem Hinsehen wirklich nicht besonders sinnvoll sind, zum Beispiel wenn die Kontrolllinien zu lang sind. Da probieren Unternehmen mehr und mehr aus. Dass die Mitarbeiter die Dinge zunehmend selber in die Hand nehmen, sich im Team untereinander abstimmen, ohne dass die Führungskraft im größeren Stil einbezogen wird. So beispielsweise bei agilen Arbeitsformen, bei denen eine Führungskraft eigentlich so gut wie nichts mehr im Team verloren hat, sondern eher dazu da ist, dem Team den Rücken frei zu halten – und auszuhalten, was die da miteinander veranstalten.

Also einschneidende Veränderungen für Organisations- und Führungskulturen …

>»Nur die Parole auszugeben, wir duzen uns ab morgen alle und lassen die Krawatte weg … Das mag ein Signal sein, das ändert aber möglicherweise nichts an Macht und an Unter- und Überordnungsverhältnissen.«

Ja, die Veränderung von Organisationen und Organisationskulturen ist fast überall im Gange. Da ist es wichtig, zu schauen, was eher symbolische Herangehensweisen sind und wo wirklich etwas verändert wird. Nur die Parole auszugeben, wir duzen uns ab morgen alle und lassen die Krawatte weg … Das mag ein Signal sein, das ändert aber möglicherweise nichts an Macht, an Unter- und Überordnungsverhältnissen oder daran, was vielleicht nicht so gut funktioniert. Da muss man aufpassen, dass es nicht zur Farce wird.

Was wäre besser?

Es ist wichtig, zu überlegen, wie Führung in Zukunft sinnhaft organisiert wird und wie die gegenseitige Erwartungshaltung an die Führungsrolle ist – und sich dann auch auf ein verändertes Rollenverhalten einzulassen. Das ist sicherlich ein Thema, das deutlich mehr Anstrengung und Zeit braucht, als mal eben schnell die Krawatten abzuwerfen.

Wie sehen Sie also die Führung der Zukunft?

Ich glaube, man muss mehr nach Grundlagen von Führung fragen. Also: Wie wird man Führungskraft und warum? Die Frage nach der Legitimation: Wie transparent ist es eigentlich, warum jemand Führungskraft wird? Bleibt man auf ewig Führungskraft? Oder wird man das auch irgendwann mal nicht mehr sein? Welches sind die Aufgaben als Führungskraft, um wen soll man sich mit welchem zeitlichen Anteil kümmern? Wofür werde ich belohnt und bezahlt als Führungskraft? Also das ganze Thema Führungs- und Anreizsysteme. Dieses Thema ist ja immer noch stark in der „alten Welt" beheimatet. Es ist enorm, was Führungskräfte alles machen sollen – und wenn man dann guckt, wofür sie bezahlt werden oder wofür sie welche Zeit bekommen, dann ist das oft ein krasses Missverhältnis. Und ich rede von der typischen mittleren bis gehobenen Führungsebene. Nicht vom Topentscheider, sondern von denjenigen, die jeden Tag als Führungskraft in direkter Führungsleistung gefragt sind.

Keine leichte Diskussion.

Absolut. Es geht auch um die Frage nach dem Umfeld von Führungskräften. Was brauchen sie, um wirklich gut arbeiten zu können? Mit welcher Unterstützung der Kollegen? Betrachten sich Führungskräfte auf derselben Ebene als Konkurrenten? Faktisch tun sie das oft nach wie vor. Führungskräfte sind häufig sehr allein. Nach unten kann man nicht mehr schwatzen, aber nach oben sagt man lieber auch nichts, denn da will man ja nicht mit Problemen um die Ecke kommen. Da müsste man ansetzen und wirklich Ehrlichkeit erzeugen.

10

Unternehmenskulturen und -strukturen für eine komplexe Arbeitswelt

Was für eine Kultur brauchen Unternehmen für New Work? Um Anpassungen und Wandel möglich zu machen, mit Unsicherheiten umzugehen, um neue Führungsmodelle zu leben, vertrauensvoll im Team zu arbeiten, neue Lernformen in den Alltag zu integrieren?

Und wie beeinflussen sich die Struktur eines Unternehmens und die Kultur gegenseitig? Meine Gesprächspartner haben mir von Momenten erzählt, in denen deutlich wurde, dass die Unternehmenskultur auf den Prüfstand muss, von Momenten nach großen Erfolgen, in denen auf einmal nichts mehr so lief wie vorher, von Werten, die auf dem Weg in die Zukunft hilfreich sind. Von ihrer Überzeugung, dass die Kultur wesentlicher Bestandteil des Erfolgsrezeptes ist.

Man darf nie bequem werden

Die *Care.com Europe GmbH*, zu der unter anderem die Website Betreut. de gehört, ist ein Online-Dienst für Betreuungsdienstleistungen. 2006 wurde Care.com in den USA gegründet und hat mittlerweile mehr als 28 Millionen Mitglieder in über 20 Ländern. Der Online-Dienst ermöglicht es Familien, einfach und verlässlich unter anderem mit Kinder- und Seniorenbetreuern sowie Haushaltshilfen in Kontakt zu treten. *Laura Esnaola*, die in Spanien aufgewachsen, dort auf eine deutsche Schule gegangen ist und in den USA studiert hat, ist nach Stationen in den USA, Argentinien und China nun in Berlin Geschäftsführerin von Care.com Europe. Ich treffe sie in ihrem Berliner Büro und ganz wie es sich für ein Start-up gehört, machen wir es uns in einem Strandkorb bequem. Was Laura mir dann erzählt, ist allerdings gar nicht so bequem, so locker-easy, denn auch Start-ups müssen sich Veränderungen stellen, und es geht nicht immer nur bergauf …

Was ist die Vision eures Unternehmens?

Wir sind für Familien da! Und dabei geht es auch viel um „Women's Empowerment" – denn wenn Familien zu Hause nicht die passenden Betreuungsdienstleistungen haben, können Familien nicht zur Arbeit gehen. Wenn ich „Familien" sage, meint das meistens noch Frauen. Care.com steht für Familien, für Frauen, damit sie wieder zurück zur Arbeit gehen können. Und ebenso für diejenigen, welche die Betreuungsdienstleistungen anbieten. Damit sie Karrieremöglichkeiten haben und Wertschätzung für ihre Arbeit erfahren. Außerdem haben wir noch weitere Business-Units, zum Beispiel unser „Care with Care"-Projekt: Wir rekrutieren ausländische Pflegekräfte und bilden sie für den deutschen Markt aus, sodass sie nach Deutschland kommen können.

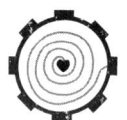

Wie würdest du in eurem Zusammenhang New Work beschreiben?

Da denke ich an Stichworte wie Digitalisierung, Automatisierung und Innovation. Technologie und Digitalisierung sollte unsere Arbeit erleichtern – harte Arbeit, Routinearbeit, vielleicht auch Arbeit, die niemand gern machen möchte, sollten so weit wie möglich automatisiert werden. Und ich glaube, wir müssen uns darauf vorbereiten, dass wir anders und vielleicht auch weniger arbeiten werden.

Automatisierung, weniger arbeiten, weniger verdienen … Welche Wege passen?

Da müssen Politik und Unternehmen wirklich gut zusammenarbeiten. Wenn wir das richtig aufsetzen, können wir durch die Digitalisierung und die Transformation der Arbeit einiges gewinnen. Ich glaube, was da sehr wichtig und vielleicht sogar spezifisch für Deutschland ist, ist die soziale Absicherung. Das ist doch fantastisch. New-Work-Modelle können auf dieser Basis gut funktionieren. Pflegezeit, Familienzeit, Elterngeld … Das geht alles in die richtige Richtung. Das Wichtige ist aber, keine Angst vor der Digitalisierung und der digitalen Transformation zu haben.

Angst wovor genau?

Künstlicher Intelligenz, Robotern, dass weniger gearbeitet wird. Menschen sollen ruhig weniger arbeiten, aber wir müssen wettbewerbsfähig bleiben. Ich habe in China gelebt, und wenn wir hier 30 Stunden arbeiten wollen, aber in China arbeiten die immer noch 80 Stunden pro Woche …

80 Stunden?

Manchmal, ja! Da können wir nicht wettbewerbsfähig sein, ohne die richtige Technologie und wenn wir nicht smart arbeiten.

Ist Deutschland hinterher, was Innovationen angeht?

Generell würde ich sagen, ja, wir sind hinterher, Deutschland sollte innovativer werden. Wir sind kein Silicon Valley, wir sind nicht wie China. Wir können einen funktionierenden Sozialstaat mit einer innovativen Workforce kombinieren. Für mich wäre das das Winner-Modell. Aber weniger zu arbeiten, ohne zu digitalisieren – dann verlieren wir.

Für viele Unternehmen ist Digitalisierung ein riesiges Thema. Ihr wart schon komplett digital und dennoch hat's auch euch vor ein paar Jahren erwischt. Was war los?

Das war 2014. Wir waren in einer sehr guten Stimmung. Stark gewachsen und gerade frisch an der New York Stock Exchange notiert.

Der Moment, in dem alles super läuft …

Ja, alle sind sehr stolz. Und dann auf einmal, innerhalb sehr kurzer Zeit, haben unsere User ihr Verhalten verändert, sind viel schneller als erwartet nur noch über ihre Mobilgeräte auf unsere Seite gekommen. Das hat uns und viele andere Unternehmen zum Umdenken bewogen: Zehn Jahre lang war das Nutzerverhalten durch Desktopnutzung geprägt. Diese Nutzung ist komplett anders als mobile Nutzung, wo die Interaktionen nicht so substanziell sind, alles soll schnell passieren.

Die Aufmerksamkeitsspanne wird immer kürzer.

Genau! Unser Desktopmodell war langsamer: „Melde dich an, beschreibe, was du brauchst." Das funktioniert mobil nicht. Es fehlte nicht nur an Zeit und Aufmerksamkeit, sondern auch an Vertrauen in die mobilen Endgeräte, Datensicherheit und so weiter. Unsere Plattform war noch nicht für diese neue Welle aufgestellt.

So geht es ja vielen Unternehmen: Jahrelang, sogar jahrzehntelang erfolgreich – und auf einmal klappt das nicht mehr. Was dann?

Das war schon schwierig. Wir haben das adressiert, haben geschaut, was genau los ist. Welche neuen Skills brauchen wir für eine „Mobile-first"-Strategie? Dann haben wir vor allem zwei Sachen gemacht: Wir haben neue Mitarbeiter reingebracht und unsere internen Mitarbeiter für die neuen Skills geschult.

Wie genau habt ihr das gemacht?

Durch Trainings. Unsere interne „Care-University" hat hier ihren Ursprung. Das ist unsere Plattform, auf der wir eigenen Content anbieten und Partnerschaften haben, unter anderem mit Universitäten und Coaches. Wir bieten dort Weiterbildung und Personalentwicklung an, von „How to set your goals" über interkulturelle Kommunikation bis hin zu Excel. Wir fragen uns immer wieder: „Welche Trainings brauchen wir?" Die Investition ist es wert, wir wollten die Leute nicht verlieren!

Nur durch Trainings habt ihr die riesigen Veränderungen, die durch das veränderte Kundenverhalten, den Wechsel zu Mobilgeräten entstanden sind, aufgefangen?

Das war die eine Sache. Außerdem haben wir unsere Art zu arbeiten noch mal neu angeschaut. Wir mussten unsere User, den Markt noch mal kennenlernen. Zum Beispiel haben wir das Customer Insights Team neu aufgestellt. Außerdem haben wir unsere internen Ressourcen anders verteilt. Wir waren sehr marketingfokussiert – jetzt sind wir viel produktorientierter, die Teams arbeiten übergreifend zusammen.

Hattet ihr als junges Unternehmen etwa schon Silos, Bereiche, die nicht wirklich miteinander reden?

Ja, hatten wir! Als ich 2016 hier ankam, hatten wir doppelt so viel Platz wie jetzt. Es gab Teammitglieder, die auf der anderen Seite des Gebäudes saßen, die ich quasi nie gesehen habe. Wir haben das komplett verändert; alle Mitarbeiter sind zusammengerückt. Ehrlich gesagt, es wurde eng. Ich wusste, dass es schwierig sein könnte, aber ich hatte auch viel dazu recherchiert … Wenn man eng nebeneinander sitzt, dann muss man miteinander sprechen, viel kommunizieren. Das war schon ein bisschen ein kalter Schock. Manche Leute sind gegangen, weil sie damit nicht einverstanden waren oder sich nicht wohlfühlten.

Also ein radikaler Kulturwandel …

Was uns bewusst wurde: Man darf nicht bequem werden. Man braucht Stabilität, braucht eine gute Teamkultur, muss sich willkommen fühlen, aber man darf nie bequem werden.

»*Man braucht Stabilität, braucht eine gute Teamkultur, muss sich willkommen fühlen. Aber man darf nie bequem werden.*«

Permanente Revolution, sonst wartet der nächste Schock an der nächsten Ecke.

Genau, wenn man bequem ist, kommt der nächste „mobile-shock" oder der „AI-Schock" oder irgendetwas anderes. Man muss vorbereitet sein auf Veränderungen. Veränderungen kommen und müssen überhaupt nichts Negatives sein.

Ihr habt eure Kultur also in Richtung „Change-Agilität" gewandelt?

Absolut! Und was ich auch gelernt habe: Veränderung braucht Zeit. Man braucht eine Mischung aus „Schock im System", dann aber auch wieder Entspannung, damit die Veränderungen absorbiert werden können. Was ebenfalls wichtig ist: Gib Leuten Verantwortung! Sag Menschen und Teams: „Design it! Come up with it! We may turn it down or we may not." Leuten eine Stimme zu geben, Freiheit und gleichzeitig Verantwortung. Das ist sehr wichtig!

Haben das alle gleich angenommen?

Es ist kein overnight change. Man muss das jeden Tag beweisen, vor allem auf Senior-Leadership-Ebene. Es geht viel um Vertrauen. Manche Mitarbeiter sagen sofort: „Ja, ich will!" Andere brauchen zum Beispiel Coaching oder Mentorship, um zu lernen, dass es okay ist, mit einer Idee herauszukommen. Auch wenn sie vielleicht nicht funktioniert.

Wurde das bei euch auf der Führungsebene erarbeitet? Oder mit der ganzen Organisation?

Es muss mit Senior Leadership anfangen und alle Ebenen einbeziehen, um die Kultur voranzubringen. Wir haben jetzt eine super Kultur, aber auch da ist es wichtig, nicht bequem zu werden und immer weiter in die Kultur zu investieren. Manchmal sind nicht alle mit allem einverstanden, aber die gemeinsame Richtung ist wichtig. Wo wollen wir hin? Und dass wir das immer wieder besprechen, damit es wirklich ein Teil der DNA der Company wird.

Was macht ihr, wenn jemand nicht so mitzieht? Nicht jeder will unbedingt Verantwortung übernehmen.

Ich finde es sehr wichtig, dass man unterschiedliche Persönlichkeiten im Team hat. Manche sind extrovertiert, manche introvertiert, es müssen nicht alle gleich sein. Erst mal gilt es zu definieren: „What makes a good manager for our organisation?" Das ist ja von Organisation zu Organisation unterschiedlich.

Was beobachtest du in Deutschland? Der deutsche Mittelstand ist ja nicht das Silicon Valley.

Soll es auch nicht werden!

Warum nicht?

Deutschland ist nicht die USA und nicht China, ist aber super aufgestellt, zum Beispiel was die Sozialleistungen angeht. Das ist beim Mittelstand ähnlich, er hat dieses „Sicherheitsnetz" für die Arbeitnehmer. Er hat dieses Familiäre, dieses Vertrauen und Verantwortung. Verantwortung, die man in anderen Ländern so nicht sieht.

Also kann alles so bleiben, wie es ist?

Ich denke, der Mittelstand braucht eine eigene Innovations- und Digitalisierungsidentität! Eine Vision ist hilfreich. Wo soll es hingehen? Der Mittelstand kann und sollte mit der ganzen Welt in Kontakt sein. Da kommt wieder die Digitalisierung ins Spiel: Das funktioniert nämlich nicht, wenn die Unternehmen nicht digital arbeiten und denken.

Viele Unternehmen waren ja lange erfolgreich – ohne Digitalisierung. Wie sensibilisiert man die?

Ich meine, alle Unternehmen müssen darauf vorbereitet sein: „Shift – because you will have to shift!" Das muss man einplanen. Es ist wirklich wichtig, eine Kultur zu schaffen, die agil ist, in der die Mitarbeiter Verant-

wortung übernehmen können und in der ehrliches, konstruktives Feedback wie selbstverständlich dazugehört.

Was nimmst du mit aus deinen Erfahrungen der letzten Jahre?

Aus dem dramatischen Jahr 2014 haben wir gelernt, immer zu fragen, wie wir uns besser vorbereiten können. Die Awareness zu haben, dass das noch mal passieren kann. Wir orientieren uns an unserer Vision, wissen, in welche Richtung wir gehen, und sind gleichzeitig immer aufmerksam. Zweitens ist es uns sehr wichtig, in unsere Mitarbeiter zu investieren und sie zu fördern. Das machen wir mit der Care-University. Drittens planen wir Ressourcen für „Change & Think ahead" ein, Teams für Research und Development, die ständig schauen, was unsere Nutzer und Kunden wollen und wie sich der Markt verändert. Im Idealfall gestalten wir die Innovation und das Nutzerverhalten selbst.

Wir lernen am meisten aus diesen schwierigen Momenten. Es war natürlich schön, erfolgreich zu sein, stolz zu sein, als wir gerade neu an der New York Stock Exchange notiert waren. Aber wenn man durch diese schwierigen Momente kommt und das schafft, dann ist das Unternehmen danach viel besser aufgestellt und vorbereitet.

***

Die Kultur ist das, worauf es ankommt

 Daniel Krauss, Mitgründer von FlixBus, gibt hier weitere Einblicke in die Kultur des jungen Unternehmens, das innerhalb kurzer Zeit die Busbranche durch digitale Lösungen verändert hat.

Im Zusammenhang mit New Work rückt das Thema Unternehmenskultur zunehmend in den Fokus der Diskussion. Wie kann ich mir die FlixBus-Kultur vorstellen?

Wir haben eine sehr jugendliche Kultur. Und das meint nicht, dass hier nur junge Leute sind – im Gegenteil, wir haben mittlerweile die gesamte Bandbreite, auch Kollegen, die bereits in Rente gegangen sind. Jugendlich heißt, dass unsere Kultur sehr neugierig und experimentierfreudig ist. Wir sind jetzt fünf Jahre am Markt, unser Unternehmen ist also eigentlich auch erst in der Pubertät. Aufgrund unseres komplexen Geschäftsmodells brauchen wir eine hohe Anpassungsfähigkeit, deshalb sind Lebendigkeit und Dynamik so wichtig.

Welchen Stellenwert nimmt die Unternehmenskultur bei euch ein?

Obwohl Kultur der eher weiche, der schwerer zu greifende Teil in Unternehmen ist, ist sie nicht weniger wichtig als die harten Themen. Im Gegenteil. Ich glaube, dass die Kultur langfristig determiniert, wie erfolgreich ein Unternehmen ist. Sie ist essenzieller Teil des Erfolgsrezeptes.

Wie wirkt sich die Komplexität eures Geschäftsmodells auf eure Zusammenarbeit aus?

Es ist wichtig, immer zu wissen, was unsere Kunden möchten, immer am Puls der Zeit zu sein. Die enge Zusammenarbeit mit unseren Partnern, traditionell mittelständischen Busunternehmern, ist elementarer Bestandteil des Geschäftsmodells. Hinzu kommt, dass Mobilität ein stark regulierter Markt ist, der Staat hat also auch immer ein Wörtchen mitzureden. Außerdem sind die Märkte in den verschiedenen Ländern sehr unterschiedlich und es gelten jeweils andere Regeln. Wir müssen viele verschiedene Skills an einen Tisch bringen, um erfolgreich zu sein: Verkehr abschätzen, Fahrpläne erstellen, Angebot und Nachfrage zusammenbringen, den richtigen Preis setzen, Vertrieb und Marketing, die Abläufe und Prozesse in Software abbilden, die Sicherheit des Betriebs gewährleisten, Kundenservice in mehreren Sprachen … Das ist ein ganz breites Set und es ist wichtig, dass wir das gemeinschaftlich als Team tun. Gleichzeitig bringt das eine kontinuierliche Spannung mit sich, weil ganz unterschiedliche Sichtweisen und Welten zusammenkommen. Aus Führungssicht kommt es darauf an, diese Spannung positiv zu moderieren.

Wie moderiert ihr diese Spannung?

Wir arbeiten möglichst crossfunktional, damit jeder versteht, was der andere tut und was dessen Wertbeitrag ist. Denn häufig kann man nicht einschätzen, wie anspruchsvoll die jeweils anderen Tätigkeiten sind. Ich gehe zum Beispiel regelmäßig in den Kundenservice und häng mich mal ans Telefon. Wir legen Wert auf internen Austausch. Die Kollegen, die zum Beispiel den Fahrplan bauen, haben die Möglichkeit, für vier bis sechs Wochen nach München ins Marketing zu gehen, um zu gucken, wie das gebaute Produkt vertrieben wird. Um wirklich zu verstehen. Um nicht zu glauben, man selber sei wichtiger als die anderen.

Dazu fällt mir das Stichwort Silobildung ein. Habt ihr Silos bei euch?

Wir sind schnell gewachsen, dadurch haben sich automatisch verschiedene Silos gebildet. Das kann man kaum verhindern. Da wären zum Beispiel die einzelnen Ländergesellschaften versus Headquarter oder Marketing versus Tech. Wenn wir etwas Neues aufbauen, entsteht fast automatisch ein neues Silo. Wir sind jetzt in den Zugverkehr eingestiegen und plötz-

lich ist die Zugeinheit so ein Sondertierchen, ein ganz neues Produkt mit neuen Herausforderungen.

Wie baut ihr Silos ab?

Schwierig wird es, glaube ich, wenn man leugnet, dass es Silos gibt. Wir gucken, wo sich Silos bilden und wie wir sie mithilfe von Transparenz und viel – wirklich viel! – Kommunikation aufbrechen können. Das kann ich unterstützen, indem ich es vorlebe. Und auch mit Werkzeugen wie E-Mail, Messenger, Intranet und verschiedenen Meeting-Formaten wie „Ask Anything": Da kann das Team wirklich alles fragen und bekommt immer eine Antwort.

Silobildung ist also menschlich?

Menschen suchen schon nach einer gewissen Kohärenz und nach einem „Gruppen-Ding". Meine Buddies, andere Buddies ... Unser Büro in München und unser Büro in Berlin sind unterschiedlich und auch wieder anders als unser Büro in Mailand. Ergo Silos. Das muss man akzeptieren, denke ich. Alle teilen aber die große FlixBus-Kultur, die sehr konsistent ist.

Habt ihr eure FlixBus-Kultur ausführlich definiert?

Ja, wir haben unsere Werte aus unseren Erfahrungen und unserem Verhalten abgeleitet. Werte sind in meinen Augen die Sammlung all der Erfahrungen, die eine Organisation und die Individuen in der Organisation gemacht haben und was daraus gelernt wurde. Unsere Werte lauten: Customer first, Live entrepreneurial Spirit, We are a team, Bring passion und Make it happen.

Gibt es Persönlichkeitstypen, die besonders gut zu euch passen?

Zu uns passen vor allem Persönlichkeiten, die kein überzogenes Ego haben und sich nicht über andere stellen. Denn wir sind kein „Einzelkämpfer-Laden". Außerdem fühlen sich bei uns Persönlichkeiten wohl, die sehr selbstständig unterwegs sind und für sich selbst Verantwortung übernehmen, die mit dem verhältnismäßig hohen Maß an Unsicherheit leben können, die durch die enorme Geschwindigkeit und Komplexität entsteht. Wir sprechen zwar alle von Risikoaffinität, Unternehmertum und Selbstorganisation, sind aber durch Schule, durch die Gesellschaft allgemein komplett anders sozialisiert. Da kann die derzeitige Schnelligkeit in den Unternehmensumwelten schon eine hohe Belastung sein, denn der Mensch sucht nach Sicherheit. Wir moderieren das, aber wegmachen können wir das nicht, das gehört zu unserem Geschäft, zu unseren Märkten dazu. Wir brauchen also Leute, die

> »Wir sprechen zwar alle von Risikoaffinität, Unternehmertum und Selbstorganisation, sind aber durch Schule, durch die Gesellschaft allgemein komplett anders sozialisiert.«

Unsicherheit tolerieren, die etwas ausprobieren, die experimentierfreudig sind. Man könnte sagen: lauter kleine Abenteurer.

Es ist euch also bewusst, dass die Dynamik hohe Anforderungen stellt?

Absolut! Und man kann nicht gegen die menschliche Persönlichkeit agieren. Auch bei uns führt das natürlich zu Diskussionen. Denn wer ist in solchen Umfeldern oft erfolgreich? Die, die sich besonders gut anpassen können, auch bei uns. Dann besteht aber die Gefahr, dass diejenigen in Führungspositionen nicht verstehen, warum andere sagen: „Das fühlt sich aber nicht gut an!"

Die kriegen dann zu hören: „So ein paar Veränderungen, damit müsst ihr doch umgehen können …"

Ja, genau, so nach dem Motto: „Jetzt seid doch mal a bisserl risikoaffiner, ist doch alles easy!" Daraus entstehen durchaus Schwierigkeiten. Wir diskutieren viel, auch das gehört zu unserer Kultur.

Wie moderierst du die unterschiedlichen Sichtweisen?

»Man bekommt sehr viel eher etwas mit, wenn man sich nicht in irgendeinem Büro einigelt.« Essenziell ist erst mal Vertrauen, um überhaupt eine Kultur zu ermöglichen, in der die Menschen Feedback geben. Dafür ist psychologische Sicherheit enorm wichtig. Wenn die Menschen zu mir kommen, Feedback geben, sich auch mal beklagen, über Fehler sprechen, offen sind, dann läuft es, glaube ich, schon mal ganz gut. Und man bekommt sehr viel eher etwas mit, wenn man sich nicht in irgendeinem Büro einigelt. Deswegen ist es mir so wichtig, immer unterwegs und direkt bei den Leuten zu sein. Sei es auf den Gängen oder auch digital, in Chat-Programmen. Um zu merken, wie die Menschen miteinander umgehen. Äußerst allergisch reagiere ich, wenn ich merke, dass Menschen zu mir nett sind, aber zu anderen nicht. Denn eine Unternehmenskultur entsteht ja daraus, was die einzelnen Persönlichkeiten an den Tisch bringen.

Wie schafft ihr es bei euch im Gründerteam, viel zu diskutieren und euch trotzdem „grün" zu bleiben?

André und ich kennen uns seit 25 Jahren und wissen um unsere Stärken und Unterschiede. Nichtsdestotrotz gibt's auch mal Spannungen. Das musste sich einspielen. Wir tolerieren die Eigenarten, die Stärken und Schwächen der anderen. Zwischen uns drei Gründern zählt vor allem das absolute Grundvertrauen, dass wir gemeinsam das Beste für die Firma wollen. Ich glaube sogar, dass ist einer der Gründe, warum wir als Organisation erfolgreich sind: weil wir im Gründerteam und in der Geschäftsfüh-

rung sehr unterschiedlich sind. Was uns unter anderem eint, ist, dass wir ein sehr datengetriebenes Unternehmen sind. Keiner fällt einfach irgendwelche Bauchentscheidungen. Daten helfen nicht nur, richtige Entscheidungen zu treffen, sondern auch dabei, alles, was man tut, transparent zu machen, sich zu hinterfragen: „Ist es das Richtige? Was können wir tun, um besser zu werden?" Das geht auf Basis von Zahlen deutlich leichter. Dennoch glaube ich, dass wir die menschliche Intuition und Erfahrungen immer brauchen werden. Und wenn man diese mit Zahlen kombiniert, kann das entsprechend zur Verifizierung oder zur Falsifizierung beitragen. Wir entscheiden ja nicht nur für uns, sondern für 1.500 Mitarbeiter und 7.000 Fahrer. Da hängt eine Menge dran. Reine Bauchentscheidungen wären nicht sehr professionell und ziemlich verantwortungslos.

Daten, Transparenz … Start-up-Kultur wird ja auch häufig in Verbindung gebracht mit coolen Räumen, Kickern etc.

Ja, da werden dann so Artefakte geschaffen … Alles wird mit Obst, Müsli und Club Mate vollgestellt. Am besten noch ein Kicker und ein Bällebad. Aber das allein reicht nicht!

Sondern? Was motiviert Menschen?

Von außen finden Menschen das vielleicht auf den ersten Blick cool, vielleicht fangen sie deshalb auch bei einem Unternehmen an.

»Kein Mensch geht, weil er kein Müsli mehr kriegt!«

Aber es ist sehr viel Wahres dran: Wenn die Leute gehen, dann gehen sie oft wegen der Führungskraft. Kein Mensch geht, weil er kein Müsli mehr kriegt!

Weshalb fällt es über Jahrzehnte gewachsenen Unternehmen oft so schwer, sich zu wandeln? Was meinst du?

Ich glaube, das ist sehr menschlich. Wenn eine große und alte Organisation sich wandelt, dann nicht, weil einer sagt: „Agil ist das neue große Ding, die im Valley machen das, das müssen wir jetzt auch machen." Nein, wenn das innere Bedürfnis des Wandels nicht da ist, sondern nur von außen kommt, dann sind die Gravitationskräfte viel zu groß. Die Rechtfertigung ist schnell: „Wir sind 100 Jahre alt, wir schreiben Rekordgewinne, das hat die letzten Jahre und Jahrzehnte funktioniert, passt doch!" Ein wirklich dringendes Bedürfnis entsteht meist erst in Gefahrensituationen, wenn der Schmerz wirklich groß wird. Dann werden Unternehmen sehr zügig wandlungsfähig.

Wenn's eng wird …

Ja. Menschlich. Aber das Problem ist, dass es dann häufig zu spät ist. Dann reicht das Kapitalpolster nicht und die Mitarbeiter sind schon völlig durch.

Wie sieht's denn bei euch aus? Habt ihr Warnstufen eingebaut?

»Wir sind sehr achtsam, was die kleinen Dinge angeht.« Wir sind sehr achtsam, was die kleinen Dinge angeht. Denn im Kleinen fängt dauernd etwas an zu brennen. Darauf achten wir sehr genau: Schmerzen entdecken, zulassen und dann in der Diskussion gemeinsam Auswege aufzeigen. Bisher reicht die Kraft aus dem Unternehmen, immer wieder alles zu hinterfragen. Auf Plakate zu schreiben: „Challenge dich selber, hinterfrag' dich selber!" – ich glaube, das bringt nicht viel, die Menschen machen das nicht, wenn kein Treiber dahinter ist.

Welche Empfehlungen würdest du Organisationen für den Weg in die Arbeitswelt der Zukunft geben?

Da fallen mir verschiedene Dinge ein. Zum einen glaube ich, wir würden gut daran tun, alles etwas spielerischer zu betrachten. Aber explizit nicht leichtsinnig! Sondern spielerischer. Denn oft nehmen wir uns und die Organisation zu ernst.

Was mir persönlich immer sehr hilft, ist, ganz viele Fragen zu stellen. Von vielen Dingen habe ich doch erst mal keine Ahnung. Um das zu kompensieren, brauche ich nicht nur Leute um mich, die Ahnung haben, sondern ich frage ganz viel, wie ein dreijähriges Kind: „Hallo, wie macht ihr denn das?" Und dann schaue ich, was wie funktioniert, und auch, was bei anderen funktioniert, aber bei uns vielleicht trotzdem nicht passt. Essenziell finde ich außerdem: „Customer First!" Viele Organisationen drehen sich zu sehr um sich selbst. Unternehmen gibt es doch nur, weil Kunden deren Produkte mögen und konsumieren. Das bedeutet, dass ich als Unternehmen sicherstellen muss, dass das der Fall ist. Wenn ich aufhöre, den Kunden zu fragen, und mich nur noch um mich und meinen Profit drehe, werde ich irgendwann scheitern. Man muss sich am Markt orientieren. Und damit meine ich nicht nur die reinen Zahlen, sondern die Bedürfnisse der Kunden. Wenn der Kunde sagt: „Nee, das möchte ich nicht!", muss ich eben anpassungsfähig sein.

***

Philosophie statt Regeln

Vor meinem Interview mit Anna Drüing, Chief People Officer bei trivago, führt mich ihre Communication-Kollegin durch die Büros. Eine Mischung aus Großraumbüros und individuell gestalteten Meeting-Räumen, liebevoll eingerichteten „Telefonzellen" bis hin zu Schlafkojen. Auf unserer Tour begegnen wir immer wieder Mitarbeitergrüppchen, eine steht zum Beispiel gerade mit Stift und Zettel um einen Schreibtisch herum und interviewt den dort sitzenden Programmierer. Es handelt sich um eine Art Schnitzeljagd für die neuen trivago-Mitarbeiter aus unterschiedlichsten Nationen, die heute ihren ersten Tag haben. Ein bis zwei Mal pro Monat startet am Montag eine neue Onboarding-Woche: Eine Woche lang erhalten die „Newbies" viele wichtige Infos, um sich gut im Unternehmen orientieren zu können. Dabei spielt die trivago-Kultur eine wichtige Rolle. Die Kultur und Werte machen den zentralen Kern der Arbeit bei trivago aus, alles passiert in Bezug hierzu. Die Werte stellt mir Anna Drüing in unserem Gespräch vor.

Eure Unternehmenskultur und eure Werte nehmen eine zentrale Rolle ein. Weshalb ist euch das so wichtig?

Als ich 2013 zu trivago kam, habe ich das Thema Organisationsentwicklung von Rolf Schrömgens [CEO und einer der drei trivago-Gründer, Anm. d. Verf.] übernommen. Das Unternehmen wuchs schnell – wir waren damals 300 Mitarbeiter – und Rolf war es wichtig, dass wir nicht politisch und bürokratisch werden, dass wir unseren Spirit beibehalten. Je mehr wir wachsen, desto wichtiger ist es, das im Auge zu behalten.

Wie seid ihr dafür vorgegangen?

Startpunkt war erst mal, die Kultur zu definieren, also einfach beobachten und aufschreiben, wie unsere Kultur ist. Praxisnah, so wie wir es wirklich leben. Ich habe viele Gespräche geführt und Workshops dazu gemacht mit allen, die Interesse hatten, daran mitzuwirken. Wichtig war uns, ein Resultat zu haben, das nicht verwässert ist. Dass jedes Element schlüssig ist und alle dahinterstehen. Daraus haben wir dann unsere Werte herauskristallisiert: Trust, Authenticity, Entrepreneurial Passion, Power of Proof, Unwavering Focus und Fanatic Learning.

Wie sehen die Werte im Detail aus?

Die Grundbausteine unserer Kultur sind Vertrauen und Authentizität. Alles basiert bei uns auf Vertrauen. Denn wenn das nicht da ist, kann vieles andere oft auch nicht funktionieren. Wir bringen generell allen Talents Vertrauen entgegen, von Beginn an. Wir haben Vertrauen in die

Menschen und ihre Fähigkeiten. Das Miteinander ist uns ganz wichtig. Das ist die Basis.

Neben Vertrauen steht Authentizität. Wir glauben daran, dass Informationen vor allem dann fließen können, wenn man man selbst sein kann, keine Hemmungen hat. Es gibt hier kein „Sie", keine Titel und keine Stufen. Je mehr Vertrauen da ist, je mehr man bei sich selbst ist, desto mehr fließen Informationen – so können tolle Ideen entstehen. Das fördern wir: eine Kultur des offenen Austauschs und der eigenen Meinung.

Ihr fördert also auch Auseinandersetzungen?

Genau, wir glauben, dass gerade Auseinandersetzungen wichtig sind und dass wir deswegen erfolgreich sind. Weil wir immer alle Perspektiven einbeziehen, unterschiedliche Meinungen haben und so zu besseren Ergebnissen kommen. Ohne Hemmungen, ohne zu denken, da wird mir etwas krummgenommen.

Also eine Kultur, in der nicht nur über Erfolge berichtet wird, sondern auch über Fehler?

»Macht Fehler und teilt diese mit anderen!« Wir unterstreichen: „Macht Fehler und teilt diese mit anderen!" Wir versuchen, genau das zu institutionalisieren, zum Beispiel mit unseren „Fuckup Fridays". Das A und O ist ja im Alltag, dass man es lebt, dass auch die Leads Fehler zugeben und sagen, das ist hier normal. Ich mache Fehler, jeder ist ein Mensch. Vertrauen und Authentizität sind also die beiden Grundbausteine unserer Kultur. Dann folgen die Werte Entrepreneurial Passion, Power of Proof und Unwavering Focus.

Klingt spannend. Was genau versteht ihr unter Entrepreneurial Passion?

»Stell' Dinge in Frage, mach' es anders.« Dass man wirklich als Unternehmer im Unternehmen arbeitet. Dass man nicht Dinge tut, einfach weil sie immer so getan werden, obwohl es eigentlich keinen Sinn macht. Von „Stell' Dinge in Frage, mach' es anders" bis hin zu „Schaffe deine Rolle oder Abteilung ab – wenn sie keinen Sinn macht, dann mach' etwas anderes".

Das heißt, eure Mitarbeiter würden sogar ihren eigenen Job abschaffen?

Genau. Immer fragen: Was macht Sinn für trivago? Und dabei mutig sein. Ich denke da zum Beispiel an eine langjährige Kollegin, die die Verantwortung für unser Talent Attraction Team hatte, aber diese Rolle aufgegeben hat, um sich komplett unserer Talent Community zu widmen, und diese dann vom Konzept bis zur Umsetzung als Projekt vorangetrieben hat.

Und die Werte Power of Proof und Unwavering Focus?

Der Wert Power of Proof deutet schon darauf hin, dass wir sehr datenbasiert, sehr performanceorientiert sind. Was man nicht messen kann, machen wir nicht. Klar, auch wir probieren mal kleinere Sachen aus, aber dann

»Wir glauben nicht an Multitasking, sondern daran, sich auf wenig zu reduzieren, um das dann sehr gut zu machen.«

verfahren wir nach dem Prinzip: Shoot small bullets first, and if they hit go and shoot the biggest ones. Hinter dem Wert Unwavering Focus, also unbeirrbarer, unerschütterlicher Fokus, steht, dass wir glauben, dass man in einen Flow kommen muss, um produktiv und effektiv zu sein. Wir glauben nicht an Multitasking, sondern daran, sich auf wenig zu reduzieren, um das dann sehr gut zu machen.

Das Dach in der Darstellung eurer Werte ist Fanatic Learning. Was verbirgt sich dahinter?

Lernen ist das, was wir immer unterstreichen und was uns besonders wettbewerbsfähig macht. Weil wir uns anpassen, weil wir schnell sind, weil wir uns persönlich und das Unternehmen weiterentwickeln wollen.

Also ständige Weiterentwicklung, Weiterbildung, neue Kompetenzen lernen ... Das beschäftigt viele Unternehmen. Wie genau schafft trivago das im Alltag?

Viele verknüpfen das noch ganz klassisch mit: Dann gehen wir zu einem Seminar. Das haben wir natürlich auch. Vor allem aber wollen wir, dass vieles im Alltag passiert, praxisnah, in der Anwendung. Lernen ist ein kontinuierlicher Prozess. Deswegen sind wir zum Beispiel völlig transparent. Durch Tools machen wir den Zugriff auf unser Wissen möglich. Unser Wissen jederzeit zu teilen ist für uns ganz wichtig.

Wie lange hat es gedauert, die Werte zu definieren und dann auch in den Alltag zu integrieren?

Das war ein Prozess, der ca. acht Monate gedauert hat. Innerhalb dieser Zeit habe ich immer wieder geteilt, woran wir gerade arbeiten und wo wir stehen. Also nicht ein Jahr herumwurschteln und dann kommt da was heraus, sondern zwischendurch diskutieren und fragen, wer gern mitarbeiten möchte. Die Werte fließen in unser tägliches Tun ein, zum Beispiel in unsere 360-Grad-Feedbacks. Wir fragen: „Wie kannst du dazu beitragen, dass die Werte gelebt werden?", „Unterstützt du eine vertrauensvolle Atmosphäre?" Oder „Teilst du deine Informationen?"

***

Weniger Kontrolle, mehr Vertrauen!

Die Energiebranche – eine Branche mitten im Strukturwandel: Ausstieg aus der Atomenergie, Ausstieg aus der Kohle, Erschließung neuer, regenerativer Quellen der Energieversorgung. Mit dem Thema Energieerzeugung verbindet man große Unternehmen, einen Arbeitgeber vieler Tausender Menschen, der tief verwurzelt ist in seinen Regionen. Wie gehen diese traditionsverbundenen Unternehmen mit den tiefgreifenden Veränderungen um? Mit dem gesellschaftlichen Willen, neue Arten der Energieerzeugung zu nutzen und hier zu investieren, mit der gleichzeitigen Herausforderung, Geschäftsfelder zu schließen, Bereiche, in denen viele Mitarbeiter beschäftigt sind.

Auf einer Veranstaltung der Energiebranche komme ich mit Dr. *Rolf Martin Schmitz*, CEO *von* RWE, ins Gespräch. Der Essener Energiekonzern mit rund 20.000 Mitarbeitern europaweit ist Deutschlands zweitgrößter Energieerzeuger. Die Empfehlungen der „Kohlekommission" werden große Auswirkungen auf das Unternehmen haben, denn RWE betreibt Kohlekraftwerke und fördert dafür in Deutschland Braunkohle im Tagebau. Ich frage ihn, wie es dem Unternehmen und den Mitarbeitern derzeit geht. Wie die Mitarbeiter mit den zahlreichen Herausforderungen umgehen, die anstehen. Sei es durch die Veränderungen aufgrund der Empfehlungen der Kommission für Wachstum, Strukturwandel und Beschäftigung, sei es durch die anstehende Transaktion mit E.ON, die zu einem massiven Ausbau der Erneuerbaren Energien bei RWE führen wird. Schnell steigen wir ins Thema ein: wie wichtig es ist, ehrlich mit Veränderungen umzugehen, wie die Unternehmenskultur Transformation unterstützen kann und wie man mit Mitarbeitern gemeinsam Wege in die Zukunft entwickeln kann. Um das Gespräch zu vertiefen, verabreden wir uns für ein separates Interview.

Welche Themen beschäftigen Ihre Organisation aktuell besonders?

Ganz klar, die letztes Jahr beschlossene Transaktion mit E.ON. Wir werden unsere Mehrheitsbeteiligung an innogy abgeben und erhalten im Gegenzug den Bereich der Erneuerbaren Energien von E.ON und innogy plus einige weitere Aktivitäten. Damit schaffen wir ein neues Geschäftsfeld. Wir haben bereits begonnen, soweit rechtlich möglich, dafür Strategien und ein Organisationsmodell zu entwickeln. RWE wird internationaler, bunter und vielfältiger, auch durch die 3.000 Mitarbeiter, die dieses Jahr zu uns kommen. Außerdem beschäftigen uns die Ergebnisse der „Kohlekommission" – diese treffen unser Unternehmen unmittelbar im Braunkohlebereich. Die Stilllegung von Kapazitäten und Kraftwerken betrifft einige Tausend Arbeitsplätze. Das sorgt für Verunsicherung. Die Menschen wollen

wissen, was die Veränderungen für den eigenen Arbeitsplatz bedeuten, wie es persönlich weitergeht.

Verständnis für Veränderung schaffen, neue Bereiche integrieren – wie gehen Sie hier vor?

Es ist zunächst wichtig, eine gemeinsame Basis zu schaffen. Erneuerbare Energien und die Stromerzeugung aus Braun- und Steinkohle – hier kommen unterschiedliche Bereiche zusammen. Es geht vor allem darum, das eine zu respektieren und das andere positiv aufzunehmen. Man muss transparent kommunizieren, die Sorgen ernst nehmen und gemeinsam Lösungen und Wege finden.

Für Mitarbeiter ist es meist besonders wichtig, zu wissen, wie es konkret weitergeht. Wie gehen Sie damit um?

Unter anderem haben wir im Zuge der Integration der Erneuerbaren Energien mehr als 200 Interviews geführt, um zu erfahren, wie sich die verschiedenen Bereiche gegenseitig wahrnehmen, welche Fragen und Sorgen es gibt. Um darauf aufzusetzen, ein gemeinsames Bild zu schaffen und den Change-Prozess gestalten zu können. Da es sich bei unserer künftigen vierten Säule RWE Renewables um ein Wachstumsgeschäft handelt, können wir allen Mitarbeitern sagen, dass sie sich keine Sorgen machen müssen, alle werden gebraucht.

Anders ist die Situation im Geschäftsfeld Braunkohle. Infolge der Empfehlungen der Kommission werden Kraftwerke stillgelegt werden. Das wird auch deutliche Auswirkungen auf die Arbeitsplätze haben. Die dadurch entstehende Verunsicherung der Mitarbeiter nehmen wir sehr ernst und bemühen uns, ihnen diese, soweit möglich, zu nehmen. So haben wir heute schon zugesagt, dass es keine betriebsbedingten Kündigungen geben wird. Wir werden alle zur Verfügung stehenden Instrumente einsetzen, damit die Mitarbeiter die Veränderungen gut überstehen können. Zum Beispiel soll es ein sogenanntes Anpassungsgeld geben. Das ist eine Regelung aus dem Strukturwandel in der Steinkohle, welche die sozialen Folgen für Menschen mindern soll, die bereits vor dem geplanten Renteneintritt aus dem Berufsleben ausscheiden.

Was ist wichtig, um den Weg in die, teils ja auch ungewisse, Zukunft gut mitgehen zu können? Was motiviert?

Meiner Ansicht nach vor allem der Sinn einer Aufgabe. Und unsere Aufgabe ist klar: Wir sorgen dafür, dass das Licht nicht ausgeht! Egal wie das Wetter ist. Darauf sind wir stolz, genauso wie auf das, was geleistet wird und geleistet wurde. Die großen Veränderungen der kommenden Jahre gehen wir nach und nach an. Seit zwei Jahren, kurz nach der Reorganisation

in RWE und innogy, bereiten wir die Mitarbeiter schon darauf vor, dass es nicht um die Frage geht, *ob* wir aus der Kohle aussteigen, sondern vor allem, *wie* das geschehen wird. Nun müssen wir den Mitarbeitern Sicherheit geben, dass wir in diesem Prozess entsprechende Lösungen finden, dass wir auch Möglichkeiten anbieten, andere Stellen im Unternehmen anzunehmen, oder dass wir Umqualifizierungen möglich machen.

Welche Werte machen Ihre Unternehmenskultur aus?

Unsere Werte sind Vertrauen, Leistung und Leidenschaft. Also Vertrauen zueinander, die Leidenschaft für unser Geschäft und Leistung. Gegenseitiger Respekt, Kameradschaft und Wertschätzung sind ebenfalls Werte, die bei uns im Unternehmen großgeschrieben werden. Dabei gibt es in so einem großen Unternehmen nicht die *eine* Unternehmenskultur. Es gibt eine Kultur im Tagebau, eine Kultur in der Steinkohle, eine Kultur in England, eine in den Niederlanden, wo jeweils die Kraftwerke sind. Der Bereich Erneuerbare Energien wird ebenfalls eine eigene Kultur entwickeln. Die gemeinsame Klammer aller Kulturen bilden die von uns vertretenen gemeinsamen Werte.

Welche Werte helfen in der derzeitigen Phase der Veränderungen?

Vertrauen in die Mitarbeiter und unser Mut zur Veränderung. Im Besonderen aber der Respekt, die Unterschiedlichkeit der verschiedenen Bereiche anzuerkennen. Respekt davor, dass die Braunkohle unser Unternehmen groß gemacht hat und das Wachstum der Erneuerbaren finanziert hat. Wir sprechen von der „RWE-Familie" und ich finde, dass man das pflegen sollte. Das mögen manche vielleicht altbacken finden. In der Familie hält man zusammen, auch wenn es mal Unstimmigkeiten gibt. Und das ist auch wichtig im Unternehmen: loyal sein, zueinanderstehen.

Klingt einleuchtend. Ist das so einfach bei den derzeitigen Ereignissen?

Wirklich schwierig ist es für die Mitarbeiter in der Erzeugung, wenn sie in der Öffentlichkeit, in den Diskussionen um den Braunkohleabbau und den Hambacher Forst als Umweltzerstörer dargestellt werden. Dass ihre Leistung nicht gewürdigt wird, dass sie beschimpft werden für das, was sie machen. Das trifft die Mitarbeiter sehr, das tut den Menschen weh. Dass das, worauf sie stolz sind, so herabgewürdigt wird. In solchen Zeiten ist es besonders wichtig, intern Wertschätzung auszudrücken.

Und solchen Phasen hilft wahrscheinlich auch das Familiäre der Unternehmenskultur.

Auf jeden Fall. Anfang Januar haben wir zum Beispiel mit den Führungskräften und 700 Kollegen draußen gegrillt. Vier Stunden haben wir ge-

meinsam Würstchen gegrillt. Saukalt war's! Aber alle fühlten sich wohl, das Jahr fing gut an. Eigentlich ganz einfache Sachen … so wie zu Hause.

Was brauchen Organisationen auf dem Weg in die Zukunft?

Wir müssen wissen, wofür wir da sind. Wissen, warum wir tun, was wir tun. Außerdem braucht es Neugier auf das, was kommt. Zum Beispiel darauf, dass es in Zukunft andere Tätigkeiten geben wird, dass Dinge anders gemacht werden. Man muss heutige Strukturen infrage stellen und offen für neue Ideen, Arbeitsweisen und Technologien sein. Nur dann kann man nachhaltig erfolgreich sein und bleiben.

> *»Man muss heutige Strukturen infrage stellen und offen für neue Ideen, Arbeitsweisen und Technologien sein. Nur dann kann man nachhaltig erfolgreich sein und bleiben.«*

Was wird sich in Ihrer Traditionsbranche verändern?

Die Hierarchien werden flacher werden, je nach Geschäft. Wir werden viel stärker in Projekten arbeiten, die Verantwortung an Teams geben und nur einen Rahmen vorgeben, in dem man sich bewegen kann. Also insgesamt weniger Kontrolle und mehr Vertrauen. Was dabei neu sein wird: Das Mehr an Freiheit bringt auch ein Mehr an Eigenverantwortung mit sich. In der Vergangenheit war es oft so: Man hat versucht, Mitarbeiter, die Fehler machten oder ihrer Verantwortung nicht nachkamen, durch Regularien und Richtlinien einzumauern, damit möglichst keine Fehler mehr passieren konnten. Anstatt konsequent zu sagen, so funktioniert es nicht, so geht es nicht weiter.

Eine neue Leistungsverantwortung?

Ja. Und gerade wenn wir neue Geschäftsmodelle aufbauen, ist es wichtig, zuzulassen, dass Mitarbeiter Ideen nachgehen können. Einfach mal machen lassen. Mal wird was funktionieren, mal nicht. Wir als Unternehmen und Führungsteam wünschen und befürworten ausdrücklich ein Ausprobieren. Wir wollen weg von dem „Habe ich doch gleich gesagt!", wenn etwas schiefgeht, und hin zu einem „Toll, dass du es probiert hast!"

Sie haben viele Veränderungen erlebt, sind lange dabei. Welchen Rat würden Sie Unternehmen auf dem Weg in die Zukunft geben?

Freiraum lassen! Die geltenden Regeln, oft ja auch ungeschriebene Regeln, auch mal zu missachten. Damit meine ich ausdrücklich nicht Compliance oder gesetzliche Regelungen. Sondern den üblichen Bedenkenträgern standzuhalten. Wenn man erst alles mit allen bespricht, dann ist eine Idee oft zerpflückt oder man stellt fest, dass es so viele Probleme gibt, dass

> *»Man muss Veränderungen Raum und Sinn geben, sie müssen zum Unternehmen und der Strategie passen.«*

man gar nicht erst anfängt. Das ist schade. Bei neuen IT-Kommunikations-tools zum Beispiel: Die jungen Leute probieren neue Tools aus, testen sie ein paar Monate und haben dafür meine Rückendeckung. Wenn sich zeigt, was gut funktioniert und sich die Kommunikation dadurch verbessert, ist meist auch der Betriebsrat einverstanden. Ich denke, das Bewusstsein für Freiraum wird viel ausgeprägter werden, sodass man gemeinsam mit Betriebsräten und Führungskräften übereinkommt: Wir probieren das aus, wir machen das. Außerdem: neue Arbeitsweisen ausprobieren und zulas-sen. Zum Beispiel müssen wir nicht mehr alle vor Ort sein. Neue Technolo-gien machen es möglich, dass wir uns über Ländergrenzen und Zeitzonen hinweg zusammenschalten, Wissen teilen, Erfahrungen austauschen. Ich bin ein Fan von Videokonferenzen, keiner muss weit reisen, man sieht sich dennoch. Auch bei Jour fixes müssen nicht alle immer vor Ort sein. Wichtig ist auch: Man muss Veränderungen Raum und Sinn geben, sie müssen zum Unternehmen und zur Strategie passen. Und in meinen Augen der wichtigste Punkt: Man muss selbst absolut hinter diesen Veränderungen stehen. Erst dann kann man auch die Mitarbeiter davon überzeugen.

Die Generationen Y und Z – digital vernetzt, geprägt von den Digitalhelden des Silicon Valley, mit vielen Ideen, wie Arbeit anders geht – was sagen Sie diesen Generationen?

Was mir sehr wichtig ist: dass die Menschen sich gegenseitig wertschätzen und so miteinander umgehen, wie sie selber behandelt werden wollen. Dann gibt es keine Silos, dann reden die Menschen miteinander. Dieses normal Menschliche, das sollte zwischendurch nicht verloren gehen. Klar ist Leistung notwendig. Zwischendurch muss man aber auch mal die Zeit für eine Kaffee zusammen, Zeit für Wertschätzung haben.

***

Im Kleinen ausprobieren und Schmerztoleranz mitbringen

 Das starke Wachstum ihres Unternehmens traum-ferienwohnungen.de, ein Online-Marktplatz für Ferienwohnungen und Ferienhäuser, brachte viele Herausforderungen mit sich. Die Geschäftsführer *Sebastian Mastal-ka* und *Nicolaj Armbrust* haben die Struktur des Unternehmens komplett umgekrempelt und die Hierarchien abgeschafft. Einhergehend damit haben sie die Kultur gleich mit umgekrempelt.

Weshalb habt ihr den großen Umbruch eures Unternehmens auf den Weg ge-bracht?

Sebastian Mastalka: Innerhalb kurzer Zeit sind wir von 20 auf über 70 Mitarbeiter gewachsen. Die Abläufe wurden komplexer, die Organisation

wurde schwerfälliger. Also haben wir uns die Frage gestellt, wie wir uns aufstellen können, damit die Organisation auch mit 100 oder irgendwann sogar 200 Leuten gut funktionieren kann.

Nicolaj Armbrust: Unsere Struktur ist schon aufgrund der drei verschiedenen Zielgruppen komplex: Gäste, Privatvermieter und gewerbliche Vermieter. Vor unserer Umstrukturierung waren wir funktional ausgerichtet, mit Marketingteam, Vertriebsteam, Web-Development-Team usw. Alle haben für die drei Zielgruppen gleichzeitig gearbeitet. Das klappte irgendwann immer weniger. Ein Marketingteam zum Beispiel kann sich schwer zerreißen zwischen drei Zielgruppen. Uns wurde klar, dass wir näher zum Kunden müssen. Wir wollten wieder persönlicher, schneller und effizienter agieren.

Wie seid ihr vorgegangen, um eure Organisation zu verändern?

Sebastian Mastalka: Zunächst haben wir ein Team aus acht Leuten gebildet: Nicolaj, ich und sechs Vertreter aus allen Bereichen des Unternehmens, die direkt aus den verschiedenen Bereichen gewählt wurden. Außerdem haben wir mit einem Berater zusammengearbeitet, der gleich zu Beginn Interviews mit ca. 20 Leuten geführt hat, um zu verstehen, was wie läuft. Die Grundproblematik der Silos, die sich im Unternehmen gebildet hatten, wollten wir lösen, hatten aber noch keine zukünftige Organisationsform im Kopf.

Nicolaj Armbrust: In einem Kick-off-Termin mit etwa 20 Kollegen haben wir uns erst mal mit den Problembeschreibungen auseinandergesetzt.

Sebastian Mastalka: Da saßen wir dann zwei Tage in einem Hotel auf dem Land. Unser Berater hat uns mit dem Ergebnis der Interviews, mit der Realität, konfrontiert und kein Blatt vor den Mund genommen. Da wurde uns klar, dass wir erst mal viel aufarbeiten und klären müssen, bevor wir durchstarten können, denn in der Vergangenheit waren einige Gräben entstanden.

Wie ging es weiter?

Nicolaj Armbrust: Danach gab es eine Phase, in der wir uns etwa alle zwei Wochen einen ganzen Tag mit dem Kernteam eingeschlossen und versucht haben, alles zu durchdringen. Das war so eine Art Anonyme-Alkoholiker-Runde, wo wir uns gegenseitig das Herz ausgeschüttet haben. Als wir alles besprochen und Vertrauen aufgebaut hatten, sind wir in einen Monatsrhythmus übergegangen und haben uns mal einen halben, mal einen ganzen Tag zurückgezogen, um über Probleme und Lösungen zu sprechen. Die Vertreter aus den verschiedenen Unternehmensbereichen haben die Teams auf dem Laufenden gehalten.

Für welche Lösung habt ihr euch dann entschieden?

Sebastian Mastalka: Wir haben von heute auf morgen den Hebel auf Selbstorganisation umgelegt. Um die Silos abzubauen, um schneller zu werden, um näher am Kunden zu sein. Keine Abteilungsleiter mehr. Nur noch vier Teams, die nicht mehr nach Fachabteilungen, sondern nach Kundengruppen aufgeteilt sind: „Gäste und Urlauber", „Privatvermieter", „Gewerbliche Anbieter". Kleine, crossfunktionale Teams, die für ihren Markt selbst verantwortlich sind. Außerdem das Team „Zentrum", das alle unterstützt.

Keine Abteilungsleiter mehr?

Nicolaj Armbrust: Genau. Einen Tag später gab es die Funktionen nicht mehr.

Wie waren die Reaktionen?

Sebastian Mastalka: Fast alle haben sich darauf eingelassen. Bis auf wenige, die sich im Laufe der Zeit entschieden, dass es für sie nicht das Richtige ist, Teammitglied zu sein und keinen Titel mehr zu haben. Die meisten sind den Weg aber gut mitgegangen. Zum Glück, denn sie hatten ja alle hohe Kompetenzen.

Nicolaj Armbrust: Wir haben die neue Organisationsform so gewählt, um besser wachsen zu können. Die Teams werden dabei nicht endlos größer werden. Wird ein Team zu groß, überlegt es sich, wie es sich teilen kann – wie bei einer Zellteilung.

Austausch ist wichtig, damit Veränderungen gut gelingen können. Wie lief das bei euch?

Nicolaj Armbrust: Das musste erst mal gelernt werden. Die erwähnte Löwenrudel-Hierarchie hat sich neu gebildet und die Leute waren es nicht gewohnt, in dieser Art und Weise miteinander zu reden. Allein schon in Meetings kann man so viel falsch machen, 99 falsche Sachen bereden und eine richtige – aber die muss man erst mal finden! Der Austausch ist aber sehr wichtig! Zum Beispiel für die Product Owner, damit die Produkte ineinandergreifen. Mittlerweile klappt das wirklich gut.

Wie habt ihr es hinbekommen, dass es jetzt gut klappt?

Nicolaj Armbrust: Es startete mit einer langen Reise des Product-Owner-Austausches, der bisweilen wirklich schmerzhaft war. Wir waren manchmal fast so weit, zu sagen: Wenn nix bei rauskommt, dann kann man es auch lassen. Aber: durchhalten, weitermachen und immer wieder drüber reden, damit es effektiver wird. Entscheidend war, glaube ich, dass wir in der

Phase ein ganz neues Berufsfeld bei uns etabliert haben: die Moderatoren und Mediatoren. Ehemalige Abteilungsleiter, deren Hauptaufgabe es als „KoKos" – Kooperationskräfte und Kooperationskollegen – war, Kollegen ins Gespräch zu bringen und wenn nötig Streit zu schlichten. Es hat uns allen sehr geholfen, dass die Moderatoren hinterfragt haben, wie und worüber wir miteinander reden. Kommunikation lernen war für uns die größte Herausforderung, würde ich fast sagen.

Kommunikationsschwierigkeiten, Silos, Bereichsdenken gibt es also überall. Was hat sich verändert durch eure neue Art des Miteinander-Arbeitens?

Nicolaj Armbrust: Zum einen hat sich der Austausch, das Miteinander-reden, verändert. Außerdem können sich die Mitarbeiter jetzt auf eine Zielgruppe fokussieren und fühlen sich wirklich verantwortlich. Sie sind dieser Zielgruppe sehr zugetan, das ist manchmal fast schon Liebe. Zwischen den drei Zielgruppen, zwischen den Teams, gibt es aber auch immer mal Reibungen.

Ah, es gibt also neue Herausforderungen.

Sebastian Mastalka: Auf einmal gibt es neue Themen. Zum Beispiel: Wie ist Selbstorganisation zu verstehen? Wir haben die Umorganisation ja nicht gemacht, weil wir eine Basisdemokratie werden wollten, sondern weil wir mit einem Leistungsunternehmen noch mehr Leistung schaffen wollen. Da muss man schon manchmal aufpassen, dass Selbstorganisation nicht Selbstverwirklichung heißt und nicht zur Selbstoptimierung wird.

Dass es also letztlich um den Markt geht und nicht darum, dass alle zufrieden sind?

Nicolaj Armbrust: Das war ein anstrengender Nebeneffekt. Natürlich geht es auch um Zufriedenheit, das soll aber nicht heißen, dass man erst ein „Mitarbeiter-Zufriedenheits-und-Glücklichmach-Programm" aufsetzt, und dann muss am besten sofort das „Der-Mitarbeiter-ist-vollkommen-begeistert-Programm" folgen. Das Ziel ist ja vor allem, all unsere Kraft in Richtung Kunde auszurichten. Wenn die Mitarbeiter damit happy sind – umso besser!

> »Das Ziel ist ja vor allem, all unsere Kraft in Richtung Kunde auszurichten.«

Gab es noch weitere Herausforderungen?

Sebastian Mastalka: Wir hatten vorher einigermaßen feste Strukturen, zum Beispiel Anwesenheit im Büro. Wenn man die komplette Mannschaft von heute auf morgen loslässt, wie wir es gemacht haben, da ist es anfangs schon vorgekommen, dass manche das so verstanden haben: „Ach cool, ich muss nicht mehr ins Büro kommen!" Das Büro war manchmal fast leer

… Das war eine Phase, die auch schmerzhaft war. Aber das gehört wohl dazu. Irgendwann wachen die Leute auf und merken, so kann es auch nicht funktionieren, und fangen dann an, wieder anders zu arbeiten. In diesem Prozess werden auch Leute aus einer Organisation rausgespült, wenn es gar nicht passt.

Da braucht man wahrscheinlich gute Nerven …

»Es braucht gute Kommunika- **Sebastian Mastalka:** Ich habe von vornherein
tion und solides Vertrauen.« damit gerechnet, dass das nicht ganz glatt laufen wird, und habe mir gesagt, es wird schon klappen. Aber klar, das war auch mit Sorgen verbunden.

Nicolaj Armbrust: Uns war zwar bewusst, dass es gute Kommunikation und ein solides Vertrauen braucht. Was wir unterschätzt haben, ist, dass es unglaublich wichtig ist, die Rahmenbedingungen deutlich zu machen. Es braucht viel Transparenz, damit das Team weiß, in welche Richtung es sich selbst organisieren soll. Dafür ist der Kontakt zum Kunden, zur Zielgruppe wichtig, um die Bedürfnisse und auch den Druck direkt zu spüren. Und gute Nachrichten! Positive Ergebnisse, selbst wenn noch vieles falschläuft. Zum Beispiel dass die Zahlen stimmen und die Kunden zufrieden sind.

Was würdet ihr anderen Organisationen, die ihre Kultur verändern, selbstorgani-
sierter arbeiten wollen, mit auf den Weg geben?

Nicolaj Armbrust: Ich würde raten, es erst mal im Kleinen zu probieren! Also: Macht es nicht wie wir und rollt alles sofort aus. Man kann ja zum Beispiel erst mal die Selbstorganisation ausrollen, ohne sofort flexible Arbeitszeiten, Homeoffice und alles einzuführen. Das ist ja eher Luxus. Man kann dann Stück für Stück weiter verändern. Wenn man größer ist als wir, kann man zum Beispiel erst mal in einer Abteilung anfangen, gucken, wie es läuft, und dann weitermachen.

Sebastian Mastalka: Man darf nicht aufgeben und muss auch eine gewisse Schmerztoleranz mitbringen. Und Fehlertoleranz ist ganz wichtig! Die Mitarbeiter Fehler machen lassen. Das kostet vielleicht Zeit und Geld, aber wenn sie daraus lernen, dann hat es was gebracht.

***

III Ausblick

II

Die sieben Stellschrauben
für New Work

So vielfältig die Einblicke in die verschiedenen Unternehmen sind, so vielfältig sind auch die Wege in eine neue Arbeitswelt. Ein Patentrezept gibt es nicht, ein paar Stellschrauben hingegen schon.

11.1 Stellschraube: Sinn

Stabilität und Planbarkeit? Ade! Doch woher soll man wissen, wo es langgeht? Vielleicht ist es gar nicht so wichtig, exakt zu wissen, *wie* der Weg in allen Einzelheiten aussieht. Das engt bloß den Blick ein und macht unflexibel. Viel entscheidender ist der Sinn dahinter, auch Purpose genannt.

Wer sind wir? Was macht uns aus? Wofür stehen wir? Was treibt uns an? Diese Fragen zu beantworten ist das A und O, weil die Antworten das große Ganze deutlich machen. Sinn/Purpose meint Identität, Werte und Vision des Unternehmens.

Wer den Sinn kennt, erkennt auch den Kontext des Handelns – als Unternehmen, als Abteilung, als Mitarbeiter. So sinngestärkt lassen sich die Fragen nach Zielen, Strategien, Aufgaben, passenden Kennzahlen ebenfalls viel präziser beantworten.

Gleichzeitig verschwindet das Silo-Denken. Hat das Handeln Einzelner bisher oft mit dem Streben zu tun, den eigenen Bereich, die eigene Karriere, die eigene Macht zu optimieren, wandelt sich das in den Unternehmen, die den Sinn in den Mittelpunkt stellen.

„Mitarbeiter wollen verstehen, warum sie tun, was sie tun."
(Bernhard Hegemann, Bosch Powertools)

Wenn der Sinn unseres Handelns im Mittelpunkt steht, fällt es viel leichter, das eigene Handeln auszurichten. Und wenn es mal unsicher wird, wenn

Druck von allen Seiten kommt, gibt der Sinn Orientierung und Halt; er zeigt die Leitplanken des Handelns auf.

Die Frage nach dem *Warum*, nach dem übergeordneten Sinn, ist essenziell und bildet die Basis für das *Wie*, für die Kultur eines Unternehmens.

11.2 Stellschraube: Vertrauenskultur

Unternehmenskultur ist das, was man spürt, wenn man in ein Unternehmen kommt: Wie sind die Menschen hier drauf? Die Unternehmenskultur liegt dem Verhalten zugrunde: *was* man sagt, *wie* man etwas sagt, aber auch was man *nicht* sagt. Die Kultur spiegelt das Menschenbild wider, ist der gewachsene Ausdruck von Werten, von Verhalten und Orientierungen.

Was für eine Kultur brauchen Unternehmen für New Work?

Im Moment begegnet einem das Wort Fehlerkultur fast überall. Dabei heißt *Fehlerkultur* vor allem, aus Fehlern zu lernen. Für eine Kultur, in der Menschen Fehler zugeben, darüber berichten und daraus lernen können, braucht es vor allem Vertrauen. Dabei muss jeder im Unternehmen davon überzeugt sein, dass Fehler etwas Positives sind, sofern man sie möglichst schnell erkennt und darauf reagiert, statt sie zu vertuschen.

Vertrauen ist die Basis für eine Kultur, in der Menschen sich trauen zuzugeben, wenn etwas nicht gut gelaufen ist, für eine Kultur, in der Menschen auch mal um die bessere Idee streiten. Eine *Vertrauenskultur* ist die Grundlage für Innovationen, für die Bereitschaft, Bestehendes zu verändern, konstruktiv mit Fehlern umzugehen und, ungeachtet von Hierarchien und Stellungen im Unternehmen, neue Lösungen zu entwickeln.

Deshalb: Wir müssen von einer Fehler- zu einer konstruktiven Vertrauenskultur kommen. Das ist das Fundament, um all das, was in der neuen

Arbeitswelt gerade diskutiert wird, (vor-)leben zu können: Kollaboration, Agilität, Selbstverantwortung, flexibles Arbeiten, Umgehen mit Veränderungen, Abbau von Hierarchien, neue Führungsmodelle.

Damit das gelingt, müssen Unternehmen die eigene Unternehmenskultur genau unter die Lupe nehmen. Wertschätzen, was gut läuft, und ehrlich adressieren, was nicht gut läuft und nicht hilfreich für New Work ist. Wegsehen oder aussitzen sind nur Bremsen, die Entwicklung verhindern. Und bitte keine oberflächlichen Pflaster in Form von Hopplahopp-Maßnahmen draufkleben. Gehen Sie tiefer: Was brauchen wir wirklich? Ehrlich miteinander reden, Silos einreißen, sich gegenseitig helfen – das ist für viele Unternehmen ein Mindset-Change. Und das braucht Zeit. Veränderungen müssen sich setzen können, müssen sich in der Kultur verankern. Stufe für Stufe eine (neue) Kultur für New Work etablieren. Darum geht's.

Und zu guter Letzt: New-Work-taugliche Unternehmenskulturen sind emotional geprägt. Offenheit, Kommunikation, das Gegenüber wahrnehmen … Wer versucht, nur den Kopf zu überzeugen, bewirkt höchstens ein Mehr an Disziplin. Wirkliche Energie aber entsteht, wenn Menschen emotional gewonnen werden.

„Mut, Herz und offenes Denken. Das ist die Grundlage, um sich zu öffnen für neue Entwicklungen!" (Jana Tepe, Tandemploy)

11.3 Stellschraube: Agilität

Der Antreiber, es jetzt doch mal mit agilem Arbeiten zu probieren, ist meist, dass es so wie bisher nicht mehr geht. Immer mehr Themen, immer höhere Geschwindigkeit! Statt auf klassisches Projektmanagement mit Steuerkreisen, Projektgruppen und umfangreichen Protokollen setzen Unternehmen zunehmend auf agiles Management.

Die Faszination dafür teile ich. Was mich überzeugt, sind die vielen positiven Begleiterscheinungen: gemeinsame Verantwortung, gemeinsames Experimentieren, gemeinsames Gestalten des Projektfortschritts, mehr umsetzen als planen, kleine Fortschritte in kurzen Zyklen, sich auf Veränderungen, die sich im Laufe der Zeit ergeben, einlassen – und dabei stets den Kunden im Fokus.

Dieses Mindset bringt fast automatisch mit sich, dass Silos aufgebrochen werden, dass die Menschen aus ihrem Abteilungsdenken herauskommen, dass hierarchisches Denken abnimmt. Weniger Hierarchien führen sogar zu mehr Verantwortlichkeit. Verantwortung wird in agilen Teams weder nach oben noch nach unten abgegeben, denn für das Vorankommen sind alle verantwortlich. Entscheidungen werden nicht mehr „oben" getroffen, womit sie für die, die eigentlich am Projekt arbeiten, oft nicht mehr nachvollziehbar waren.

Jetzt aber alles agil zu machen, weil man glaubt, agil sei hip, funktioniert nicht. Der Sinn und das Ziel dahinter sind wichtig: Nah am Kunden sein und gut und erfolgreich miteinander arbeiten können! So geht es bei Agilität denn auch mehr um die Haltung als um die strikte Einhaltung der Methoden. Jeder muss agiles Arbeiten für sein Unternehmen oder sein Team individuell interpretieren, schauen, wo es wirklich passt und wie die neuen Arbeitsweisen eingeführt werden. Da bietet es sich an, vieles gemeinsam mit den Mitarbeitern zu erarbeiten: Was ist mit Blick auf die Arbeitsabläufe sinnvoll? Es geht darum, Themen und Aufgaben verantwortungsvoll zu teilen, den Fortschritt in Projekten transparent zu machen, um sich gegenseitig bestmöglich unterstützen zu können. So entsteht eine neue Qualität des Austauschs, ohne viele Protokolle, stattdessen mit dem Vertrauen, dass man sich aufeinander verlassen kann.

Wichtig ist, dass sich die Führungsebene intensiv damit beschäftigt, was agile Vorgehensweisen wirklich sind. Es genügt nicht, ein paar Mitarbeiter in eine Schulung zu schicken dann wird sich dieses Agile schon im Unternehmen verbreiten. Dann hat man den Effekt von Labs, in denen die Coolen vor sich hin basteln, aber Fremdkörper im Gesamtunternehmen bleiben.

Und auf keinen Fall agil mit flexibel verwechseln! Strukturierte agile Vorgehensweisen machen flexible Anpassungen nämlich erst möglich.

11.4 Stellschraube: Beteiligung

Wann können Entwicklungen und Veränderungen wirklich gut gelingen? Ganz einfach: Wenn die Mitarbeiter, die gesamte Organisation, eingebunden und beteiligt sind.

Machen Sie sich von vornherein gemeinsam auf die Reise. All das Wissen, all die Erfahrungen, all die unterschiedlichen Perspektiven, Gedanken und Ideen müssen sichtbar werden. Es lohnt sich, die Menschen einzubinden, die im Alltag vor den konkreten Fragen und Problemen stehen. Zuhören, welche Sorgen und Wünsche es gibt, transparent damit umgehen und darauf reagieren. Auf diese Weise machen Sie aktives Mitgestalten und Eigenverantwortung möglich. Digitale Technologien können dabei helfen, besser miteinander zu kommunizieren und zusammenzurücken.

Je stärker Mitarbeiter in Entwicklungen eingebunden werden, desto höher ist die Identifikation mit den Veränderungen und desto größer ist der Wille, sich für die vereinbarten Ziele einzusetzen.

Kostet es nicht viel zu viel Zeit, alle einzubeziehen? Und geht es darum, dass alle immer super zufrieden sind?

Im Nachhinein alle Unzufriedenen einzufangen kostet mindestes ebenso viel Zeit und Energie, wie von vornherein alle einzubinden, denn das Gefühl, nicht gefragt worden zu sein, steckt einer Organisation lange in den Knochen. Und bremst.

New Work heißt, überspitzt formuliert, nicht: „Wir haben uns jetzt alle lieb. Zufriedenheit über alles!" Sondern: „Das Wissen aller einzubeziehen macht stark!"

11.5 Stellschraube: Führung

Ein neues Führungsverständnis ist gefragt: Zusammenarbeit und Entwicklung statt Hierarchie und Machtausbau. Das Verhältnis zwischen Führung und Selbstorganisation verschiebt sich, Führungskräfte werden in Zukunft viel stärker als bislang eine orientierende, begleitende und vernetzende Rolle wahrnehmen. Das heißt nicht, dass Führung überflüssig wird. Aber Führungskräfte müssen zunehmend Autonomie zulassen. Das heißt: Sie tragen zwar nach wie vor die Verantwortung für die Definition von Zielen und Ergebnissen, geben jedoch gleichzeitig die Kontrolle über die Umsetzung ab. Projektleitung ist kein Machtspiel mehr. New-Work-Führungskräfte ermöglichen ihren Mitarbeitern die Freiheit, ihren Weg zum Ziel selbst zu gestalten, ohne sie dabei allein zu lassen. Vielmehr stehen sie ihren Mitarbeitern begleitend zur Seite. Die Frage lautet also: „Wie kann ich ihn/sie bestmöglich dabei unterstützen, einen guten Job zu machen?"

Sinn, Visionen und Werte vermitteln, Mitarbeiter einbeziehen und ermutigen, Netzwerke schaffen, Entwicklung fördern, Wertschätzung leben, Vertrauen schaffen – das ist es, worauf es immer mehr ankommt. Führungskräfte werden zu Enablern, indem sie loslassen, von Kontrolle auf Empowerment umschalten: eine empathische, coachende Haltung auf Augenhöhe, den Stimmen aus Team und Unternehmen zuhören und sie ernst nehmen, Möglichkeiten der Umsetzung schaffen und Leitplanken für die Arbeit setzen.

Unterschiedliche Faktoren beeinflussen diesen neuen Führungsbegriff: die zunehmende Komplexität und Dynamik, ein verändertes Werteverständnis, agile Herangehensweisen. In klassischen Führungsmodellen kommt die persönliche Entwicklung der Mitarbeiter oft zu kurz, vor allem im hektischen Alltag, wenn die Priorität auf den Sachthemen liegt. Deshalb probieren einige Unternehmen völlig neue Modelle aus, teilen zum Beispiel persönliche und fachliche Führung auf. Dabei kümmert sich

die *persönliche* Führungskraft um die Kompetenz- und Karriereentwicklung, während die *fachliche* Führungskraft sich der fachlichen Inhalte annimmt: unternehmerischen Entscheidungen, Themen wie Produktentwicklung, Zahlen, Daten und Fakten. Auf diese Weise wird der Team- und persönlichen Weiterentwicklung ebenso viel Aufmerksamkeit gewidmet wie den Fachthemen. Die Zukunft wird zeigen, ob sich solch eine Aufteilung als dauerhaft tragfähig erweist.

Für alle New-Work-Aspekte gilt: Es bedarf der Bereitschaft und Entschlossenheit der Führungsebene, sich auf neue Wege einzulassen – und des gegenseitigen Vertrauens, diese Wege zu gehen. Nur wenn Entwicklungen und Veränderungen die Rückendeckung von oben haben und das Neue authentisch vorgelebt wird, ist es glaubwürdig und kann Unternehmenskulturen verändern und langfristig prägen.

11.6 Stellschraube: Kreativität

Agil miteinander zu arbeiten, Mitarbeiter stärker einzubinden, ein neues Führungsverständnis zu leben – das erzeugt eine ganz besondere Energie in Unternehmen: einen wahren Kreativitätsschub. Dieser ist notwendig, um immer wieder neue Lösungen zu finden, um offen zu sein – auch für ungewohnte Herangehensweisen -, um Dinge mutig auszuprobieren. Es geht darum, schöpferisch die jeweils passenden Lösungen für New Work zu entwickeln, seien es neue Geschäftsmodelle, neue Arbeitszeit-, Raum- oder Lernkonzepte.

„Wie können wir die Arbeitszeiten gestalten? Wie sollten wir unsere Büros gestalten? Warum nicht eine Position teilen? Wie können wir Wissen und Kompetenzen in der Organisation sichtbar machen?" Ansätze aus dem Design Thinking sowie die Werte des agilen Arbeitens helfen bei der Be-

antwortung dieser Fragen. Der Schlüssel zum Erfolg ist die Einstellung: Spaß an Kreativität, Neugier und Offenheit, die Bereitschaft, Wissen zu teilen, spielerische Zusammenarbeit, Experimentierfreude und Lösungsorientierung, Ohr und Herz nah am Kunden. Entwicklungen und Veränderungen gemeinsam zu *gestalten*, darum geht's.

Kreativität bedeutet aber nicht, dass jetzt jeder einfach macht, was er will, und das große Chaos ausbricht. Kreativität heißt im New-Work-Zusammenhang vor allem, Freiheit und Flexibilität im Rahmen des Sinnzusammenhangs, der Kultur und all dessen, was die jeweiligen Teams brauchen, um motiviert und erfolgreich arbeiten zu können, zu ermöglichen.

Fördern Sie Kreativität bei allen Fragen, die anstehen, sei es bei der Gestaltung von Kundenbeziehungen, Arbeitsweisen, Weiterbildung oder Räumen. Gehen Sie dabei nicht dogmatisch nach vorgeschriebenen Methoden vor, sondern schauen Sie, welches der einzigartige Weg für Ihr Unternehmen, für Ihr Team ist.

11.7 Stellschraube: Lernen

Lernen hält Menschen und Unternehmen fit auf dem Weg in die Zukunft. Die Bereitschaft und Möglichkeit, immer dazuzulernen, sind nötig, um sich schnell anpassen und sich gestärkt und selbstbewusst in einem stets wandelnden Umfeld bewegen zu können.

Deshalb geht es für Unternehmen darum, Lernen positiv zu besetzen und zum Lernen zu ermutigen, damit Lernen als spannende Herausforderung, als Chance verstanden wird. Eine solche Lernkultur basiert dabei aber nicht nur auf Neugier und Spaß am Lernen, sondern auch auf der ehrlichen Akzeptanz von Wissenslücken – bei sich selbst und bei den anderen.

Hier kommt die Fehler- und Vertrauenskultur ins Spiel: Jeder sollte erkennen und offen sagen, was er noch nicht kann, wo es noch etwas zu lernen gibt. Denn jeder im Unternehmen – vom Vorstand bis zum Auszubildenden – bildet sich immer weiter fort. Durch Seminare, Coachings, Trainings, Workshops, neue Lern- und Vernetzungsformate, unterstützt durch digitale Tools, praxisnah in der Anwendung und am konkreten Beispiel. Dazu gehört auch, Wissen zu teilen, voneinander zu lernen, sich zu vernetzen. Organisationen ist oft noch gar nicht bewusst, wie viel Wissen in all den Teams, bei all den Menschen vorhanden ist. Das lässt sich über Austauschformate und mithilfe digitaler Tools sichtbar machen. Ein positiver Nebeneffekt: Die Wertschätzung für all die vorhandene Erfahrung im Unternehmen steigt.

Warum also nicht einfach mal zu einer Brownbag Session einladen oder einen Working-Out-Loud-Circle starten? Warum nicht Formate ins Leben rufen, bei denen man sich gegenseitig seine Projekte vorstellt und von Erfahrungen berichtet? Wie wäre es mit einer von Mitarbeitern initiierten internen Akademie und selbst kreierten Fortbildungsformaten? Oder einfach mal voneinander lernen: Der Abteilungsleiter lernt vom Studenten, der Vertriebler vom Controller, der Produktionsleiter vom Marketingfachmann …

Lernen ist eine kraftvolle Investition in die Zukunft. Gut ausgebildet zu sein und die Erfahrung, sich neues Wissen aneignen und dabei auf andere verlassen zu können, macht Unternehmen und jeden Einzelnen widerstandsfähig und mutig. Denn darauf kommt es an: Zuversicht und Selbstsicherheit in bewegten Zeiten.

Und noch ein Tipp. Etwas, das immer so selbstverständlich klingt: Die Kommunikation ist das A und O! Sozusagen das Drehmoment zum Justieren der Stellschrauben. Denn die besten Lösungen entstehen durch die Vielfalt der Perspektiven in einem konstruktiven Umfeld. Entwicklung und Veränderung gelingt dort, wo die Nähe zueinander durch gute und vertrauensvolle Kommunikation gegeben ist.

Die Zukunft kann kommen!

Wir sprechen zwar oft von der Arbeitswelt der Zukunft, doch gestalten sollten wir sie definitiv schon jetzt.

Beispiele aus anderen Unternehmen können inspirieren und dabei helfen, die eigenen New-Work-Weichen zu stellen. Dabei geht es keineswegs darum, einfach zu kopieren, was bei anderen funktioniert hat. Denn was für das eine Unternehmen oder Team richtig und zukunftsweisend war, kann für einen selber der völlig falsche Ansatz sein. Insofern ist auch nicht alles „von früher" auf einmal veraltet oder zu nichts mehr nütze. Und nicht alles, was nach Zukunft klingt, ist automatisch die beste Lösung. Vielmehr geht es darum, alle Erfahrungsschätze zu heben und das Beste zusammenzuführen.

New Work heißt auch nicht, dass es nur noch um *Feelgood* geht und ab heute alles immer ganz nett sein muss. Arbeit wird auch zukünftig mal anstrengend und nervig sein. New Work hin oder her.

Aber es geht darum, sowohl Kopf als auch Herz anzusprechen, Mitarbeiter stärker als bisher einzubinden und so den Erfolg von Organisationen gemeinsam zu gestalten.

Dabei hilft es, sich Fragen zu stellen. Fragen, die neue Perspektiven anstoßen, zum Nachdenken anregen. Und diese Fragen müssen gar nicht besonders komplex sein. Manchmal sind es die scheinbar einfachen Fragen, die bei näherem Hinsehen am schwersten zu beantworten sind oder zu weiteren Fragen und auf neue Wege führen.

Zum Schluss möchte ich Ihnen daher noch ein paar Fragen an die Hand geben. Sieben Fragen für jede der sieben Stellschrauben, die für Sie Anstoß sein können, um sich auf *Ihren* Weg in die Arbeitswelt der Zukunft zu machen …

Tipp: Nehmen Sie sich Zeit für die Antworten. Und seien Sie ehrlich. Es geht darum, den Dingen auf den Grund zu gehen, wirklich verstehen zu wollen, was gut läuft, aber auch, was hinderlich ist, um auch in Zukunft erfolgreich zu sein.

Sinn

- Was treibt uns an?
- Welchen Nutzen schaffen wir für unsere Kunden?
- Was lösen wir bei unseren Kunden aus?
- Was können wir außergewöhnlich gut?
- Wofür stehen wir (auch unter schwierigen Bedingungen)?
- Wodurch unterscheiden wir uns von anderen?
- Ein Blick nach vorn: Wofür soll unser Unternehmen in zehn Jahren wertgeschätzt werden?

Unternehmenskultur

- Welche (drei bis fünf) Werte machen unser Unternehmen aus?
- Mit folgenden Adjektiven lässt sich die Kultur unseres Unternehmens beschreiben …
- Und welche Adjektive würden wohl die Mitarbeiter nennen?
- Worüber wird geredet? Und worüber wird nicht geredet?
- Wie gehen wir mit Fehlern und Misserfolgen um?
- Was sind bei uns Anlässe zum Feiern?
- Beamen Sie sich in die Zukunft: Ihrem Unternehmen geht es gut, alle sind motiviert bei der Sache. Was haben wir richtig gemacht?

Agilität

- Ist allen transparent, wer im Team gerade woran arbeitet?
- Wie ist die Haltung zu Veränderungen? Enthusiastisch? Zögerlich? Realistisch? Erschöpft? Neugierig? Entspannt?
- Was ziehe ich vor: Kommunikation von Angesicht zu Angesicht oder digitale Kommunikation?
- Wie gestalten wir unsere Meetings?
- Wie geht es mir, wenn ich die Verantwortung mal komplett in mein Team gebe?
- Worum geht es wirklich: Prozess oder Produkt?
- Reflektiere ich regelmäßig das WIE unserer Arbeit?

Beteiligung

- Wie treffen wir Entscheidungen: Möglichst schnell und ohne viele Umwege oder beziehen wir alle mit ein, weil wir auf die Erfahrungen und das Wissen aller im Unternehmen vertrauen?
- Weiß jeder im Unternehmen, was die anderen eigentlich tun?
- Wie ermöglichen wir Vernetzung und Kooperation?
- Weiß ich, welche Bedenken, Sorgen und Widerstände es gegenüber neuen Projekten gibt?
- Wie gehe ich mit Bedenken aus dem Team um?
- Wie bin ich erreichbar und ansprechbar?
- Wie viel Persönliches erfahre ich von meinen Mitarbeitern? Nehmen Sie sich für die nächste Woche doch mal vor, jeden Tag etwas von Ihren Mitarbeitern zu erfahren, das Sie noch nicht wussten.

Führung

- Wie erleben die Mitarbeiter die Führungskräfte in unserem Unternehmen?
- Was erwarte ich von meinen Mitarbeitern? Und was können diese von mir erwarten?
- Was kann jeder Einzelne in meinem Team richtig gut?

- Wie wird entschieden, welches die beste Lösung ist?
- Weiß ich um die derzeitige Stimmung in meinem Team?
- Welche Führungskräfte haben mich inspiriert? Warum?
- Sind die Hierarchien in unserem Unternehmen noch sinnvoll?

Kreativität

- Was verstehen wir im Unternehmen unter Kreativität?
- Wie viel Raum lasse ich meinem Team und Kollegen, Themen auch mal anders zu denken?
- Wie ermögliche ich, verschiedene Perspektiven sichtbar zu machen?
- Finden Sie, dass komplizierte Formulierungen ein Zeichen von Kompetenz sind?
- Welche Prozesse sollten wir vereinfachen?
- Das letzte Brainstorming: Wurde wirklich jede Idee zugelassen?
- Was kann ich tun, damit in Meetings konstruktiv diskutiert und als Team um die beste Lösung gerungen wird?

Lernen

- Was assoziiere ich mit Weiterbildung?
- Wie wird Wissen bei uns geteilt?
- Sie kommen morgens zur Arbeit und stellen fest, dass Sie nicht mehr wissen, wie Ihr Job geht. Alles über Nacht verlernt. Wie eigne ich mir nun schnellstmöglich das Wissen und die Kompetenzen an, um meinen Job gut machen zu können?
- Wie organisieren wir Inspiration? Auch mal abseits üblicher Pfade?
- Haben Sie Ihre Nachbarabteilung schon mal zum unkomplizierten Learning Lunch eingeladen?
- Ein Kollege schaut schon das dritte Tutorial-Video, etwa zu neuen Möglichkeiten des 3D-Drucks oder zu Online-Umfrage-Tools. Was löst das bei mir aus?
- Welche Kompetenzen werde ich in naher Zukunft benötigen und wie eigne ich sie mir an?

Literatur, Quellen, Inspirationen

Acatech Deutsche Akademie der Technikwissenschaften (Hrsg.): Die digitale Transformation gestalten, acatech IMPULS, Herbert Utz Verlag, München, 2016

ARD/ZDF-Onlinestudie 2018, ARD/ZDF-Medienkommission, http://www. ard-zdf-onlinestudie.de/ardzdf-onlinestudie-2018/

BCG The Boston Consulting Group (BCG): Boosting Performance Through Organization Design, https://www.bcg.com/de-de/publications/2017/ people-boosting-performance-through-organization-design.aspx, 2017

Beise, M., Schäfer, U.: Deutschland digital, Campus Verlag, Frankfurt, 2016

Bergmann, F.: Neue Arbeit, neue Kultur, Arbor Verlag, Freiburg, 2004

Bergmann, F. auf der XING New Work Experience 2017 https://www.youtube.com/watch?v=29IoGFD86QM

BITKOM Bundesverband Informationswirtschaft, Telekommunikation und neue Medien e.V./Prognos AG: Digitale Arbeitswelt: Gesamtwirtschaftliche Effekte, Berlin/Basel, 2013, abrufbar unter: https://www.bitkom. org/sites/default/files/file/import/BITKOM-Studie-Digitale-Arbeitswelt-Gesamtwirtschaftliche-Effekte.pdf

BITKOM Bundesverband Informationswirtschaft, Telekommunikation und neue Medien e.V.: Die Zukunft der Arbeit – Herausforderungen für Politik und Wirtschaft, BITKOM Position, Berlin, 2014, abrufbar unter: https://www.bitkom.org/sites/default/files/file/import/BITKOM-Position-Zukunft-der-Arbeit.pdf

BMAS, Bundesministerium für Arbeit und Soziales: Weißbuch Arbeiten 4.0, Berlin, 2017

BMAS, Bundesministerium für Arbeit und Soziales: Arbeitsmarktprognose 2030. Eine strategische Vorausschau auf die Entwicklung von Angebot und Nachfrage in Deutschland

http://www.bmas.de/SharedDocs/Downloads/DE/PDF-Publikationen/ a756-arbeitsmarktprognose-2030.pdf?__blob=publicationFile, Bonn, 2013

BPM Bundesverband der Personalmanager: Die 10 HR Trends 2019, Berlin, 2019

Brandes, U., Gemmer, P., Koschek, H., Schültken, L.: Management Y. So gelingt der Wandel zur attraktiven und zukunftsfähigen Organisation, Campus Verlag,

Brandes-Visbeck, C., Thielecke, S.: Fit für New Work, Redline Verlag, München, 2018

Brown, T.: Change by Design, HarperCollins Publishers, New York, 2009

Bundesinstitut für Bevölkerungsforschung: Bevölkerung in Deutschland, Wiesbaden, 2018, abrufbar unter: https://www.bib.bund.de/Publikation/2018/pdf/Beilage_Bevoelkerung-in-Deutschland-Geographische-Rundschau.pdf?__blob=publicationFile&v=2

BVDW Bundesverband Digitale Wirtschaft e.V.: Arbeiten 4.0. Einfluss der Digitalisierung auf die Arbeitswelt von morgen, Düsseldorf, 2016

Center of Leadership and Behavior in Organizations, Personalwirtschaft, DGFP, Groß & Cie.: Studie Digital Leadership – die Zukunft der Führung in Unternehmen, Autoren: van Dick, R., Holz, F., Stickling, E., Helfritz, K.H., Gross, M., 2016

Darkhorse Innovation: Digital Innovation Playbook, Murmann Publishers, Hamburg, 2016

Drucker, P.: Management Challenges for the 21st Century, Harper Business, New York, 2001

Dräther, R., Koschek, H., Sahling, C.: Srum kurz & gut, O'Reilly Verlag, 2013

Fraunhofer-Institut für Arbeitswirtschaft und Organisation IAO: Studie Digital Leadership, Führung in der digitalen Transformation, Autoren: Hofmann, J., Wienken, V., Stuttgart, 2018, abrufbar unter http://publica. fraunhofer.de/dokumente/N-504074.html

Fraunhofer-Institut für Arbeitswirtschaft und Organisation IAO: Orgatec Sonderbericht zur Studie „Wirksame Büro- und Arbeitswelten", Autoren: Haner, U.-E., Wackernagel, S., Stuttgart, 2018, abrufbar unter https://kongress.designfunktion.de/wp-content/uploads/2018/10/ Fraunhofer-IAO_Wirksame-B%C3%BCro-und-Arbeitswelten-Sonderbericht.pdf

Frey, C.B., Osborne, M.A.: The Future of Employment: How susceptible are jobs to computerisation? Oxford, 2013

Gerstbach, I.: Design Thinking im Unternehmen. GABAL Verlag, Offenbach, 2. Auflage, 2017

Grebow, D., Gill, S.J.: Minds at Work, ATD Press, Alexandria, USA, 2018

Hackl, B., Wagner, M., Attmer, L., D. Baumann: New Work. Auf dem Weg zur neuen Arbeitswelt, Springer Gabler, Wiesbaden, 2017

Hamel, G.: Worauf es jetzt ankommt, Wiley, Weinheim, 2012

Hehn, v. S., Cornelissen, N.I., Braun, C.: Kulturwandel in Organisationen, Springer-Verlag Berlin Heidelberg, 2016

Hersey, P., Blanchard, K.: Management of Organizational Behavior. 5. Auflage. Prentice-Hall, New Jersey, 1988

Hesse, G., Mattmüller, R. (Hrsg.): Perspektivwechsel im Employer Branding, Springer Gabler, Wiesbaden, 2015

Hofert, S.: Agiler führen. Springer Gabler, Wiesbaden, 2016

Horx, M: Das Megatrend Prinzip. Wie die Welt von morgen entsteht. Deutsche Verlagsanstalt, München, 2011

Kelley, D. und T.: Kreativität und Selbstvertrauen, Verlag Hermann Schmidt, Mainz, 2014

Keynes, J. M.: Economic Possibilities for our Grandchildren, in: Nation and Athenaeum, 1930

Kienbaum Institut/Stepstone: Die Kunst des Führens in der digitalen Revolution. Leadership Survey 2018, abrufbar unter: https://www.stepstone. de/ueber-stepstone/wp-content/uploads/2018/08/Kienbaum-StepSto-

ne_Die-Kunst-des-F%C3%BChrens-in-der-digitalen-Revolution_Webversion.pdf

Kollmann, T., Schmidt, H.: Deutschland 4.0. Wie die digitale Transformation gelingt, Springer Gabler, Wiesbaden, 2016

Kotter, J. P.: Accelerate, Harvard Business Review Press, Boston, 2014

Kotter, J.P.: Leading Change. Wie Sie Ihr Unternehmen in acht Schritten erfolgreich verändern, Verlag Franz Vahlen, München, 2011

Kreusen, U., Gall, B., Hackl, O.: Digital Leadership, Führung in Zeiten des digitalen Wandels, Springer Gabler, Wiesbaden, 2017

Schahinian, D.: Die Leader von morgen, in: Zeitschrift Personalwirtschaft 12/2018

Kühn, G., Marx, M.: Einführung einer Lernkultur 4.0, Learning Out Loud, in: managerSeminare, Heft 249, 2018

Laloux, F.: Reinventing Organizations. Sinnstiftende Formen der Zusammenarbeit, Verlag Franz Vahlen, München, 2017

Mois, T., Baldauf, C.: 24 Work Hacks, sipgate, Düsseldorf, 2018

Lemoine, J. Angemessen antworten. Ein Gespräch mit Jim Lemoine über den Einfluss von VUCA auf das Führungsverhalten, in: Zeitschrift OrganisationsEntwicklung, Heft 4/15

Manifest für agile Softwareentwicklung: https://agilemanifesto.org/iso/de/manifesto.html

McGregor, D.: The Human Side of Enterprise, Annotated Edition, McGraw-Hill, New York, 2006

Naisbitt,J.: Mind Set! Wie wir die Zukunft entschlüsseln, Carl Hanser Verlag, München, 2007

Nink, M.: Engagement Index, Die neuesten Daten und Erkenntnisse der Gallup-Studie, Redline Verlag, München, 2018

Oestereich, B, Schröder, C.: Das kollegial geführte Unternehmen, Verlag Franz Vahlen, München, 2017

Osterwalder, A., Pigneur, Y.: Business Model Generation, Wiley, Hoboken New Jersey, 2010

Pichler, Roman· Agiles Projektmanagment mit Scrum, dpunkt.verlag

Pundt, A. und Nerdinger, F. W.: Transformationale Führung – Führung für den Wandel? In: Grote, S. (Hrsg.) Die Zukunft der Führung, 2012

Rabenbauer, T.: Führungsprinzip Wertschätzung, Carl Hanser Verlag, München, 2017

Rickens, C., Riecke, T., Schäfer, D.: Ohne Bildung ist alles nichts, in: Handelsblatt Nr. 18, 2019

Rochus Mummert: HR Leadership Panel Panel 2018 „Für Führung gibt es keine App", Erfolgsfaktoren wirksamer Führung im Zeitalter der Digitalisierung, https://www.rochusmummert.com/downloads/news/180306_Rochus_Mummert_Brosch%C3%BCre_Studienergebnisse_HR-Panel_2018.pdf, Düsseldorf/Hamburg, 2018

Schreyögg, G., Geiger, D.: Organisation. Grundlagen moderner Organisationsgestaltung, Springer Gabler, Wiesbaden, 2016

Schwaber, K., Sutherland, J: Der Scrum Guide. Der gültige Leidfaden für Scrum: Die Spielregeln, Scrum.Org and Scrum.Inc, 2015, abrufbar unter: https://www.scrumguides.org/docs/scrumguide/v1/Scrum-Guide-DE.pdf

Sinek, S.: Start with Why, Penguin Group, New York, 2009

Taylor, F. W.: The Principles of Scientific Management (first published 1911), Cosimo Inc., New York, 2006

Terpitz, K.: Wenn nicht nur der Chef entscheidet, in: Handelsblatt Nr. 249, 2018

Universität St. Gallen, zeag Zentrum für Arbeitgeberattraktivität: Top Job Trendstudie 2016: Arbeitswelt im Umbruch. Von den erfolgreichen Pionieren lernen, Autoren: Bruch, H., Block, C., Färber, J., St. Gallen/Konstanz, 2016

Vasek, T.: Befreit die Arbeit! In: Hohe Luft kompakt, S. 51-56, Hamburg, Sonderheft 1/2018

vbw Vereinigung der Bayerischen Wirtschaft e. V./Prognos AG: Studie Arbeitslandschaft 2040, München, 2015

Wachter, J.: Auf Veränderungen reagieren. Teamreflexion in agilen Retrospektiven, in: Zeitschrift OrganisationsEntwicklung, Heft 1/18.

Wolf, A.: Mach dir den Job, wie er dir gefällt, in: Handelsblatt Karriere 4/2018

Wolf, H., v. Solingen, R., Rustenburg, E.: Die Kraft von Scrum, dpunkt verlag, Heidelberg, 2014

Working out Loud https://workingoutloud.com/de/home/

ZEW Zentrum für Europäische Wirtschaftsforschung: Übertragung der Studie von Frey/Osborne (2013) auf Deutschland, Mannheim, 2015

Zukunftsinstitut: Megatrends, Dossier mit allen Megatrends auf https://www.zukunftsinstitut.de/dossier/megatrends/, 2019

Christian Scholz/Wolfgang Wohlers

Klausuren und Hausarbeiten im Strafrecht

Methodik und Formalien des Gutachtens

3. Auflage

 Nomos Verlagsgesellschaft
Baden-Baden

Bibliografische Information Der Deutschen Bibliothek

Die Deutsche Bibliothek verzeichnet diese Publikation in
der Deutschen Nationalbibliografie; detaillierte bibliografische
Daten sind im Internet über http://dnb.ddb.de abrufbar.

ISBN 3-7890-8372-0

3. Auflage 2003

Vorwort zur 3. Auflage

Die erfreuliche Aufnahme der Vorauflagen gibt uns die Möglichkeit, nunmehr eine aktualisierte sowie an einigen Stellen in der Darstellung überarbeitete Neufassung vorzulegen. Für die engagierte Unterstützung danken wir Herrn Christian Holtermann.

Lübeck/Zürich, im Oktober 2002

C. Scholz W. Wohlers

Aus dem Vorwort zur 1. Auflage:

Die Zielsetzung der vorliegenden Abhandlung besteht darin, Studenten, die strafrechtliche Fälle gutachterlich zu bearbeiten haben, eine möglichst anschauliche Einführung in die Technik der Fallbearbeitung zu geben. Sie ist eine Ergänzung des insoweit noch lückenhaften Angebots an Lehr- und Lernmitteln. Die Notwendigkeit, den Vorlesungsstoff nachzuarbeiten und inhaltlich anhand einer Lehrdarstellung des materiellen Strafrechts zu vertiefen, bleibt hiervon unberührt.

Da wir mit der vorliegenden Darstellung keinen wissenschaftlichen Anspruch verknüpfen, sondern allein eine didaktische Zielsetzung verfolgen, haben wir bewußt auf einen wissenschaftlichen Fußnotenapparat verzichtet. Dieser Verzicht ist uns insbesondere im Rahmen der einführenden Hinweise zu den Grundlagen der Auslegung und juristischen Argumentation (Anhang A) nicht leichtgefallen. Die an einem vertieften Verständnis dieser grundlegenden Materie interessierten Studierenden seien ausdrücklich ermutigt, die von uns notwendigerweise nur skizzenartig dargelegten Fragestellungen anhand eines Lehrbuchs der juristischen Methodenlehre zu vertiefen.

Eine Darstellung der juristischen Gutachtentechnik muß, um anschaulich zu sein, mit möglichst konkreten Beispielen arbeiten. Uns ist bewußt, daß ausformulierte

Beispiele dazu verleiten können, als Versatzstücke gebraucht zu werden. Wir möchten deshalb ausdrücklich darauf hinweisen, daß der Sinn und Zweck der Beispiele nicht darin besteht, die inhaltlich »richtige« Lösung bestimmter materiellrechtlicher Probleme zu erarbeiten, sondern vielmehr darin, die Umsetzung der jeweils vorstehenden theoretischen Ausführungen beispielhaft zu verdeutlichen.

Inhaltsverzeichnis

1. Teil: Einführung in die Gutachtentechnik

Die **Maxime** bei der Erstellung einer juristischen Übungs- oder Examensarbeit lautet: **Das Gutachten ist grundsätzlich im Gutachtenstil abzufassen.** Dieser Satz klingt banal und selbstverständlich; er wird aber leider häufig mißachtet. Da die methodisch richtige Darstellung der Lösung ein wesentlicher Teil der dem Studenten abverlangten Leistung ist, wiegen Fehler in diesem zentralen Bereich schwer. Eine gelungene Arbeit setzt zweierlei voraus:

1. **Der Gutachtenstil muß korrekt angewandt werden.**
2. **Andere Stilarten sind nur dort und in dem Maße anzuwenden, in dem dies ausnahmsweise zulässig ist.**

Nachfolgend soll zunächst die schulmäßige Anwendung des Gutachtenstils erläutert werden. In einem zweiten Schritt wird aufgezeigt, wann und wie der strenge Gutachtenstil durch andere Stilarten aufgelockert werden kann bzw. muß.

I. Die Unterscheidung von Gutachten und Urteil

Für das Verständnis des Gutachtenstils ist die Unterscheidung zwischen der Darstellungsform des Urteils und des Gutachtens wichtig.

Im **Urteil** wird ein bereits vom Richter gefundenes Ergebnis den Erörterungen autoritativ vorangestellt (sog. Tenor) und anschließend durch die sogenannten Entscheidungsgründe gegenüber den Verfahrensbeteiligten (im Strafverfahren: Staatsanwaltschaft und Angeklagter) begründet.

Im Gegensatz hierzu soll das **Gutachten** den Leser (Korrekturassistent bzw. Übungsleiter) davon überzeugen, daß die vom Gutachter (Übungsteilnehmer) vorgeschlagene Lösung zutreffend ist. Dies bedingt eine abweichende Darstellungsform: Es muß eine Ausgangsfrage aufgeworfen werden (Ausgangspunkt ist dabei stets die Fallfrage; vgl. hierzu die Ausführungen auf Seite 39), die schrittweise und nach ausführlicher Abwägung der für und gegen die gewählte Lösung sprechenden Argumente beantwortet wird. Das Ergebnis schließt das Gutachten dann ab.

Beispielssachverhalt:

Prof. P züchtet zu Studienzwecken verschiedene seltene Arten einheimischer Singvögel. Seine Haushälterin H hat Mitleid mit den Tieren, die ihr

Leben in Käfigen verbringen müssen. In einem unbeobachteten Moment öffnet H die Käfige und läßt die Vögel entfliegen. Strafbarkeit der H?

Lösung im Urteilsstil:

H hat sich nicht strafbar gemacht. Eine Strafbarkeit nach § 242 StGB scheidet aus, weil H die Vögel nicht weggenommen hat. Eine Wegnahme setzt neben dem Bruch fremden die Begründung neuen Gewahrsams voraus. H hat an den Vögeln, nachdem diese entflogen waren, keine Sachherrschaft und damit auch keinen Gewahrsam erlangt.

H hat sich auch nicht nach § 303 StGB strafbar gemacht. Voraussetzung hierfür wäre nämlich eine Beschädigung der Vögel. Hieran fehlt es, weil die Vögel – anders als etwa Exoten – in Freiheit existieren können und auch die bestimmungsgemäße Brauchbarkeit eines einheimischen Singvogels nicht darin besteht, zu Studienzwecken in einem Käfig gehalten zu werden[1].

Lösung im (reinen) Gutachtenstil

H könnte sich dadurch, daß sie die Vögel hat entfliegen lassen, nach § 242 StGB schuldig gemacht haben. Dies setzt zunächst voraus, daß es sich bei den Vögeln um bewegliche Sachen handelt. Nach § 90a Satz 1 BGB sind Tiere zwar keine Sachen; gemäß § 90a Satz 3 BGB sind die für Sachen geltenden Vorschriften auf Tiere aber entsprechend anzuwenden. Da es sich bei den Vögeln um Tiere handelt, sind sie als Sache im Sinne des § 242 StGB zu behandeln. Beweglich sind Sachen, die durch Körperkraft transportiert werden können. Singvögel sind weder aufgrund ihres Gewichtes noch aufgrund einer Verbindung mit einem festen Gegenstand nicht transportabel. Die Vögel sind daher bewegliche Sachen. Die Vögel müßten für H fremde Sachen sein. Fremd ist eine Sache dann, wenn sie nach den Regeln des bürgerlichen Rechts im Eigentum eines anderen steht. Hier ist lebensnah davon auszugehen, daß die von Prof. P gehaltenen und gezüchteten Vögel in seinem Eigentum stehen. Die Vögel sind für H mithin auch fremde Sachen.

Fraglich ist aber, ob H die Vögel weggenommen hat. Wegnahme im Sinne des § 242 StGB setzt den Bruch fremden und die Begründung neuen Gewahrsams voraus. Gewahrsam ist das vom Beherrschungswillen getragene tatsächliche Herrschaftsverhältnis über eine Sache. Ursprünglich

hatte Prof. P die Sachherrschaft über die in den Käfigen gehaltenen Vögel. H hat die Sachherrschaft des Prof. P dadurch aufgehoben, daß sie die Vögel aus den Käfigen entfliegen ließ. H hat aber an den in die Freiheit entlassenen Vögeln keine neue Sachherrschaft begründet. Sie hat die Vögel damit nicht weggenommen und sich somit nicht nach § 242 StGB schuldig gemacht. H könnte sich aber nach § 303 StGB schuldig gemacht haben. Wie bereits oben ausgeführt, handelt es sich bei den Vögeln um für H fremde Sachen. H müßte die Vögel beschädigt haben. Eine Beschädigung liegt vor, wenn die Sache entweder in der Substanz verletzt oder die bestimmungsgemäße Brauchbarkeit der Sache beeinträchtigt wird. Eine Substanzverletzung liegt nicht vor, da die Vögel – anders als etwa Exoten – in Freiheit nicht zugrunde gehen, sondern ohne weiteres existieren können. Die bestimmungsgemäße Brauchbarkeit eines einheimischen Singvogels liegt nicht darin, daß er zu Zucht- oder Studienzwecken in einem Käfig gehalten wird, sondern darin, daß er seine Funktion im Rahmen des Naturhaushaltes erfüllt. Durch das Entfliegenlassen ist damit auch die bestimmungsgemäße Brauchbarkeit der Vögel nicht beeinträchtigt worden. H hat sich damit mangels einer Beschädigung der Vögel auch nicht nach § 303 StGB schuldig gemacht.

1 Anmerkung: Diese Frage ist nicht so eindeutig, wie sie hier dargestellt wird. Im »Ernstfall« wären weiterreichende, problemorientierte Ausführungen notwendig. Aus didaktischen Gründen ist hierauf im vorliegenden Zusammenhang verzichtet worden.

Den **Urteilsstil** erkennt man häufig daran, daß die einzelnen Sätze und Gedanken mit einem »denn« verbunden sind bzw. verbunden sein könnten. Weitere Signale des Urteilsstils sind die Formulierungen »… weil…«, »… da…« und »… nämlich…«. Formuliert man so, sollte stets geprüft werden, ob an dieser Stelle der Urteilsstil auch zulässig ist.

Den **Gutachtenstil** kennzeichnen dagegen Formulierungen wie »daher«, »somit«, »also«, »demnach«, »mithin«, »demzufolge« usw. Sie signalisieren, daß aus einer Problemdiskussion eine Schlußfolgerung gezogen wird.

II. Die 4-Schritt-Methode der Gutachtentechnik

1. Allgemeines

Um die Darstellung im Gutachtenstil verstehen und anwenden zu können, muß man sich die einzuhaltenden Gedankenschritte einprägen.

Im Zusammenhang sehen die vier Schritte abstrakt wie folgt aus:

1. Schritt: Es wird eine Frage aufgeworfen.
2. Schritt: Es wird abstrakt definiert, welche Voraussetzungen gegeben sein müssen, damit die Frage bejaht werden kann.
3. Schritt: Es wird geprüft, ob im konkreten Fall diese Voraussetzungen erfüllt sind.
4. Schritt: Die aufgeworfene Frage wird bejaht oder verneint.

In der Methodenlehre wird der 1. Schritt als **These**, der 2. Schritt als **Auslegung**, der 3. Schritt als **Subsumtion** und der 4. Schritt als **Konklusion** bezeichnet.

Bevor auf die bei den einzelnen Schritten zu beachtenden Aspekte eingegangen wird, soll die Gutachtentechnik noch einmal im Überblick an einem konkreten Beispiel dargestellt werden, das dem obigen Beispielsgutachten entnommen ist:

1. Schritt: Fraglich ist aber, ob H die Vögel weggenommen hat.
2. Schritt: Wegnahme im Sinne des § 242 StGB setzt den Bruch fremden und die Begründung neuen Gewahrsams voraus. Gewahrsam ist das vom Beherrschungswillen getragene tatsächliche Herrschaftsverhältnis über eine Sache.
3. Schritt: Ursprünglich hatte Prof. P die Sachherrschaft über die in den Käfigen gehaltenen Vögel. H hat die Sachherrschaft des P dadurch aufgehoben, daß sie die Vögel aus den Käfigen entfliegen ließ. H hat aber an den unkontrolliert in die Freiheit entlassenen Vögeln keine neue Sachherrschaft begründet.
4. Schritt: Sie hat die Vögel damit nicht weggenommen.

2. Die Besonderheit des strafrechtlichen Gutachtens

Demjenigen, der das gegebene Beispiel einer gutachterlichen Prüfung aufmerksam gelesen hat, wird bereits aufgefallen sein, daß die erläuterte Gutachtenmethode im Rahmen des strafrechtlichen Gutachtens auf jedes Straftatmerkmal einzeln angewandt wird. Verkompliziert wird die Anwendung der Gutachtentechnik dadurch, daß die gutachterliche Prüfung der einzelnen Straftatmerkmale in eine gutachterliche Prüfung der Straftatbestände integriert werden muß.

Im Überblick sieht das Gutachten dann in etwa so aus:

Gutachterliche Prüfung des Tatbestandes X

> Gutachterliche Prüfung des
> Strafmerkmals X1

> Gutachterliche Prüfung des
> Strafmerkmals X2

> Gutachterliche Prüfung des
> Strafmerkmals X3

> Gutachterliche Prüfung des
> Strafmerkmals X4

Gutachterliche Prüfung des Tatbestandes Y

> Gutachterliche Prüfung des
> Strafmerkmals Y1

> Gutachterliche Prüfung des
> Strafmerkmals Y2

> Gutachterliche Prüfung des
> Strafmerkmals Y3

> Gutachterliche Prüfung des
> Strafmerkmals Y4

Bedingt ist dieser Aufbau dadurch, daß Strafrechtsnormen zum Teil sehr umfangreich sind (vgl. z. B. §§ 123, 315a, 315c StGB), so daß eine unstrukturierte Untersuchung unübersichtlich wäre.

Merke: Es ist nicht erforderlich, daß im Anschluß an den Einleitungssatz für die Prüfung des Straftatbestandes zunächst einmal der gesamte (auch dem Korrekturassistenten bekannte) Tatbestand aus dem Gesetz abgeschrieben wird. Es sollte vielmehr sofort im Anschluß an den Einleitungssatz mit der gutachterlichen Prüfung des ersten Straftatmerkmals begonnen werden. Durch das Wort »zunächst« kann man dem Leser anzeigen, daß auf die überflüssige Anführung des Gesetzestextes verzichtet und vielmehr sofort Merkmal für

Merkmal geprüft wird. Zu den nachfolgenden Merkmalen kann dann mit Formulierungen wie: »Außerdem müßte...«, »Weiterhin ist erforderlich,...« oder »Zweite Voraussetzung ist,...« übergeleitet werden.

Wichtig ist, daß bei Straftatbeständen, die **alternative Straftatmerkmale** enthalten, diejenigen Merkmale nicht zu erörtern sind, deren Vorliegen offensichtlich zu verneinen ist.

Beispiel:

Führt der Einzeltäter T bei einem Diebstahl ein Stemmeisen mit, ist § 244 Abs. 1 Nr. 1 StGB zu prüfen. Kommt man zu dem Ergebnis, daß das Stemmeisen keine Waffe und kein gefährliches Werkzeug im Sinne des § 244 Abs. 1 Nr. 1a StGB darstellt, muß § 244 Abs. 1 Nr. 1b StGB geprüft werden. Die (zusätzliche) Prüfung des § 244 Abs. 1 Nr. 3 StGB hängt davon ab, ob zur Tatbegehung in eine Wohnung oder in eine andere Räumlichkeit eingebrochen wird. Von vornherein abwegig und daher in keinem Fall zu erörtern wäre aber § 244 Abs. 1 Nr. 2 StGB. Ein Einzeltäter ist offensichtlich kein Mitglied einer Bande!

Da in einem Gutachten die Rechtslage umfassend erörtert werden soll, wird die Prüfung weiterer alternativer Straftatmerkmale nicht dadurch überflüssig, daß man bereits ein anderes alternatives Straftatmerkmal bejaht hat.

Beispiel:

Wird das Opfer von einem Einzeltäter rücklings mit einem Totschläger niedergeschlagen, ist im Rahmen der gefährlichen Körperverletzung (§ 224 StGB) zunächst zu prüfen, ob die Tat »mittels einer Waffe oder eines anderen gefährlichen Werkzeugs« begangen wurde (§ 224 Abs. 1 Nr. 2 StGB). Auch wenn man dies bejaht, ist jedenfalls noch zu prüfen, ob zusätzlich ein »hinterlistiger Überfall« vorliegt (§ 224 Abs. 1 Nr. 3). Bei entsprechenden Anhaltspunkten im Sachverhalt muß auch noch eine »lebensgefährdende Behandlung« erörtert werden (§ 224 Abs. 1 Nr. 5 StGB). Nicht zu prüfen ist dagegen auch hier die Frage, ob die Tat »von mehreren gemeinschaftlich« begangen wurde (§ 224 Abs. 1 Nr. 4 StGB). Ebenfalls abwegig wäre eine Erörterung des § 224 Abs. 1 Nr. 1 StGB.

Zusammengefaßt gilt für die Erörterung alternativer Straftatmerkmale, daß im Gutachten sämtliche Merkmale abgehandelt werden müssen, die der Bearbeiter bei Erstellung der Lösungsskizze bejaht hat, sowie diejenigen, die nicht bereits von vornherein eindeutig zu verneinen sind.

III. Die Besonderheiten der einzelnen Schrittfolgen

1. Die These

Zu unterscheiden ist hier zwischen dem Satz, mit dem die Prüfung eines Straftatbestandes eingeleitet wird, und dem Satz, mit dem die Prüfung eines einzelnen Straftatmerkmals eingeleitet wird.

Der **Einleitungssatz für die Prüfung eines Straftatbestandes** ist der Ausgangspunkt für die gesamte folgende gutachterliche Prüfung. Seine Aufgabe ist es, den Gegenstand der nachfolgenden Ausführungen für den Leser zu umreißen. Im strafrechtlichen Gutachten geht es jeweils um die Frage, ob sich eine Person durch ein konkretes Verhalten gemäß einer bestimmten Norm strafbar gemacht hat. Der im Konjunktiv zu formulierende Einleitungssatz muß daher den **Täter** benennen, dessen Verhalten gewürdigt werden soll. Außerdem ist der zu prüfende **Sachverhaltsausschnitt** zu kennzeichnen. Schließlich muß die **Straftat** und/oder die **Strafnorm** benannt werden, die der Täter verwirklicht haben könnte. Hierbei ist zu beachten, daß die Norm so genau wie möglich bezeichnet wird.

Beispiel:

Hat der Täter einen Diebstahl als Mitglied einer Bande verübt, ist die zu prüfende Norm nicht einfach § 244 StGB oder § 244 Abs. 1 StGB, sondern § 244 Abs. 1 Nr. 2 StGB. Haben die Bandenmitglieder zusätzlich auch noch Schußwaffen mit sich geführt, wäre § 244 Abs. 1 Nr. 1a, 2 StGB zu prüfen.

Beispiele für die Formulierung des Einleitungssatzes (vgl. auch noch unten Seite 44):

Dadurch, daß F ... (kurze Beschreibung des zu prüfenden Verhaltens), könnte sie sich gemäß § ... StGB eines ... schuldig gemacht haben.
F könnte sich wegen eines ... gemäß § ... StGB schuldig gemacht haben, weil sie....(kurze Beschreibung des zu prüfenden Verhaltens).

Bezogen auf die oben genannten Beispiele (vgl. Seite 14) könnten die Einleitungssätze z. B. lauten:

T könnte sich wegen eines Einbruchsdiebstahls mit Waffen gemäß § 244 Abs. 1 Nr. 1a, b, Nr. 3 StGB schuldig gemacht haben, als er in die Wohnung des O eindrang und das im Schreibtisch des O befindliche Bargeld an sich nahm.

Dadurch, daß T den O rücklings mit einem Totschläger niedergeschlagen hat, könnte er sich einer gefährlichen Körperverletzung (§ 224 Abs. 1 Nr. 2, 3, 5 StGB) schuldig gemacht haben.

Kommt für ein und dieselbe Verhaltensweise eine Strafbarkeit nach mehreren Straftatbeständen in Betracht, muß der zu prüfende Sachverhaltsausschnitt nur im Einleitungssatz des ersten Straftatbestandes bezeichnet werden. Danach sind dann auch kürzere Formulierungen zulässig:

Beispiele:

Außerdem könnte sich F nach § ... strafbar gemacht haben.
Außerdem könnte eine Strafbarkeit der F wegen ... (§ ...) gegeben sein.
Zu prüfen ist, ob sich F darüber hinaus wegen ... (§ ...) strafbar gemacht hat.
F könnte aber einen ... (§ ...) begangen haben (Achtung: Dieser Satz bietet sich natürlich nur an, wenn zuvor eine Strafbarkeit abgelehnt wurde!)

Bezogen auf das obige Beispiel könnte man, nachdem man einen Bandendiebstahl geprüft (und bejaht) hat, formulieren:

Zu prüfen ist, ob sich T darüber hinaus auch wegen Hausfriedensbruchs (§ 123 StGB) strafbar gemacht hat.

Der **Einleitungssatz für die Prüfung eines einzelnen Straftatmerkmals** hat die Funktion, dem Leser zu zeigen, welches konkrete Straftatmerkmal gerade untersucht wird. Er dient damit sowohl der Gliederung als auch der Übersichtlichkeit der Darstellung. Ausreichend ist regelmäßig ein sehr kurzer Satz.

Beispiele:

Zu prüfen ist, ob das Fahrrad eine für X fremde Sache ist.
Y könnte den O grausam getötet haben.
Fraglich ist, ob Z Zueignungsabsicht hatte.

---

2. Die Auslegung

Ist die Frage aufgeworfen, ob ein bestimmtes Straftatmerkmal erfüllt ist, muß zunächst definiert werden, was abstrakt unter diesem Merkmal zu verstehen ist. Die Ausarbeitung einer abstrakten Definition bezeichnet man als Auslegung.

Der Bearbeiter eines juristischen Gutachtens muß die von ihm benötigten Begriffe grundsätzlich nicht selbst auslegen; es wird vielmehr erwartet, daß – zwar nicht unbedingt wörtlich, wohl aber der Sache nach – die Definitionen benutzt werden, die in Rechtsprechung und Literatur bereits entwickelt wurden.

Dies bedeutet, daß sich die **»Auslegung« unstreitiger Merkmale** im Gutachten darauf beschränkt, die allseits akzeptierte Definition des Merkmals niederzuschreiben. In Hausarbeiten kann diese Definition der Literatur (in der Regel den Kommentaren zum StGB) entnommen werden. Dies ist aus naheliegenden Gründen in der Klausursituation nicht möglich. Es wird zwar nicht erwartet, daß Studenten jede Definition beherrschen. Wichtige, häufig vorkommende Definitionen sollten aber wie Vokabeln gelernt werden, da die mühselige Erarbeitung einer Definition in der Klausur viel Zeit kostet und zudem mit dem Risiko behaftet ist, den Sinn eines Straftatmerkmals zu verfehlen. Auch in der Examensklausur geht wertvolle Zeit verloren, wenn als geläufig vorausgesetzte Definitionen erst in Kommentaren – soweit diese zugelassen sind – nachgeschlagen werden müssen.

Hinweis: In der Anfängerübung stehen gemeinhin Probleme des Allgemeinen Teils im Vordergrund. Dies bedeutet, daß zumindest die Begriffe des Allgemeinen Teils beherrscht werden müssen (z. B.: Objektive Zurechnung, Vorsatz, Notwehr). Da die Prüfung eines Falls aber nur anhand der Tatbestände des Besonderen Teils erfolgen kann, sollten dem Bearbeiter auch die Definitionen der üblicherweise in der Anfängerübung herangezogenen Tatbestände bekannt sein (insbesondere: §§ 123, 212, 211, 223, 224, 240, 303 StGB).

Bei **streitigen Merkmalen**, deren abstrakter Gehalt also umstritten ist, reicht es nicht aus, dem Gutachten einfach die Definition der h. M. zugrunde zu legen. Hier muß der Bearbeiter, wenn die verschiedenen Definitionen letztlich zu unterschiedlichen Ergebnissen führen (das Vorliegen des Merkmals ist nach einer Auffassung zu bejahen, nach der anderen zu verneinen), entscheiden, welcher Auslegung der Vorzug zu geben ist. An dieser Stelle werden dann die Methode

und Technik der juristischen Auslegung wichtig, deren Grundlagen in Anhang A erläutert werden. Zur Technik der Behandlung eines Meinungsstandes vgl. im einzelnen die Ausführungen im 5. Teil (unten S. 54).

Ein **häufiger Fehler** bei der Auslegung der im Gutachten benötigten Begriffe besteht darin, daß keine fallbezogenen Definitionen entwickelt, sondern lediglich abstrakt Rechtsfragen erörtert werden. Der Bearbeiter soll prüfen, ob im konkreten Fall ein Straftatbestand erfüllt ist. Deshalb sind die Begriffe dieses Straftatbestandes mit Blick auf gerade diesen Sachverhalt auszulegen. Es ist also völlig unerheblich, ob zu einem Tatbestandsmerkmal ein Meinungsstreit existiert, wenn dieser im konkreten Fall keine Rolle spielt. Auch wenn es verlockend ist, einen bekannten oder mühselig erarbeiteten Streitstand darzustellen, muß hierauf verzichtet werden, wenn die Frage für die Lösung des konkreten Falls ohne Bedeutung ist.

Beispiele:

(1)   T hat seinen Widersacher O im Keller eingesperrt, damit dieser ein Rendezvous verpaßt. O tobt im Keller stundenlang herum.

Bei diesem Sachverhalt wäre es völlig verfehlt, wenn der Bearbeiter bei der Auslegung des Begriffs »Freiheitsberaubung« auf die Frage eingeht, ob es maßgebend ist, daß sich der Betroffene fortbewegen will, oder eine Freiheitsberaubung auch bereits dann vorliegt, wenn der Betroffene nicht bemerkt, daß er eingesperrt ist (vgl. Tröndle/Fischer, StGB, 50. Auflage, § 239 Rn. 3 m. w. N.). Ebenfalls verfehlt wäre es, zu erörtern, ob auch eine ganz kurzfristige Einsperrung als Freiheitsberaubung anzusehen ist. Beide Fragen sind im konkreten Fall ohne Bedeutung, da O bemerkt hat, daß er eingesperrt wurde, und dieser Zustand auch längere Zeit angedauert hat.

(2)   A hat dem T das Angebot gemacht, gegen ein Entgelt von € 1.000,– ein Bild aus dem Haus des O zu entwenden. A schlägt vor, daß sich T, der dem O unbekannt ist, zum Haus des O begeben, dort klingeln, dann den ahnungslosen O sofort überwältigen und das Bild entwenden soll. T, der sich in Geldnöten befindet, stimmt dem Angebot zu. Er begibt sich zum Haus des O und klingelt an der Tür. Als O öffnet, schlägt er ihn sofort nieder. Das Bild findet T allerdings nicht.

Bei diesem Sachverhalt wäre es, wenn man die Strafbarkeit des T wegen eines versuchten Raubes (§§ 249, 22 StGB) untersucht, unangebracht, sich lang und breit mit der (strittigen) Frage auseinanderzusetzen, ob bereits im Klingeln an der Tür ein unmittelbares Ansetzen i. S. d. § 22 StGB zu sehen ist. Da sich das Verhalten des T nicht im Warten bzw. Klingeln erschöpft,

er vielmehr (zur Verwirklichung eines einheitlichen Entschlusses) auch noch den O niedergeschlagen und damit die im Rahmen des § 249 StGB erforderliche Gewaltanwendung zum Zwecke der Wegnahme ausgeübt hat, was nach allgemeiner Auffassung die Schwelle zum unmittelbaren Ansetzen überschreitet, kommt es für die Lösung des hier zu beurteilenden Falles auf die umstrittene Frage nicht an.

Ebenso verfehlt wäre es, bei der Prüfung, ob A sich einer Anstiftung zum Raub (§§ 249, 26 StGB) schuldig gemacht hat, die Frage zu problematisieren, ob auch das bloße Schaffen einer zur Tat anreizenden Situation ausreicht, ein »Bestimmen« i. S. d. § 26 StGB zu bejahen. Da sich aus dem Sachverhalt ergibt, daß A den T sogar überredet hat, den O zu überfallen, würde eine Erörterung dieser wiederum umstrittenen Frage an dem konkret zu bearbeitenden Fall vorbeigehen.

3. Die Subsumtion

In diesem Schritt wird geprüft, ob in dem zu bearbeitenden Fall die im Rahmen der Auslegung ermittelten, abstrakten Voraussetzungen für die Bejahung eines Straftatmerkmals gegeben sind. Es soll also festgestellt werden, ob der Sachverhalt unter die geprüfte Norm bzw. Definition »paßt«.

Gerade an dieser Stelle des Gutachtens haben die Bearbeiter erfahrungsgemäß die meisten Schwierigkeiten. Diese resultieren im wesentlichen daraus, daß es den Studenten schwerfällt, einen **konkreten Fallbezug herzustellen**.

Beispiel:

Das OLG Köln hatte die Frage zu entscheiden, ob das vorübergehende Auftreten von Durchfall nach einem Angsterlebnis als eine erhebliche Beeinträchtigung des körperlichen Wohlbefindens und damit als körperliche Mißhandlung i. S. d. § 223 StGB anzusehen ist. Es kommt zu dem Ergebnis, daß eine die Erheblichkeitsschwelle übersteigende Störung des körperlichen Wohlbefindens nicht gegeben und deshalb eine körperliche Mißhandlung zu verneinen sei. Zur Subsumtion führt das Gericht aus (vgl. NJW 1997, 2191, 2192): »Nach den Feststellungen haben die telefonischen

Drohungen des Angeklagten beim Nebenkläger mehrfach das Auftreten von Durchfällen bewirkt. (...) Schreck, Angst und Aufregung führen häufig zu Schweißausbruch, Herzklopfen oder verstärkter Verdauungstätigkeit. Dabei handelt es sich lediglich um Symptome psychosomatischer Vorgänge, die zwar auf den engen Zusammenhang von Seele und Körper hinweisen, im allgemeinen jedoch vom gesunden Menschen ohne weiteres vertragen und allenfalls als lästig empfunden werden. Anders als etwa Magenschmerzen, Übelkeit, Erbrechen, Schlaflosigkeit oder Schwindelgefühle (vgl. BayObLG, DJZ 1931, 368), verursacht das vorübergehende Auftreten von Durchfall nach einem Angsterlebnis keine so schwerwiegende Beeinträchtigung des körperlichen Wohlbefindens, daß die Erheblichkeitsschwelle erreicht oder überschritten wäre, zumal viele Menschen in zahlreichen Lebenssituationen (z. B. infolge Flugangst beim Reisen, Examensangst bei Prüfungen) von derartigen Symptomen betroffen werden, ohne daß sie darin in der Regel mehr als eine kurze, insgesamt unerhebliche Beeinträchtigung sehen, der man keine Bedeutung beizumessen braucht.«

Wie das obige Beispiel zeigt, ist die saubere Arbeit mit dem Sachverhalt nicht nur Grundlage jeder gelungenen Prüfungsarbeit; sie ist auch grundlegende Voraussetzung erfolgreicher juristischer Arbeit in der Praxis. Eine gelungene Subsumtion zeichnet sich dadurch aus, daß dem Sachverhalt konkrete, tatsächliche Umstände entnommen werden, anhand derer aufgezeigt werden kann, daß die Voraussetzungen der abstrakten Definition im konkreten Einzelfall erfüllt sind. Sind solche Anhaltspunkte im Sachverhalt nicht ausdrücklich enthalten, ist zu prüfen, ob eine lebensnahe ergänzende Sachverhaltsauslegung weiterhilft (vgl. hierzu im einzelnen unten S. 28).

Häufige Fehler bei der Subsumtion bestehen darin, daß **anstelle einer Subsumtion lediglich der Sachverhalt wiedergegeben** oder die Subsumtion **durch die Behauptung ersetzt wird, die Voraussetzungen seien gegeben.**

Sachverhalt:

Schläger S tritt dem Rentner R mit seinem schweren Springerstiefel in den Unterleib.

Negativbeispiele:

… Fraglich ist, ob es sich bei dem Springerstiefel des S um ein gefährliches Werkzeug im Sinne des § 224 Abs. 1 Nr. 2 StGB handelt. Ein gefährliches Werkzeug ist jeder bewegliche Gegenstand, der nach seiner Beschaffenheit und der Art und Weise seiner Verwendung im konkreten Fall geeignet ist, erhebliche Verletzungen herbeizuführen. Dies ist hier der Fall.

… Fraglich ist, ob es sich bei dem Springerstiefel des S um ein gefährliches Werkzeug im Sinne des § 224 Abs. 1 Nr. 2 StGB handelt. Ein gefährliches Werkzeug ist jeder bewegliche Gegenstand, der nach seiner Beschaffenheit und der Art und Weise seiner Verwendung im konkreten Fall geeignet ist, erhebliche Verletzungen herbeizuführen. S hat dem R mit einem schweren Springerstiefel in den Unterleib getreten. S hat daher ein gefährliches Werkzeug benutzt.

Positivbeispiel:

… Fraglich ist, ob es sich bei dem Springerstiefel des S um ein gefährliches Werkzeug im Sinne des § 224 Abs. 1 Nr. 2 StGB handelt. Ein gefährliches Werkzeug ist jeder bewegliche Gegenstand, der nach seiner Beschaffenheit und der Art und Weise seiner Verwendung im konkreten Fall geeignet ist, erhebliche Verletzungen herbeizuführen. Bei den Springerstiefeln handelt es sich um schweres Schuhwerk. Tritte mit Schuhen dieser Art können, insbesondere, wenn es sich um Tritte in den Unterleib handelt, zu inneren Verletzungen führen. Die Stiefel stellen daher nach ihrer konkreten Verwendung durch S ein gefährliches Werkzeug dar.

Merke: Der fehlende konkrete Fallbezug kann auch nicht dadurch ersetzt bzw. verdeckt werden, daß die Behauptung aufgestellt wird, die Anforderungen seien »offensichtlich«, »eindeutig« oder »zweifellos« gegeben. Auch starke Worte entbinden nicht von einer fallorientierten, inhaltlichen Argumentation.

4. Die Konklusion

Nachdem man die ersten drei Schritte der Gutachtenmethode durchgeführt hat, ist zunächst (bevor man sich dem nächsten Straftatmerkmal zuwendet) das Ergebnis der Prüfung festzuhalten.

Beispiele:

Mithin hat X den O körperlich mißhandelt.
Damit steht fest, daß Y den O körperlich mißhandelt hat.
Also hat Z den O körperlich mißhandelt.

Ist das Vorliegen eines Tatbestandsmerkmals verneint bzw. ein Rechtfertigungs-
oder Schuldausschlußgrund bejaht worden, ist das Ergebnis der Gesamtprüfung
(= keine Strafbarkeit nach dem gerade geprüften Straftatbestand) ebenfalls in
einem Schlußsatz festzuhalten.

Beispiele:

… Damit steht fest, daß A nicht vorsätzlich gehandelt hat. A hat sich damit
nicht nach § 303 StGB strafbar gemacht.
… Das Verhalten von B ist somit durch § 32 StGB gerechtfertigt. B hat
sich daher nicht nach § 223 StGB strafbar gemacht.

Liegen alle Straftatvoraussetzungen vor, ist als Ergebnis der Prüfung festzuhalten, daß sich der Täter insoweit »schuldig« gemacht hat. Hier sollte man
nicht von »strafbar« sprechen, da sich die Frage, aus welcher Norm der Täter zu
bestrafen ist, erst nach Prüfung der Konkurrenzen beurteilen läßt.

IV. Die Ausnahmen von der strikten Anwendung des Gutachtenstils

Ein Gutachten, bei dem alle Straftatmerkmale ohne Ausnahme im **strengen Gutachtenstil** geprüft werden, ist weder für den Leser noch für den Bearbeiter eine
Freude. Um dem Bearbeiter unnötige Schreibarbeit zu ersparen und eine (auch
der Lesbarkeit des Gutachtens förderliche) **Schwerpunktbildung** zu ermöglichen, ist es zulässig, den strengen Gutachtenstil allein bei den problematischen
Straftatmerkmalen anzuwenden, bei eindeutig zu bejahenden Merkmalen aber
im **Urteilsstil** zu schreiben.
Gerade dem Anfänger fällt es schwer, zu erkennen, wann eine streng gutach-
tenmäßige Prüfung angezeigt ist, und wann vom Urteilsstil Gebrauch gemacht
werden darf. Als Regel kann man sich merken:

Überall dort, wo der Bearbeiter einerseits zeigen will, daß er ein Straftatmerkmal nicht übersehen hat, andererseits aber die Begründung und das Ergebnis eindeutig sind, kann der Urteilsstil angewandt werden. Überall dort, wo sich der Bearbeiter bei seinen Überlegungen vor dem Niederschreiben des Gutachtens länger über ein Tatbestandsmerkmal Gedanken gemacht hat oder er sich sogar unsicher ist, ob er es bejahen soll oder nicht, ist der Gutachtenstil geboten.

Der im Gutachten benutzte **Urteilsstil** zeichnet sich dadurch aus, daß im Anschluß an die Behauptung, daß das Merkmal vorliege, die Auslegung direkt in die Subsumtion integriert wird.

Beispiele:

A handelte vorsätzlich. Es war sein Ziel den O zu töten, um an dessen Geld heranzukommen (dolus directus 1. Grades).
Das Verhalten des B war kausal für den Unfall. Die Nichtbeachtung der Vorfahrt durch B kann nicht hinweggedacht werden, ohne daß der Zusammenstoß mit dem Pkw des Q entfällt.

Jedenfalls in der Fortgeschrittenenübung und auch im Examen sollte bei völlig unproblematischen Merkmalen der Urteilsstil durch den noch kürzeren **Behauptungsstil** ersetzt werden (anders sind die Arbeiten schon rein zeitlich nicht zu bewältigen).

Beispiele

Die Brieftasche des X ist eine für A fremde, bewegliche Sache. A müßte die Brieftasche weggenommen haben... (folgt Prüfung des inhaltlich problematischen Tatbestandsmerkmals der »Wegnahme« im strengen Gutachtenstil).
Durch den Pistolenschuß hat T den O getötet (§ 212 StGB). Fraglich ist, ob die Tat als Mord qualifiziert ist... (folgt Prüfung der inhaltlich problematischen Mordmerkmale im strengen Gutachtenstil!).

Abschließend sei zu diesem Punkt angemerkt, daß sich das Gespür für die richtige Schwerpunktbildung bei der intensiven Beschäftigung mit strafrechtlichen

Fällen mit der Zeit einstellt. Ziel sollte es sein, letztlich dahin zu kommen, daß nur noch die tatsächlich zweifelhaften Straftatmerkmale im reinen Gutachtenstil abgehandelt werden. An dieser Stelle ist aber auch auf die Gefahren hinzuweisen, die mit der Anwendung anderer Stilarten verbunden sind: Wird etwa die Bedeutung eines Straftatmerkmals falsch eingeschätzt, schneidet sich der Bearbeiter durch die Abweichung vom Gutachtenstil regelmäßig die Erörterung wichtiger rechtlicher Fragen ab, was dann einen Mangel des Gutachtens darstellt. Dies gilt unabhängig davon, ob der Bearbeiter das »richtige« Ergebnis getroffen hat. Da es im juristischen Bereich zweifelsfrei richtige Ergebnisse praktisch kaum gibt, werden Punkte in juristischen Prüfungsarbeiten nicht für das Ergebnis, sondern für die Herleitung und Begründung verteilt. Für den Anfänger folgt hieraus die Faustregel, im Zweifel lieber einmal zuviel als einmal zuwenig den (strengen) Gutachtenstil anwenden.

2. Teil: Die Aufarbeitung des Sachverhalts

1. Grundsatz: Der zur Bearbeitung gestellte Sachverhalt ist als Arbeitsgrundlage vollständig und unvoreingenommen zu erfassen.

Die Aufgabe des Studenten besteht darin, **den ausgegebenen Fall** gutachterlich zu **bearbeiten**. Voraussetzung hierfür ist, daß der Bearbeiter den Sachverhalt genau erfaßt. Werden Teile des Sachverhalts bei der Lösung ausgeklammert oder wird der Sachverhalt falsch interpretiert, löst der Bearbeiter nicht den vom Aufgabensteller entworfenen, sondern einen von ihm selbst erfundenen Fall. Da dieser Sachverhalt mit dem ausgegebenen Sachverhalt nicht deckungsgleich ist, kann auch die Lösung nicht mit der vom Aufgabensteller erwarteten Lösung korrespondieren.

Um die Gefahr einer falschen Weichenstellung so gering wie möglich zu halten, muß sich der Bearbeiter darum bemühen, den Sachverhalt zunächst unvoreingenommen in allen mitgeteilten Einzelheiten zu verinnerlichen. Soweit der Fall vom Ablauf oder den handelnden Personen her komplizierter gestaltet ist, sollte er mit Hilfe einer Zeittafel und / oder Skizze aufgearbeitet werden.

Die Gefahr einer irreparablen Fehleinschätzung des Sachverhalts besteht insbesondere dann, wenn der Versuch unternommen wird, den gestellten Sachverhalt mit einem (aus der Vorlesung, Übung oder einem Lehrbuch) bekannten Fall zur Deckung zu bringen. Die **»Suche nach dem bekannten Fall«** erschwert die unvoreingenommene Beurteilung des tatsächlich zur Bearbeitung gestellten Falls und sollte daher stets unterbleiben.

Potentiell sind **alle Angaben im Sachverhalt für die Lösung von Bedeutung**. Soweit Sachverhaltsangaben für die vom Bearbeiter gewählte Lösung nicht relevant sind, sollte dies stets Anlaß sein, die Lösung nochmals zu überdenken, da in der Regel entweder der Sachverhalt nicht zutreffend erfaßt wurde oder aber bei der Erarbeitung der Lösung ein Fehler unterlaufen ist. Ausnahmen ergeben sich, wenn der Aufgabensteller auch solche Angaben in den Sachverhalt aufnimmt, die allein den Zweck haben, das Verhalten der handelnden Personen plausibel erscheinen zu lassen. Diese Angaben sind dann aber in der Regel eindeutig als schmückendes Beiwerk zu erkennen. Kein »Hintergrundkolorit« in diesem Sinne sind insbesondere die mitgeteilten Motive und Ziele der handelnden Personen, da diese für die Prüfung des Vorsatzes und anderer subjektiver Tatbestandsmerkmale von Bedeutung sind (vgl. Seite 30).

Beispiele:

(1) Der N ist in finanziellen Schwierigkeiten. Um an das Geld seines
Erbonkels O heranzukommen, setzt er den Killer K auf den O an.
Hier ist das Motiv des N wichtig für die Frage, ob sich N nicht nur der
Anstiftung zum Totschlag (§§ 212, 26 StGB), sondern möglicherweise auch
wegen Anstiftung zum Mord (§§ 211, 26, 28 Abs. 2 StGB) strafbar gemacht
hat (Mordmerkmale: Habgier, niedriger Beweggrund).

(2) Dem T ist bekannt, daß die Rentnerin R einen größeren Geldbetrag bei
sich trägt. Er glaubt, daß die R das Geld in ihrer Handtasche hat. Um an das
Geld zu kommen, beschließt er, die Handtasche in einem unbeobachteten
Moment an sich zu bringen. So geschieht es. Als R die Handtasche neben
sich auf eine Parkbank stellt, greift T zu und läuft mit der Tasche weg,
während die R laut nach Hilfe ruft.
Hier ergibt sich aus dem Sachverhalt, daß es dem T nur darum geht, an
das Geld der R heranzukommen; die Handtasche nimmt er nur deswegen
mit, weil er in der Handtasche das Geld vermutet. Hinsichtlich der Handtasche fehlt ihm damit die Zueignungsabsicht (vgl. Tröndle/Fischer, StGB,
50. Auflage, § 242 Rn. 41 m. w. N.).

2. Grundsatz: Der gestellte Sachverhalt ist als feststehende Arbeitsgrundlage zu akzeptieren.

Der Sachverhalt ist als **feststehend zu akzeptieren**. Auch für den Bearbeiter
unwahrscheinlich anmutende Darstellungen des Geschehens sind als tatsächlich
geschehen hinzunehmen. Verbindlich sind auch vom Aufgabensteller vorgegebene **rechtliche Wertungen** des Geschehens.

Beispiel:

Der T wird von einem Arzt darüber aufgeklärt, daß er HIV-positiv ist.
Der Arzt erläutert ihm, daß er von jetzt an keinen ungeschützten Geschlechtsverkehr mehr praktizieren dürfe, da er anderenfalls seine Partner
dem Risiko der Infizierung aussetze. T ist bestürzt und verzweifelt über
seine Situation. Er kommt zu dem Entschluß, nun, wo alles zu Ende sei,

wenigstens noch eine schöne Zeit zu verleben. T klärt in der Folgezeit seine Partnerinnen, mit denen er ungeschützten Geschlechtsverkehr hat, nicht über seine Infizierung auf. Mit dem Risiko, daß er das Virus beim Geschlechtsverkehr überträgt, **findet er sich ab**. (Alternative: Das Risiko, daß er die Infizierung beim Geschlechtsverkehr überträgt, **nimmt T billigend in Kauf**.)
Die Angaben im Beispielssachverhalt beziehen sich auf die Anforderungen, die nach h. L. bzw. Rechtsprechung an den bedingten Vorsatz (dolus eventualis) zu stellen sind. Findet sich im Sachverhalt eine solche Angabe, ist der Bearbeiter zwar nicht der Aufgabe enthoben, zu prüfen, ob der Täter mit Vorsatz (im Beispiel: Körperverletzungs- bzw. Tötungsvorsatz) gehandelt hat. Da aufgrund der Angaben im Sachverhalt das Ergebnis aber bereits vom Aufgabensteller vorgegeben wurde, muß die Prüfung nicht im schulmäßigen Gutachtenstil erfolgen, sondern sollte abgekürzt werden, z. B.:

»T müßte mit Vorsatz gehandelt haben. T ist durch den Arzt darüber aufgeklärt worden, daß ungeschützter Geschlechtsverkehr zu einer Infizierung des jeweiligen Intimpartners führen kann. Laut Sachverhalt hat T sich mit dieser Möglichkeit abgefunden (Alternative: Laut Sachverhalt hat T dies billigend in Kauf genommen). T hat somit mit bedingtem Vorsatz im Hinblick auf eine Infizierung seiner Intimpartner gehandelt.«

Keine Verbindlichkeit haben dagegen die den handelnden Personen vom Aufgabensteller in den Mund gelegten »**Rechtsansichten**«.

Beispiel:

Bauer B hat den X, der sein erntereifes Maisfeld überquert hat, mit einem Schuß aus seinem Jagdgewehr getötet. Vor der Polizei gibt B an, er habe sich einige Wochen vor dem Geschehen bei seinem Anwalt erkundigt. Dieser habe ihm gesagt, er brauche es nicht zu dulden, daß sein Eigentum verletzt werde. Das Recht brauche dem Unrecht nicht zu weichen, es sei daher gerechtfertigt, wenn er das Betreten seines Feldes mit allen Mitteln verhindere.
In diesem Fall hat der Bearbeiter u. a. zu prüfen, ob Bauer B gerechtfertigt gehandelt hat. Wird dies vom Bearbeiter (zutreffenderweise) verneint, ist

dann allerdings ein Irrtum des B zu prüfen, da der Bearbeiter davon auszugehen hat, der Täter habe tatsächlich geglaubt, gerechtfertigt zu handeln. Die Behauptung des B darf nicht (ohne sich hierfür aus dem Sachverhalt ergebende **sichere** Anhaltspunkte) als bloße Schutzbehauptung abgetan werden.

Exkurs: Ergänzung und Auslegung des »offenen« Sachverhalts

Erfahrungsgemäß haben insbesondere die Bearbeiter einer Hausarbeit regelmäßig den Eindruck, daß der zur Bearbeitung gestellte Sachverhalt unvollständig bzw. »offen« ist. Hinsichtlich des **offenen Sachverhalts** ist zunächst die Faustregel zu beherzigen, daß, wenn **Alternativlösungen** gewollt sind, dies vom Aufgabensteller ausdrücklich hervorgehoben wird.

Beispiele:

Wie wäre der Fall zu beurteilen, wenn nicht aufgeklärt werden kann, ob....
Macht es einen Unterschied, wenn....
Ändert sich an der rechtlichen Beurteilung etwas, wenn....

Der Bearbeiter hat die Aufgabe, den gegebenen Sachverhalt, wenn dieser aus seiner Sicht Lücken aufweist, so zu ergänzen, daß eine Lösung auf eindeutiger Tatsachengrundlage möglich ist. Hierzu ist der im Sachverhalt geschilderte **Geschehensablauf »lebensnah« zu ergänzen.** Im Einzelfall erfordert die »lebensnahe« Ergänzung des Sachverhalts einiges Fingerspitzengefühl; allgemeingültige Regeln lassen sich nur in sehr begrenztem Rahmen aufstellen:

Grundsätzlich ist davon auszugehen, daß bei Umständen, die nicht ausdrücklich mitgeteilt wurden, der Sachverhalt dem »Regelfall«, d. h. der Lebenswirklichkeit (im Sinne eines statistischen Normalfalls) entspricht. Sind aus der Sicht des Bearbeiters zwei einander ausschließende Sachverhaltsgestaltungen in gleichem Maße wahrscheinlich (dies wird der Ausnahmefall sein!), ist die Lösung zu wählen, die mit den im Sachverhalt ausdrücklich mitgeteilten Umständen am besten in Einklang zu bringen ist.

Beispiele:

(1)   Lautet der Sachverhalt dahingehend, daß der T von seiner Versicherung zu Unrecht 500.000,– € erhalten hat, ist lebensnah davon auszugehen, daß die Zahlung unbar durch eine Banküberweisung stattgefunden hat. Es widerspricht der Lebenserfahrung, daß Versicherungen derartige Beträge bar auszahlen.

Heißt es aber im Sachverhalt, der T werde überfallen, als er mit dem Geld das Gebäude der Versicherung verläßt, ist diese Sachverhaltsangabe zu akzeptieren. Hier ist es ein schwerer Fehler, den ausdrücklichen Sachverhalt mit dem Hinweis darauf, daß Versicherungen gemeinhin solche Beträge nicht bar auszahlen, in Frage zu stellen.

(2)   T gibt – über einen 15 m breiten, unüberwindbaren Kanal hinweg – auf den O einen Schuß ab, um diesen zu töten. O bricht getroffen zusammen. T erkennt, daß er O am Bein getroffen hat und dieser nun zwar bewegungsunfähig aber nicht tödlich verletzt ist. Nunmehr bekommt T Mitleid mit O und läuft davon.

Bei der Prüfung, ob T möglicherweise strafbefreiend von dem Versuch des Totschlags (§§ 212, 22 StGB) zurückgetreten ist (vgl. § 24 StGB), kommt es darauf an, ob T nach Abgabe des Schusses die Möglichkeit hatte, seine ursprünglich beabsichtigte Tat noch zu vollenden. Ist dies nicht der Fall, ist der Versuch fehlgeschlagen und ein strafbefreiender Rücktritt scheidet aus (entweder mangels Freiwilligkeit der Tataufgabe oder aber weil man die Anwendbarkeit des § 24 StGB bereits gänzlich verneint). Maßgebend ist hier deshalb, ob T noch die Möglichkeit hatte, weitere Schüsse auf den am Boden liegenden O abzugeben. Teilt der Sachverhalt nicht mit, um was für eine Waffe es sich gehandelt hat, wäre es – angesichts der heutigen Waffentechnik – lebensfremd, davon auszugehen, daß T nicht mehr in der Lage ist, einen weiteren Schuß abzugeben. Selbst dann, wenn sich aus dem Sachverhalt Anhaltspunkte dafür ergeben würden, daß in der Waffe des T nur noch eine Patrone war, wäre weiter zu überlegen, ob es nicht lebensnah ist, daß ein Schütze noch Ersatzmunition mit sich führt. Hier ist der Sachverhalt dann daraufhin zu untersuchen, ob angesichts des Vorgeschehens davon auszugehen ist, daß T Ersatzpatronen mitgenommen hat. Dies wird man im Zweifel bejahen können, wenn sich T bewußt auf die Situation vorbereitet hat; man wird es eher verneinen müssen, wenn die Situation für T überraschend kam und er die Waffe (zu welchen Zwecken?) nur zufällig bei sich führte.

Mit Vorsicht ist der Ratschlag zu behandeln, den Sachverhalt **im Zweifel »problemfreundlich«** auszulegen. Gerade bei der problemorientierten (besser: problemfixierten) Auslegung begibt sich der Bearbeiter in die Gefahr, den Sachverhalt zu verbiegen, um sich so die Möglichkeit zu eröffnen, das ihm bekannte Problem X behandeln zu können (**sog. »Sachverhaltsquetsche«**). Zu warnen ist in diesem Zusammenhang insbesondere vor der vorschnellen Annahme von Irrtümern, die nicht im Sachverhalt mitgeteilt sind, die der Bearbeiter aber meint annehmen zu müssen (besser: zu können), weil er den geschilderten Geschehensablauf für absurd hält[1]. Gerade die **Annahme von Irrtümern ist nicht lebensnah**. Solange sich nicht (eindeutig) aus dem Sachverhalt ergibt, daß die innere Vorstellung des Täters nicht mit dem tatsächlichen äußeren Geschehen übereinstimmt, ist im Zweifel davon auszugehen, daß der Täter das äußere Geschehen (selbst, wenn dieses ungewöhnlich erscheint) zutreffend erkannt und eingeschätzt hat.

Bleibt der Sachverhalt auch nach allen Bemühungen um eine ergänzende lebensnahe Auslegung in einem Punkt offen, besteht die letzte Möglichkeit, eine sonst notwendige (aber nicht ausdrücklich verlangte) Alternativlösung zu vermeiden, darin, den Grundsatz **»in dubio pro reo«** anzuwenden. Zu beachten ist allerdings, daß die Anwendung dieses Grundsatzes einer lebensnahen Auslegung des Sachverhalts nachgeordnet ist. Um sich den Vorwurf zu ersparen, vorzeitig (und damit methodisch fehlerhaft) zum Grundsatz »in dubio pro reo« Zuflucht genommen zu haben, ist es anzuraten, im Gutachten selbst – bei der Erörterung des relevanten Prüfungspunktes – darzulegen, warum eine lebensnahe Sachverhaltsergänzung nicht zu einem eindeutigen Ergebnis führt. Erst dann, wenn der Bearbeiter (auch sich selbst gegenüber) überzeugend begründet hat, daß eine eindeutige Tatsachengrundlage nicht zu ermitteln ist, ist »in dubio pro reo« die für den Täter[2] günstigere Sachverhaltsalternative der Lösung zugrunde zu legen.

Merke: Der Grundsatz **»in dubio pro reo« ist in keinem Fall bei Rechtsfragen** anzuwenden. Diese sind stets – unabhängig davon, wie schwierig dies ist – einer eindeutigen Lösung zuzuführen.

Zur Vertiefung: Die Feststellung innerer Tatsachen

Besondere Probleme bereitet in strafrechtlichen Klausuren und Hausarbeiten die Feststellung subjektiver Tatbestandsmerkmale (Vorsatz, Zueignungsabsicht, Bereicherungsabsicht usw.). Enthält der Sachverhalt keine ausdrücklichen Angaben über die innere Einstellung des Täters zur Tat, muß der Bearbeiter – wie der

---

1 Vgl. beispielhaft die »unglaublichen« Sachverhalte, die einigen Entscheidungen des Bundesgerichtshofes zugrunde liegen (BGHSt 32, 38 = Siriusfall; BGHSt 35, 347 = Katzenkönigfall).

2 Bei mehreren Tätern muß ggf. jeweils eine andere Sachverhaltsalternative zugrundegelegt werden.

Richter, wenn der Angeklagte keine Angaben zu seinen Vorstellungen während der Tat macht – **die innere Einstellung aus dem äußeren Verhalten des Täters und den Umständen der Tat erschließen.**
Hinsichtlich des kognitiven Vorsatzelementes sind beim Täter, wenn im Sachverhalt keine entgegenstehenden Angaben enthalten sind (beispielsweise: nicht unerhebliche Alkoholisierung des Täters zur Tatzeit; der Täter steht unter Schock oder weist aus anderen Gründen eine abnorme psychische Verfassung auf), das Wissen und die Vorstellungskräfte eines durchschnittlichen »Normalbürgers« zu unterstellen. Was konkret als der Wissensstand eines »Normalbürgers« anzusehen ist, muß der Bearbeiter aufgrund seiner Lebenserfahrung entscheiden (und gegebenenfalls auch begründen). Dies bedeutet, daß z. B. bei offensichtlich gefährlichen Verhaltensweisen eher davon auszugehen ist, daß der Täter die Gefährlichkeit und damit die Möglichkeit des Deliktserfolgs erkannt hat; bei einem Erfolgseintritt als Ergebnis eines komplizierten und nicht alltäglichen Kausalverlaufs dürfte das Wissen des Täters um die Möglichkeit eines Erfolgseintritts dagegen eher zweifelhaft sein. Entscheidend kann weiter sein, ob es sich um eine von langer Hand geplante oder aber um eine Spontanat handelt, bei der es naheliegen kann, daß der Täter bestimmte, nicht offensichtlich auf der Hand liegende Konsequenzen seines Tuns schlicht nicht wahrgenommen hat. Auch hier ist im übrigen der Sachverhalt – unabhängig davon, daß man diesen möglicherweise als »absurd« empfindet – als Arbeitsgrundlage hinzunehmen.

Beispiel:

Lautet der Sachverhalt dahingehend, daß A eine vergiftete Wurst in den Vorgarten seines ihm verhaßten Nachbarn wirft, ist, wenn nicht – wie von A gewollt – der Hund des N, sondern dessen Kinder von der Wurst essen und daran sterben, die Frage zu entscheiden, ob A auch im Hinblick auf eine Tötung der Kinder mit Vorsatz gehandelt hat oder nur einer fahrlässigen Tötung schuldig ist. Enthält der Sachverhalt keine ausdrücklichen Hinweise, kommt es auf die oben genannten Kriterien an: Hat A spontan gehandelt oder hat er die objektiv gefahrvolle Tat überlegt ausgeführt? Wenn der Sachverhalt allerdings ausdrücklich vorgibt, daß A an die im Garten spielenden Kinder nicht gedacht hat oder aber davon ausgegangen ist, daß diese von der Wurst nicht essen werden, mag dies zwar »lebensfremd« sein, muß aber bei der Bearbeitung akzeptiert werden (die Bearbeitung läuft dann auf die Problemstellung der aberratio ictus hinaus).

Hinsichtlich des (in seiner Berechtigung auch grundsätzlich umstrittenen, von der h. M. aber anerkannten) voluntativen Vorsatzelementes gelten die gleichen

Grundsätze. Auch die Antwort auf die Frage, ob sich der Täter mit dem Eintritt des deliktischen Erfolges abgefunden bzw. diesen billigend in Kauf genommen hat, ist – soweit der Aufgabensteller ein bestimmtes Ergebnis nicht ausdrücklich vorgibt – ebenfalls aus den äußeren Umständen der Tatbegehung abzuleiten. Entscheidende Kriterien können hier sein: die Motivlage des Täters (ist ein plausibles Motiv für sein Verhalten erkennbar?), die Persönlichkeitsstruktur und die psychische Verfassung des Täters sowie die objektive Gefährlichkeit des Täterverhaltens. Der BGH geht in ständiger Rechtsprechung von folgendem Grundsatz aus: je gefährlicher ein Verhalten ist, desto näher liegt die Annahme von (Tötungs-)Vorsatz. Als weiteres Kriterium kommen die Bemühungen des Täters in Betracht, einer von ihm erkannten Gefährlichkeit zu begegnen. Beachte: Gerade dieser Gesichtspunkt kann je nach konkreter Fallgestaltung für oder gegen das Vorliegen des voluntativen Vorsatzelementes sprechen!

Schließlich kann auch das Verhalten des Täters nach der Tat Indizwert haben: Ist der Täter beispielsweise geschockt von dem, was passiert ist, kann dies dafür sprechen, daß er entweder gar nicht erkannt hatte, daß es zu einem derartigen Erfolg kommen konnte (= Fehlen des kognitiven Vorsatzelementes), oder daß er die Möglichkeit des Erfolgseintritts zwar als solche erkannt, nicht aber ernsthaft ins Auge gefaßt hat (dann würde unter Zugrundelegung der h. M. das voluntative Vorsatzelement fehlen).

Als anschauliche Beispiele aus der Rechtsprechung des Bundesgerichtshofes kann insbesondere auf die Entscheidungen BGHSt 36, 1 ff., 36, 262 ff. sowie BGH, NStZ 1994, 483 ff. verwiesen werden. Weiterführend hierzu: Frisch, JuS 1990, 362 ff. sowie ders., in: Gedächtnisschrift für Karlheinz Meyer, Berlin 1990, S. 533 ff.

3. Teil: Der Aufbau des Gutachtens

Das Gutachten darf **weder Aufbau- noch methodische Hinweise jeglicher Art** enthalten. Der vom Bearbeiter gewählte Aufbau und sein methodisches Vorgehen müssen allein durch die Bearbeitung überzeugen (eine aus sachlichen oder methodischen Gründen unvertretbare Vorgehensweise würde im übrigen auch durch eine etwaige Begründung nicht »geheilt« werden). Auf keinen Fall darf der Bearbeiter z. B. seine Auslegung des Sachverhalts, die evtl. für die strafrechtliche Beurteilung wesentliche »zivilrechtliche Seite des Falls« oder die Frage, ob eine bestimmte Person als Täter oder Teilnehmer zu betrachten ist, quasi im Wege eines Vorworts dem eigentlichen Gutachten voranstellen. Ebensowenig darf der Bearbeiter begründen, warum er die Strafbarkeit einer Person vor der Strafbarkeit einer anderen Person, ein bestimmtes Delikt vor einem anderen Delikt prüft (z. B. § 212 StGB vor § 211 StGB) bzw. warum nach Auffassung des Bearbeiters ein bestimmtes Straftatmerkmal an einer bestimmten Stelle im Straftataufbau einzuordnen ist, wie z. B. bei der Pflichtenkollision, wo strittig ist, ob die Prüfung im Rahmen der Rechtswidrigkeit oder der Schuld zu erfolgen hat.

I. Die Reihenfolge der zu prüfenden Personen

Aufbauprobleme ergeben sich insbesondere dann, wenn die Strafbarkeit mehrerer Personen zu prüfen ist (vgl. hierzu jeweils den Bearbeitervermerk unter dem Sachverhalt!). Grundsätzlich hat der Bearbeiter zwar einen gewissen Spielraum bei der Gestaltung des Gutachtenaufbaus. Gerade dann, wenn die Strafbarkeit mehrerer Personen in Frage steht, sind jedoch im Einzelfall auch zwingende Aufbauregeln zu beachten.
Merke: Es gibt keinen Grundsatz, der besagt, daß die Strafbarkeit einer Person in jedem Fall zwingend en bloc zu prüfen ist.

1. Grundsatz: Inzidentprüfungen sowie Verweisungen nach unten sind zu vermeiden.

Hieraus folgt:
Sind **Rechtfertigungsprobleme** zu behandeln, ist streng historisch zu prüfen, da die mögliche Rechtfertigung eines Täters Bedeutung für die Strafbarkeit einer anderen Person haben kann.

Beispiel:

Sachverhalt: A beleidigt den B. B schlägt daraufhin dem A ins Gesicht. A schlägt zurück.

Hier ist zunächst die Strafbarkeit des A wegen § 185 StGB zu untersuchen. Hat A sich nach § 185 StGB schuldig gemacht, kann die Körperverletzung durch B möglicherweise gemäß § 32 StGB gerechtfertigt sein (Problem: Gegenwärtigkeit des Angriffs?). Erst wenn man geprüft hat, ob das Verhalten des B rechtswidrig oder gerechtfertigt ist, kann beurteilt werden, ob die Körperverletzung durch A gerechtfertigt ist (abhängig davon, ob der Schlag des B ein rechtswidriger Angriff ist oder nicht).

Haupttäter sind stets vor etwaigen **Anstiftern** und/oder **Gehilfen** zu prüfen, da die vorsätzliche, rechtswidrige Haupttat Voraussetzung einer Strafbarkeit der Teilnehmer ist.

Beispiel:

Sachverhalt: B stiftet den A an, den P zu überfallen und auszurauben. C leiht dem A seinen Totschläger. A führt die Tat aus.

Hier ist zunächst zwingend die Strafbarkeit des A nach den §§ 249, 250 StGB zu prüfen, da die Straftat des A als Haupttat Voraussetzung für eine Strafbarkeit des B als Anstifter bzw. des C als Gehilfen ist.

Die (Nicht-)Strafbarkeit des potentiellen »**Werkzeugs**« ist vor der Strafbarkeit des potentiellen »**mittelbaren Täters**« zu prüfen, da sonst im Rahmen der Strafbarkeitsprüfung des potentiellen mittelbaren Täters bei dem Prüfungspunkt »Werkzeugqualität des Tatmittlers« die Strafbarkeit des Tatmittlers inzident geprüft werden müßte.

Beispiel:

Sachverhalt: A will seinen Nebenbuhler N aus dem Weg schaffen. Er spielt dem Polizeikommissar P falsche Informationen zu, nach denen N als Großdealer im Kokaingeschäft tätig ist. P verhaftet den N; A hat freie Bahn.
Hier ist zunächst die Strafbarkeit des P zu prüfen. Nach der Feststellung, daß P gerechtfertigt gehandelt hat (§ 127 Abs. 2 StPO), kann dann die Strafbarkeit des A (§§ 239, 25 I 2. Alt StGB) geprüft werden (P als gerechtfertigt handelndes Werkzeug des A).

Im Einzelfall kann sich aus der obigen Aufbauregel zwingend ein »**gebrochener Aufbau**« ergeben.

Beispiel:

B steht bei einem Einbruch des A Schmiere. Zur Belohnung informiert A den B darüber, daß bei X ohne große Schwierigkeiten eingebrochen werden kann. B bricht daraufhin am nächsten Tag bei X ein.
Prüfungsfolge:
1. Strafbarkeit des A wegen des ersten Einbruchs: §§ 242, 243 Abs. 1 Nr. 1 StGB
2. Strafbarkeit des B
   a) Beihilfe wegen des Schmierestehens: §§ 242, 243 Abs. 1 Nr. 1, 27 StGB
   b) Der eigene Einbruch des B: §§ 242, 243 Abs. 1 Nr. 1 StGB
3. Strafbarkeit des A hinsichtlich des zweiten Einbruchs: §§ 242, 243 Abs. 1 Nr. 1, 26 StGB

Ausnahmsweise ist eine **Inzidentprüfung** nicht nur zulässig, sondern sogar unumgänglich, wenn der potentielle Haupttäter, Tatmittler oder gerechtfertigt handelnde Täter laut Sachverhalt verstorben ist. Die **Strafbarkeit eines Toten** wird (in Anlehnung an die Praxis, die kein Interesse daran hat, ein Strafverfahren gegen einen Toten zu führen) nicht eigenständig unter seinem Namen geprüft. Nur dann, wenn das Verhalten des Verstorbenen Bedeutung für die Strafbarkeit einer (laut Sachverhalt) noch lebenden Person hat, wird sie inzident im Rahmen der Strafbarkeitsprüfung dieser Person untersucht.

Beispiel:

Sachverhalt: A beleidigt B. B geht mit einem Messer auf A los. A erschießt den B.
Hier darf allein die Strafbarkeit des noch lebenden A geprüft werden. Man beginnt mit der möglichen Strafbarkeit nach § 185 StGB. Dann prüft man eine Strafbarkeit nach § 212 StGB. Hier ist im Rahmen der Frage, ob der Schuß des A durch Notwehr (§ 32 StGB) gerechtfertigt ist, zu prüfen, ob der Angriff des B mit dem Messer rechtswidrig war. An dieser Stelle ist nun inzident die Strafbarkeit des toten B zu untersuchen.

2. Grundsatz: Die Strafbarkeit jeder Person ist gesondert für sich zu prüfen.

Ausnahmen sind möglich, wenn:
(1) mehrere Personen identische Handlungen vornehmen, die der Sachverhalt nicht näher aufschlüsselt bzw. wie das Handeln nur einer Person schildert.

Beispiel:

A und B dringen in die Wohnung des E ein. Sie durchwühlen den Schreibtisch des E und nehmen einige Wertpapiere und eine größere Menge Bargeld an sich,...,
Hier sind A und B (zumindest hinsichtlich des hier interessierenden Teils des Sachverhalts) quasi als eine Person zu behandeln. Sie können zusammen als Mittäter geprüft werden, ohne daß dies im einzelnen problematisiert werden muß. Die Prüfung könnte hinsichtlich des Diebstahls z. B. so beginnen:
»A und B haben einige Wertpapiere und eine größere Menge Geld aus dem Schreibtisch des E an sich genommen. Hierdurch könnten sie als Mittäter (§ 25 Abs. 2 StGB) den Tatbestand des §§ 242, 243 Abs. 1 Nr. 1 StGB verwirklicht haben. Voraussetzung hierfür ist, daß A und B fremde bewegliche Sachen weggenommen haben....«

(2)   mehrere Personen ein Delikt so begehen, daß jeder Täter allein nur einen Teil verwirklicht, keiner aber das ganze.

Beispiel:

A und B überfallen den Passanten P. A schlägt den P nieder; B nimmt dem benommen am Boden liegenden P das Geld aus der Brieftasche. Hinsichtlich des Raubes (§ 249 StGB) haben A und B jeweils nur einen Teil des Delikts verwirklicht: A die Gewaltanwendung und B die Wegnahme. Bei der Prüfung des § 249 StGB sind A und B daher zwingend zusammen zu prüfen. Anders als im obigen Beispielsfall muß hier allerdings auch das Vorliegen der Voraussetzungen einer Mittäterschaft im einzelnen geprüft werden.

Achtung: Einige Übungsleiter befürworten auch in den oben genannten Ausnahmekonstellationen eine strikt getrennte Prüfung. Folgt man dieser Auffassung, wäre zunächst die Strafbarkeit einer Person zu prüfen. Verwirklicht diese Person alle Tatbestandsmerkmale in eigener Person, ergeben sich keine Probleme; die mögliche Mittäterschaft weiterer Personen ist nicht zu erwähnen. Verwirklicht dagegen der Täter nicht alle Tatbestandsmerkmale, ist im Rahmen des objektiven Tatbestandes zu prüfen, ob ihm die von einer anderen Person verwirklichten Tatbestandselemente über § 25 Abs. 2 StGB zurechenbar sind. Bezogen auf den Beispielsfall bedeutet dies, daß man zunächst prüfen würde, ob sich A wegen Raubes (§ 249 StGB) schuldig gemacht hat. Im objektiven Tatbestand wäre zunächst festzustellen, daß A Gewalt (zum Zwecke der Wegnahme) angewendet hat. In einem weiteren Prüfungsschritt wäre zu untersuchen, ob die Wegnahme durch B dem A über § 25 Abs. 2 StGB zugerechnet werden kann.

Merke: Verwirklicht ein Täter bereits allein in seiner Person das ganze Delikt, sollte dieser zunächst als Alleintäter geprüft werden, ohne daß bei ihm die Frage einer Mittäterschaft überhaupt angesprochen wird. Die Strafbarkeit der anderen (als Mittäter in Betracht kommenden) Personen wird später daraufhin geprüft, ob diese Mittäter des bereits oben geprüften Delikts sind.

Beispiel:

Sachverhalt: A, B und C kommen überein, den P zu überfallen und um sein Bargeld zu erleichtern. Während C Schmiere steht, nähern sich A und B dem P. A schlägt den P, der von B festgehalten wird, nieder und nimmt ihm dann das Geld weg.

Hier erfüllt A in seiner Person alle Straftatmerkmale des § 249 StGB. A
sollte daher zunächst allein (ohne Eingehen auf eine mögliche Mittäterschaft von B und C) geprüft werden. Anschließend ist zu untersuchen, ob
B bzw. C die Straftat des A als mittäterschaftliches Delikt zugerechnet wer-
den kann (§ 25 Abs. 2 StGB hat die Funktion einer Zurechnungsnorm). Das
Verhalten von B und C ist relevant bei der Frage, ob im Schmierestehen
bzw. Festhalten ein hinreichender eigener Tatbeitrag liegt. Die Prüfung der
Strafbarkeit von B (bzw. C) könnte wie folgt eingeleitet werden:
»B könnte sich dadurch, daß er den P festhielt, als Mittäter des durch A
begangenen Raubes schuldig gemacht haben (§§ 249, 25 Abs. 2 StGB).
Dann müßten A und B die Straftat gemeinschaftlich begangen haben.
Voraussetzung hierfür ist....(folgt die Prüfung der Voraussetzungen der
Mittäterschaft).

**3. Grundsatz: Liegen keine Besonderheiten vor, die eine zwingende
Prüfungsreihenfolge vorgeben (vgl. Grundsatz 1 und 2), ist ein möglichst
übersichtlicher Aufbau zu wählen, der dem Leser das Verständnis der
Arbeit erleichtert.**

Dies bedeutet, daß einerseits **dem im Sachverhalt geschilderten Geschehensablauf Rechnung zu tragen ist** und andererseits die Strafbarkeitsprüfungen
so zusammenzufassen sind, daß **die Strafbarkeit der einzelnen handelnden
Personen möglichst zusammenhängend** untersucht wird. Dabei ist mit der
»tatnächsten« Person bzw. der »Zentralfigur des Geschehens« zu beginnen.

Hieraus folgt:
– Schildert der Sachverhalt nur ein einziges, in sich abgeschlossenes Ereignis,
  beginnt man mit der **»Hauptfigur«** und prüft die Strafbarkeit dieser Person
  umfassend. Dann wendet man sich der nächsten Person zu usw.
– Besteht die Sachverhaltsschilderung aus mehreren (evtl. zeitlich auseinan-
  derliegenden), jeweils in sich abgeschlossenen oder wenigstens voneinander
  trennbaren Ereignissen, bietet es sich an, den Sachverhalt in **Handlungsabschnitte** zu unterteilen. Innerhalb dieser Abschnitte ist wiederum nach Personen getrennt zu prüfen, wobei man dann mit der »Zentralfigur« beginnt. Prak-
  tischer Hinweis: Bei der Einteilung des Sachverhalts in Handlungsabschnitte
  kann man sich in den meisten Fällen bereits an der grafischen Gestaltung des
  ausgeteilten Sachverhalts (Absätze!) orientieren.

Merke: Unabdingbar ist die Aufteilung in Handlungsabschnitte dann, wenn die Rolle der Haupttäter und Teilnehmer zwischen den verschiedenen, im Sachverhalt geschilderten Ereignissen wechselt (vgl. Grundsätze 1 und 2).

II. Prüfungsreihenfolge und -gegenstand bei der Strafbarkeitsprüfung einer Person

Vorüberlegung: Zu beachten ist, daß der Aufgabensteller unter Umständen den **Prüfungsbereich eingeschränkt** hat:

Gerade in der Anfängerübung werden in der Regel das Nebenstrafrecht (z. B. Betäubungsmittelgesetz, Straßenverkehrsgesetz) und manchmal sogar Teile des Kernstrafrechts von der Prüfung ausgenommen. Zum Teil wird der Prüfungsbereich sogar ausdrücklich auf bestimmte Deliktsgruppen beschränkt, z. B.:
Hat A sich strafbar gemacht? (Tötungsdelikte sind nicht zu prüfen)
Hat A sich wegen eines Tötungsdelikts strafbar gemacht?
Ist der Prüfungsbereich auf das StGB eingeschränkt, hat dies allein zur Folge, daß nur Straftatbestände des StGB, nicht aber solche des Nebenstrafrechts zu prüfen sind. Rechtfertigungsgründe aus anderen Gesetzen (z. B. § 228 BGB, § 127 StPO) betrifft diese Einschränkung nicht, sie sind selbstverständlich zu prüfen. Auch ist – wenn es darauf ankommt – die Eigentumslage an einer Sache nach den hierfür maßgeblichen Normen des BGB zu beurteilen.
Ist allgemein nach der Strafbarkeit der Beteiligten gefragt, sind zwar auch strafrechtliche Nebengesetze, nicht aber Ordnungswidrigkeiten zu prüfen z.B:
Strafbarkeit der Beteiligten?
Hat A sich strafbar gemacht?

Merke: Erörterungen zur Straffrage (Strafzumessung im engeren und weiteren Sinne) sind im Gutachten nicht anzustellen. Es ist z. B. nicht zu prüfen, ob ein minder schwerer bzw. besonders schwerer Fall vorliegt oder eine etwaige Strafe zur Bewährung ausgesetzt werden kann oder muß. **Ausnahme:** Zu prüfen ist (wenn der Sachverhalt hierfür Anhaltspunkte enthält), ob einer der in verschiedenen Straftatbeständen geregelten sog. benannten schweren Fälle gegeben ist[3].

---

3 Die unter prüfungstechnischen Gesichtspunkten wichtigste Norm ist hier § 243 StGB. Diese Norm ist – anders als z. B. § 244 StGB – kein Qualifikationstatbestand zu § 242 StGB, sondern eine Strafzumessungsregel, die allerdings praktisch wie ein Qualifikationstatbestand behandelt wird. Für den Prüfungsaufbau ist aber zu beachten, daß es sich nicht um einen eigenständigen Tatbestand handelt (häufiger Fehler!). Falsch wäre es also zu formulieren: »T könnte sich gemäß § 243 StGB strafbar gemacht haben.« Richtig ist es, die Frage, ob die Voraussetzungen

1. Grundsatz: Auch die Prüfungsreihenfolge innerhalb der Strafbarkeitsprüfung einer Person ist in erster Linie an dem Ziel zu orientieren, ein Höchstmaß an Übersichtlichkeit für den Leser zu erreichen.

Um der Gefahr zu begegnen, strafbare Verhaltensweisen zu übersehen, sollte man sich grundsätzlich an der Abfolge des historischen Geschehens orientieren. Nur dann, wenn durch eine Handlung bzw. im Rahmen mehrerer als Einheit zusammengehörender Handlungen verschiedene Tatbestände verwirklicht werden, ist mit den gewichtigeren Delikten zu beginnen (»Dickschiffe nach vorn«).

2. Grundsatz: Prüfungsgegenstand sind allein Tatbestände des Besonderen Teils.

Die Bearbeitung eines Strafrechtsfalles beginnt zwingend damit, daß man sich die Straftatbestände heraussucht, die bei dem jeweils gegebenen Sachverhalt möglicherweise einschlägig sein könnten. Ausgangspunkt einer Strafbarkeitsprüfung sind in keinem Fall Normen des Allgemeinen Teils, sondern stets die Straftatbestände des Besonderen Teils (§§ 80 ff. StGB). Die Straftatbestände des Besonderen Teils des StGB definieren die einzelnen Verhaltensweisen, die eine strafrechtliche Verantwortlichkeit begründen können (beispielhaft: Mord = § 211; Körperverletzung = § 223; Nötigung = § 240; Diebstahl = § 242; Betrug = § 263; Sachbeschädigung = § 303).

Bei den Normen des Allgemeinen Teils handelt es sich um Regelungen, die grundsätzlich für alle Straftatbestände Geltung beanspruchen und die der Gesetzgeber aus redaktionellen Gründen »vor die Klammer gezogen« hat, um die einzelnen Deliktsbeschreibungen zu entlasten. Der Sache nach sind die Normen des Allgemeinen Teils (AT) also in die jeweils zu prüfenden Straftatbestände des Besonderen Teils (BT) »hineinzulesen«. Für die universitären Fallbearbeitungen sind in erster Linie die Normen des AT unmittelbar relevant, in denen die Voraussetzungen der Strafbarkeit geregelt werden. Konkret sind dies die §§ 13 – 37 StGB.

Beispielhaft: Würde man sich allein auf die Straftatbestände des BT beschränken, wäre ein Totschlag bereits und stets dann gegeben, wenn der Täter »einen

---

des § 243 StGB erfüllt sind, im Rahmen der Prüfung des § 242 StGB als letzten Prüfungspunkt (nach der Schuldprüfung!) anzusprechen.

Beachte: Durch das 6. StrRG sind für eine ganze Reihe von Straftatbeständen benannte besonders schwere Fälle eingeführt worden. Für die Prüfung gelten die gleichen Grundsätze wie bei § 243 StGB.

Menschen tötet« (§ 212).[4] Daß das nicht richtig sein kann, zeigt sich bereits daran,
- daß es dann unerheblich wäre, ob der Täter überhaupt erkannt hat bzw. erkennen konnte, daß er einen Menschen töten würde,
- daß es unerheblich wäre, daß sich der Täter möglicherweise nur gegen einen Angreifer gewehrt hat,
- daß es unerheblich wäre, ob sich der Täter bei Begehung der Tat in einem Zustand der Unzurechnungsfähigkeit befand.

Alle oben beispielhaft genannten Problemstellungen werden durch Normen des AT geregelt (vgl. §§ 15, 20, 32 StGB). Diese Normen müssen bei der Prüfung der Strafbarkeit berücksichtigt werden. Der erweiterte (aber immer noch nicht vollständige!) Tatbestand des § 212 StGB müßte dann gelesen werden als:»Wer einen Menschen *vorsätzlich* tötet, *ohne daß seine Tat durch Notwehr geboten war*, macht sich strafbar, wenn er *bei Begehung der Tat nicht wegen einer krankhaften seelischen Störung, wegen einer tiefgreifenden Bewußtseinsstörung oder wegen Schwachsinns oder einer schweren anderen seelischen Abartigkeit unfähig war, das Unrecht der Tat einzusehen oder nach dieser Einsicht zu handeln.*«
Der AT enthält Normen, die die Straftatbestände des BT nicht nur ergänzen, sondern modifizieren. So kann z. B. neben dem in § 212 StGB als Grundtypus geregelten vorsätzlichen vollendeten Totschlag auch ein versuchter Totschlag (§§ 212, 22 StGB), ein Totschlag durch Unterlassen (§§ 212, 13 StGB), die Anstiftung zum Totschlag (§§ 212, 26 StGB) oder auch ein versuchter Totschlag in mittelbarer Täterschaft durch Unterlassen (§§ 212, 13, 22, 25 Abs. 1 2. Alt. StGB) zu prüfen sein. Wichtig ist, daß in keinem Fall unspezifiziert »Versuch« oder »Anstiftung« geprüft wird. Eine Anstiftung als solche gibt es gar nicht, sondern nur die Anstiftung zu einem konkreten Delikt.
Merke: Die Strafbarkeitsprüfung nimmt ihren Ausgangspunkt stets und zwingend bei einem Straftatbestand des BT. Die Normen des AT werden stets nur im Rahmen der Prüfung eines Straftatbestandes herangezogen.
Die Aufgabe, die Regelungen des BT und AT so zusammenzuführen, daß ein Gesamtsystem der Strafbarkeitsvoraussetzungen erkennbar (und darstellbar) wird, versucht die Strafrechtswissenschaft durch die Lehre vom Straftataufbau zu bewältigen. Die im einzelnen in den Lehrbüchern des AT dargestellte Lehre des Straftataufbaus soll also die grundlegenden Strukturen der den einzelnen Straftatbeständen des BT implizit zugrundeliegenden Systematik aufzeigen (vgl. Jescheck/Weigend, StrafR AT, 5. Auflage, § 21; Roxin, StrafR AT, 3. Auflage,

---

4 Hinweis: Der Zusatz »ohne Mörder zu sein« ist nach allgemeiner Auffassung ein redaktioneller Fehler des Gesetzgebers. Die Prüfung des Totschlags setzt nicht die negative Prüfung des Mordes voraus. Im Gutachten kann man diesen Zusatz schlicht (d. h.: ohne Begründung) unter den Tisch fallen lassen.

Teilbd. 1, § 7). Hieraus folgt: Die Bearbeitung eines Strafrechtsfalles setzt nicht nur voraus, daß der Bearbeiter Kenntnisse über die spezifischen Inhalte der jeweils einschlägigen Straftatbestände des BT besitzt; ihm muß darüber hinaus die Systematik des Straftataufbaus geläufig sein, da er anderenfalls nicht in der Lage ist, die Regelungen des AT in angemessener Weise bei seiner Prüfung zu berücksichtigen.

Ergänzend sind noch einige gutachtentechnische Grundsätze zu beachten:

1. Jeder in Betracht kommende Tatbestand ist **einzeln für sich zu prüfen**.

Auch Tatbestände, die nur alternativ in Betracht kommen (etwa § 242 zu § 246 StGB oder § 242 zu § 263 StGB oder § 249 zu § 253 StGB) dürfen nicht zusammengefaßt geprüft werden. Man beginnt hier sinnvollerweise mit dem Delikt, das man im Ergebnis ablehnen wird. Für die Abgrenzung des Diebstahls vom Sachbetrug ist z. B. maßgebend, ob das Tatobjekt vom Täter weggenommen wurde (dann Diebstahl) oder das Opfer über die Sache verfügt hat (dann Betrug). Kommt man bei der Erstellung der Lösungsskizze zu dem Ergebnis, es liegt eine Vermögensverfügung vor, beginnt man mit der Prüfung des Diebstahls. Dort lehnt man dann eine Wegnahme ab und verneint damit eine Strafbarkeit nach § 242 StGB. Anschließend wird § 263 StGB geprüft und bejaht.
Qualifikationstatbestände sind ebenfalls selbständig zu prüfen. Ob man zunächst mit dem Grunddelikt beginnt oder gleich den Qualifikationstatbestand prüft, ist eine Frage des Ermessens. Man sollte dann, wenn im Ergebnis die Qualifikation abzulehnen ist, mit dem Grunddelikt beginnen, dieses bejahen und dann die Qualifikation gesondert prüfen und ablehnen. Wird bereits der Grundtatbestand verneint, ist es sinnvoll, zunächst nur diesen zu prüfen, weil sich dann das Problem der Qualifikation gar nicht mehr stellt. Sind sowohl der Grundtatbestand als auch die Qualifikation im Ergebnis zu bejahen, sollte man sich daran orientieren, wo die Hauptprobleme liegen. Ist der Grundtatbestand ein »Selbstgänger«, lohnt es sich nicht, ihn gesondert zu prüfen; man beginnt gleich mit der Qualifikation[5]. Liegen die Probleme des Falles im Grundtatbestand (z. B. bei der objektiven Zurechnung) kann es die Prüfung übersichtlicher machen, wenn man zunächst nur das Grunddelikt prüft und die Prüfung der Qualifikation gegebenenfalls (= wenn das Grunddelikt bejaht wurde) in einem weiteren Prüfungsschritt anschließt.
Privilegierungstatbestände (z. B. § 216 im Verhältnis zu den §§ 211, 212 StGB) sind stets vor dem Grunddelikt zu prüfen, da der Privilegierungstatbestand die Anwendung des Grundtatbestands (und auch etwaige Qualifizierungen) sperrt. Beispiel: Tötet der Neffe seinen Erbonkel auf dessen ausdrückliches und

---

5 Die (gesonderte) Prüfung des Grundtatbestandes entfällt, wenn die Qualifikation bejaht wurde.

ernsthaftes Verlangen hin, bleibt es bei der Anwendung des § 216 StGB auch dann, wenn der Neffe aus Habgier gehandelt hat.

2. In jedem Fall ist **unmittelbar mit der Tatbestandsprüfung zu beginnen.**

Auch die Fragen, ob das StGB überhaupt auf den zu beurteilenden Fall Anwendung finden kann (vgl. §§ 3 ff. StGB) bzw. eine rechtlich relevante Handlung vorliegt, sind in die Prüfung konkreter Tatbestände zu integrieren und keinesfalls in Form einer Vorbemerkung abzuhandeln. Gleiches gilt für die Frage, ob eine Person Täter (§ 25 StGB) oder Teilnehmer (§§ 26, 27 StGB) ist, ob ein vollendetes oder nur ein versuchtes Delikt (§§ 22 f. StGB) bzw. ein aktives Tun oder nur ein Unterlassen (§ 13 StGB) gegeben ist.

Beispiele:

(1)   Ist nicht ohne weiteres klar, ob das Delikt vollendet oder im Versuch steckengeblieben ist, sollte man mit der Prüfung des vollendeten Delikts beginnen. Stellt sich dann heraus, daß ein Tatbestandsmerkmal nicht erfüllt (und damit eine Vollendung des Delikts ausgeschlossen) ist, kann diese Prüfung mit negativem Ergebnis abgeschlossen und sodann (unter einer neuen Prüfungsziffer) zur Prüfung des entsprechenden versuchten Delikts übergegangen werden. Ist dagegen von vornherein klar, daß es an einer Vollendung fehlt, kann man sich die Prüfung des vollendeten Delikts ersparen. Man beginnt hier sinnvollerweise sofort und ohne eine Begründung für dieses Vorgehen zu geben mit der Prüfung des versuchten Delikts. Im Rahmen dieser Prüfung (nicht aber in der Form eines Vorwortes!) ist dann kurz darzulegen, daß es an einer Vollendung fehlt (nur dann ist überhaupt Raum für eine Prüfung des versuchten Delikts).

(2)   Ist unklar, ob B, der bei einem von A begangenen Einbruch »Schmiere« gestanden hat, als Mittäter oder nur als Gehilfe des A anzusehen ist, sollte man die Prüfung der Strafbarkeit des B zunächst (wiederum: ohne das methodische Vorgehen als solches zu begründen) mit einer Prüfung des §§ 242, 25 Abs. 2 StGB beginnen. Stellt sich heraus, daß B sich als Mittäter schuldig gemacht hat, entfällt eine Prüfung der Beihilfe zum Diebstahl (§§ 242, 27 StGB). Sind die Voraussetzungen einer Mittäterschaft dagegen nicht erfüllt, wird im Anschluß an die negative Prüfung der §§ 242, 25 Abs. 2 StGB (wiederum: unter einer neuen Prüfungsziffer) Beihilfe zum Diebstahl geprüft.

3. Auch etwaige **zivilrechtliche** oder **öffentlich-rechtliche »Vorfragen«** sind ausschließlich im Rahmen der Tatbestands- bzw. Rechtfertigungs- oder Schuldprüfung anhand eines konkreten Straftatmerkmals (z. B. »fremd« bei § 242 StGB; »rechtswidrig« bei § 32 StGB) zu erörtern.

Beachte: Auf die Beantwortung derartiger Fragestellungen aus anderen Rechtsgebieten ist grundsätzlich die gleiche Sorgfalt zu verwenden, wie bei originär strafrechtlichen Problemstellungen. Allenfalls in der Klausursituation mag es noch angehen, daß man sich auf die Darlegung der »h. M.« beschränkt.

4. Der Bearbeiter hat in einem **Einleitungssatz genau** anzugeben, welcher Täter durch welche konkrete Handlung/Unterlassung welchen Straftatbestand (genaue Bezeichnung!) verwirklicht haben soll (vgl. oben Seite 15 f.).

Beispiele:

A könnte dadurch, daß er …, einen … nach § … begangen haben.
A könnte sich eines … gemäß § … schuldig gemacht haben, indem er …
A könnte sich wegen …. (§ …) schuldig gemacht haben, als er …

---

5. **Jedes Straftatmerkmal ist einzeln für sich zu prüfen.** Problematische Merkmale sind im Gutachtenstil, eindeutig gegebene Tatbestandsmerkmale im abgekürzten Gutachtenstil oder sogar im Urteilsstil abzuhandeln (vgl. hierzu bereits oben Seite 22 ff.).

Beachte: Die Prüfungspunkte »Anwendbarkeit des StGB«, »Täterqualifikation« und »rechtlich relevante Handlung« sind zwar stets zu durchdenken, in der Niederschrift tauchen diese Punkte aber nur dann auf, wenn Anhaltspunkte dafür bestehen, daß der Fall nicht in Deutschland spielt, es sich um kein Jedermann-Delikt (»Wer …«) handelt oder ein willensgetragenes Verhalten der zu prüfenden Person zweifelhaft sein könnte.

Überflüssig ist es, am Anfang der Tatbestandsprüfung den Tatbestand insgesamt aus dem Gesetz abzuschreiben, da dieser als bekannt vorausgesetzt wird. Der Bearbeiter muß dem Leser nur jeweils aufzeigen, welches Merkmal er gerade prüft.

Erst nachdem ein Tatbestandsmerkmal bejaht wurde, darf zum nächsten Merkmal übergegangen werden[6]. Auf keinen Fall dürfen alle für den Tatbestand

---

6 Ausnahmen sind im Rahmen der Tatbestandsprüfung grundsätzlich dann möglich, wenn ein

notwendigen Definitionen an den Anfang gestellt und dann insgesamt subsumiert werden, da eine solche Prüfung zu unübersichtlich ist.

NEGATIV-Beispiel:

A könnte sich dadurch, daß er dem B von hinten mit einem Totschläger auf den Kopf schlug, einer gefährlichen Körperverletzung gemäß § 224 Abs. 1 Nr. 2, 3, 5 StGB schuldig gemacht haben.
Der objektive Tatbestand wäre erfüllt, wenn A einen anderen mittels einer Waffe, insbesondere eines Messers oder eines anderen gefährlichen Werkzeugs oder mittels eines hinterlistigen Überfalls körperlich mißhandelt oder an der Gesundheit beschädigt hätte.
Eine körperliche Mißhandlung ist jede unangemessene Behandlung, die entweder das körperliche Wohlbefinden oder die körperliche Unversehrtheit nicht nur unerheblich beeinträchtigt. Eine Gesundheitsbeschädigung ist das Hervorrufen oder Steigern eines, wenn auch vorübergehenden pathologischen Zustands. Werkzeug ist jeder Gegenstand, mittels dessen durch Einwirkung auf den Körper eine Verletzung zugefügt werden kann. Gefährlich ist das Werkzeug, wenn es nach seiner objektiven Beschaffenheit und nach der Art seiner Verwendung im Einzelfall geeignet ist, erhebliche Körperverletzungen hervorzurufen. Ein Überfall ist ein Angriff, dessen der Angegriffene sich nicht versieht und auf den er sich nicht vorbereiten kann. Hinterlistig ist der Überfall, wenn der Täter seine Angriffsabsicht verdeckt, um dem anderen dessen Verteidigungsmöglichkeit zu erschweren.
Es ist davon auszugehen, daß B durch den Schlag mit dem Totschläger zumindest nicht unerhebliche Schmerzen erlitten hat. Sein körperliches Wohlbefinden ist damit jedenfalls mehr als nur unerheblich beeinträchtigt worden. Aus dem Sachverhalt ergibt sich nicht, daß B aufgrund des Schlages mit dem Totschläger ärztlicher Behandlung bedurfte. Von einer Gesundheitsbeschädigung kann daher nicht ausgegangen werden. Das Verhalten des A war für den Deliktserfolg kausal, weil der Schlag mit dem Totschläger nicht hinweggedacht werden kann, ohne daß die Verletzung des B entfällt. Fraglich ist, ob …

---

gemeinhin später zu prüfendes Merkmal offensichtlich nicht gegeben ist. Praktisch bedeutsam ist dies insbesondere dann, wenn der Vorsatz eindeutig zu verneinen ist. In der Anfängerübung sollte indes auch in diesen Fällen (soweit die Zeit und der Umfang der Arbeit dies zulassen) die schulmäßige Vorgehensweise eingehalten werden. Die Rechtswidrigkeit oder Schuld sollte grundsätzlich nicht vor Bejahung des objektiven und subjektiven Tatbestandes untersucht werden.

Die Prüfung im obigen Beispiel ist zwar inhaltlich im Ergebnis nicht fehlerhaft; eine mehr als ausreichende Bewertung wird aber wohl nicht zu erzielen sein, weil die Darstellung völlig unübersichtlich ist. Der Korrektor muß ständig zwischen dem »Definitionsblock« und dem »Subsumtionsblock« hin und her springen, um dem Gedankengang des Bearbeiters folgen zu können. Besser wäre es, auf die überflüssige Wiederholung des (auch dem Korrektor bekannten) Gesetzestextes zu verzichten und Merkmal für Merkmal abzuhandeln:

POSITIV-Beispiel:

A könnte sich dadurch, daß er dem B von hinten mit einem Totschläger auf den Kopf schlug, einer gefährlichen Körperverletzung gemäß § 224 Abs. 1 Nr. 2, 3, 5 StGB schuldig gemacht haben.
Dann müßte A den B körperlich mißhandelt oder an der Gesundheit beschädigt haben. Eine körperliche Mißhandlung ist jede unangemessene Behandlung, die entweder das körperliche Wohlbefinden oder die körperliche Unversehrtheit nicht nur unerheblich beeinträchtigt. Es ist davon auszugehen, daß B durch den Schlag mit dem Totschläger zumindest nicht unerhebliche Schmerzen erlitten hat. Sein körperliches Wohlbefinden ist damit jedenfalls mehr als nur unerheblich beeinträchtigt und B damit körperlich mißhandelt worden. Fraglich ist, ob darüber hinaus auch die Gesundheit des B beschädigt wurde. Eine Gesundheitsbeschädigung ist das Hervorrufen oder Steigern eines – wenn auch vorübergehenden – pathologischen Zustands. Aus dem Sachverhalt ergibt sich nicht, daß B aufgrund des Schlages mit dem Totschläger ärztlicher Behandlung bedurfte. Von einer Gesundheitsbeschädigung kann daher nicht ausgegangen werden. Das Verhalten des A war für den Deliktserfolg kausal, weil der Schlag mit dem Totschläger nicht hinweggedacht werden kann, ohne daß die Verletzung des B entfällt.
Zu prüfen bleibt, ob ein nach § 224 StGB qualifizierter Fall der Körperverletzung gegeben ist. Der Totschläger könnte eine Waffe oder ein anderes gefährliches Werkzeug sein (§ 224 Abs. 1 Nr. 2 StGB). Ein Werkzeug ist jeder Gegenstand, mittels dessen durch Einwirkung auf den Körper eine Verletzung zugefügt werden kann….

---

6. Zu prüfen sind **alle (auch alternative) Tatbestandsmerkmale**. Bei alternativen Merkmalen (z. B. bei §§ 224, 226 StGB) sind allein die für den konkreten Fall abwegigen Merkmale nicht zu erörtern. Auch wenn ein alternatives Tatbestandsmerkmal bejaht wird, sind trotzdem alle weiteren in Betracht zu ziehenden Merkmale zu prüfen.

Im obigen Beispiel darf man sich z. B. nicht damit begnügen, daß der Totschläger eine Waffe oder ein anderes gefährliches Werkzeug ist. In jedem
Fall ist hier noch zu prüfen, ob der Angriff von hinten ein hinterlistiger
Überfall ist (im Ergebnis zu verneinen). Geprüft werden könnte auch noch
die Qualifikation »lebensgefährdende Behandlung«. Auf die Qualifikation
»von mehreren gemeinschaftlich« ist dagegen nicht einzugehen, weil A alleine gehandelt hat, das Merkmal also völlig offensichtlich nicht gegeben
ist. Gleiches gilt für die Qualifikation gemäß § 224 Abs. 1 Nr. 1 StGB.

Demgegenüber sind im Rahmen der Rechtswidrigkeit lediglich die vernünfti-
gerweise in Betracht zu ziehenden Rechtfertigungsgründe zu prüfen. Auch im
Rahmen der Schuld sind nur die Merkmale zu erörtern, bei denen aufgrund
der Sachverhaltsschilderung ein möglicher Schuldausschluß in Betracht kommt.
Ergeben sich keine Anhaltspunkte für das Vorliegen von Rechtfertigungs- oder
Schuldausschlußgründen, ist dies in einem Satz festzustellen.

Beispiel:

»Rechtfertigungs- und Schuldausschlußgründe sind nicht ersichtlich. A
handelte rechtswidrig und schuldhaft.«
kürzer noch: »Das Verhalten des A ist rechtswidrig und schuldhaft.«

Der Satz: »Die Tatbestandsmäßigkeit des Verhaltens indiziert die Rechtswidrigkeit«, bringt die Lösung des konkreten Falles nicht voran und ist daher wegzu-
lassen.

4. Teil: Die Verarbeitung von Literatur und Rechtsprechung

Auch bei einer Hausarbeit geht es letztlich allein darum, daß für den gestellten Fall ein begründeter und vertretbarer Lösungsvorschlag unterbreitet wird. Im Unterschied zur Klausur muß der Bearbeiter hier aber die **Gedanken und Überlegungen, die in der Literatur und Rechtsprechung bereits erarbeitet wurden, in seinen Lösungsvorschlag einbeziehen und verarbeiten**[7]. Aufgabe der Fundstellennachweise ist es, zu belegen, welche im Gutachten verarbeiteten Gedanken der Literatur bzw. Rechtsprechung entnommen wurden.

Hieraus folgt zunächst, daß alles, **was direkt dem Gesetz entnommen werden kann, nicht durch Fundstellen zu belegen** ist.

Beispiele:

– Legaldefinitionen (vgl. z. B. § 11 StGB)
– die Formel bei § 22 StGB zum »unmittelbaren Ansetzen« (wohl aber die Ausfüllung dieser Formel durch Lehre und Rechtsprechung, wenn und soweit es für die konkrete Fallbearbeitung hierauf ankommt).

Da Rechtsprechung und Literatur nicht den in der Übung zu bearbeitenden Fall »vorgelöst« haben, können die Verweise dazu dienen, die Auslegung (Definition) eines Straftatmerkmals zu belegen. **Fundstellen sind daher allein im Rahmen der Auslegung, nicht aber bei der Subsumtion unter den zur Bearbeitung gestellten Sachverhalt zu verwenden**. Ein Verweis wäre im Rahmen der Subsumtion nur dann zulässig, wenn es sich bei dem zu bearbeitenden Fall um eine »Originalentscheidung« bzw. einen »Original-Lehrbuchfall« handelt. Der Bezug auf die Originalentscheidung bzw. ein Lehrbuch kann allerdings auch in diesen Fällen nicht die Begründung für das vom Bearbeiter vertretene Ergebnis ersetzen. Der Umstand, daß eine bestimmte Autorität (sei dies nun der BGH, ein namhafter Strafrechtswissenschaftler oder auch der Übungsleiter) eine bestimmte Lösung für richtig erachtet, ist für sich gesehen kein Argument.

---

7 Angesichts der Veröffentlichungsflut ist es selbstverständlich nicht möglich und wird auch nicht erwartet, daß ein Bearbeiter alle Entscheidungen und Literaturquellen liest bzw. umfassend verarbeitet, die »seinen Fall« betreffen (könnten).

Für den Umfang der Verarbeitung ist zwischen normalen Auslegungsfragen und den Problemschwerpunkten zu unterscheiden. Für die **Auslegung unstreitiger Straftatmerkmale** oder für solche Merkmale, **die für die konkrete Fallösung von untergeordneter Bedeutung sind**, genügt es, wenn die Auslegungsergebnisse, d. h. die benutzten Definitionen, durch ein oder zwei Verweise auf Standardwerke belegt werden. Wenn möglich, sollten hierbei Werke herangezogen werden, die weitere Nachweise enthalten. Dies ist dann in der Fußnote durch den Hinweis »m. w. N.« deutlich zu machen. Positiv ist es, neben den Hinweisen auf die Standardliteratur zumindest einen Hinweis auf die obergerichtliche Rechtsprechung aufzunehmen (wenn möglich aus der Rechtsprechung des BGH).

Beispiel:

Sachverhalt: S schlägt den Rentner R durch einen Faustschlag ins Gesicht zu Boden.

Gutachten: S könnte sich dadurch, daß er dem R einen gezielten Faustschlag ins Gesicht versetzt hat, einer Körperverletzung nach § 223 StGB strafbar gemacht haben.

Voraussetzung hierfür ist zunächst, daß S den R körperlich mißhandelt oder an der Gesundheit beschädigt hat. Eine körperliche Mißhandlung ist jede üble, unangemessene Behandlung, durch die das körperliche Wohlbefinden nicht nur unerheblich beeinträchtigt wird[1]. Es ist davon auszugehen, daß R durch den Schlag ins Gesicht Schmerzen erlitten hat, sein körperliches Wohlbefinden ist also durch den Schlag beeinträchtigt und R mithin körperlich mißhandelt worden.

Als Gesundheitsbeschädigung wird das Herbeiführen oder Steigern einer körperlichen oder seelischen Krankheit in dem Sinne verstanden, daß zumindest vorübergehend ein gegenüber dem Normalzustand der körperlichen Funktionen verschlechterter Zustand verursacht wird[2] Aus dem Sachverhalt ist nicht ersichtlich, daß der Faustschlag für sich gesehen bei R einen pathologischen Zustand verursacht hat. Es ist daher davon auszugehen, daß der Schlag nicht zu einer Gesundheitsbeschädigung im Sinne des § 223 StGB geführt hat. S hat somit den objektiven Tatbestand des § 223 StGB allein dadurch erfüllt, daß er den R durch seinen Faustschlag körperlich mißhandelt hat.

S müßte R vorsätzlich mißhandelt haben. Vorsatz ist das Wissen und Wollen der Tatbestandsverwirklichung[3]. ...

---

1 Schönke/Schröder/Eser § 223 Rn. 3; LK-Lilie § 223 Rn. 12; BGHSt 14, 269 (271); 25, 277 (277/278).
2 Lackner/Kühl/Kühl § 223 Rn. 5; Tröndle/Fischer § 223 Rn. 6; BGHSt 36, 1 (6).
3 Wessels/Beulke, AT, Rn. 203; Stratenwerth AT § 8 Rn. 61.

Umstrittene Straftatmerkmale sind dagegen, insbesondere wenn und soweit es sich um für die Fallösung wichtige Merkmale handelt, unter umfassender Verarbeitung von Rechtsprechung und Literatur auszulegen (vgl. im einzelnen Teil 5: Bearbeitung von Meinungsständen).

Wenn es – was der Regelfall ist – auf den genauen Wortlaut der zitierten Quelle nicht ankommt, sind **keine wörtlichen Zitate** zu bringen. Die in der Literatur und Rechtsprechung gefundenen Definitionen sind vielmehr sinngemäß wiederzugeben und dann durch Verweise zu belegen. Hinweise darauf, welche Autoren zitiert wurden, sind nicht in den Text des Gutachtens aufzunehmen.

In den Fußnoten selbst sollten sich – auch wenn man dies in wissenschaftlichen Veröffentlichungen antrifft – keine inhaltlichen Erörterungen finden, sondern allein Hinweise auf Fundstellen, evtl. mit kurzen erläuternden Zusätzen, wie beispielsweise: vgl., so auch, so bereits, ebenso, a. A.

Merke: Ist eine inhaltliche Bemerkung für die Lösung relevant, gehört sie in den Text des Gutachtens. Besitzt sie keine Relevanz, hat sie gänzlich zu unterbleiben. Die Plazierung in der Fußnote zeigt, daß der Bearbeiter hinsichtlich der Lösung unsicher ist.

Bei der Frage, wie man die jeweils herangezogenen Werke in den Fußnoten wiedergeben sollte, kann man sich **an der Standardliteratur bzw. an den Zitiervorschlägen in den Werken selbst** orientieren. Zu finden sind diese Hinweise regelmäßig auf einer der ersten Seiten des jeweiligen Buches.

Die verschiedenen Arten von Quellen können wie folgt zitiert werden:

Rechtsprechung:
BGHSt 30, 375 (376); BGH NStZ 1984, 328 (329); BGH bei Holtz MDR 1979, 988; OLG Düsseldorf NJW 1989, 920; oder aber: BGHSt 30, 375, 376; BGH NStZ 1984, 328, 329

Kommentare:
Schönke/Schröder/Eser § 223 Rn. 4; Lackner/Kühl § 223 Rn. 4 f; LK-Lilie § 223 Rn. 11; oder aber: Lilie, in: LK, § 223 Rn. 11; Eser, in: Schönke/Schröder, § 223 Rn. 4

Lehrbücher (und Monographien):
Wessels/Beulke, AT, § 5 III 4; oder auch: Wessels/Beulke, AT, S. 42, oder auch:
Wessels/Beulke, AT, Rn. 136
Festschriftenaufsätze:
Gallas, Heinitz-FS, S. 183; oder aber: Gallas, in: Festschrift für Heinitz, S. 183
Zeitschriftenaufsätze und Anmerkungen:
Stree Jura 1980, 281 (292); oder aber: Stree Jura 1980, 281, 292

Soweit man sich an der Standardliteratur (insbesondere den Kommentaren) orientiert, ist darauf zu achten, daß dort z. T. nicht schulmäßig zitiert wird. In der Hausarbeit wird erwartet, daß bei Zeitschriftenaufsätzen, Anmerkungen und Rechtsprechungszitaten zum einen der Fundort (= Anfang) der Quelle, zum anderen die Seite angegeben wird, auf der sich der oder die Sätze finden, auf die konkret Bezug genommen wird. Eine einzelne Seitenangabe ist somit nur dann zulässig, wenn entweder die Quelle nur eine Seite lang ist, oder die in bezug genommene Passage sich auf der ersten Seite der Quelle befindet.

Beispiele:

falsch: BGHSt 17, 112
richtig: BGHSt 17, 110 (112)   oder: BGHSt 17, 110, 112
falsch: Stree Jura 1980, 292
richtig: Stree Jura 1980, 281 (292)   oder: Stree Jura 1980, 281, 292

Da in den Kommentaren und Lehrbüchern (aus Platzgründen) weitgehend die oben als »falsch« bezeichnete Zitierweise zu finden ist, muß derjenige, der sauber zitieren will, Fundstellen jedenfalls daraufhin prüfen, wo die jeweilige Fundstelle beginnt. Im übrigen sollte natürlich auch aus inhaltlichen Gründen auf »**Blindzitate**« verzichtet werden, die sich leider häufig auch als **Fehl**zitate herausstellen.
Die im Literaturverzeichnis aufgeführten Schriften sind in den Fußnoten nicht mit dem **Hinweis »a. a. O.«** aufzuführen, da es selbstverständlich ist, daß sich das Werk im Literaturverzeichnis findet. Sollten von einem Bearbeiter mehrere Werke oder von einem Werk mehrere Auflagen verwendet werden, ist dies durch einen entsprechenden **individualisierenden Annex** klarzustellen.

Beispiel: Wessels/Hettinger, BT1, Rdnr. ...

Es sind **keine Sekundärzitate** zu verwenden. Wenn z. B. die Auffassung der Rechtsprechung belegt werden soll, sind Entscheidungen anzuführen, nicht aber eine Kommentarstelle, in der diese Entscheidungen referiert werden bzw. die Fundstellen angegeben sind.

Beispiel: »Nach Auffassung der Rechtsprechung sind Werkzeuge nur solche Gegenstände, die durch menschliche Einwirkung in Bewegung gesetzt werden können.«

falsch:　Wessels/Hettinger, BT1, § 5 III 1
richtig:　RGSt 24, 372 (374 f); BGHSt 22, 235 (236); BGH bei Holtz MDR 1979, 987; BGH NStZ 1988, 361 (362); ebenso: Wessels/Hettinger, BT1, § 5 III 1

Soll eine Meinung im Rahmen eines Meinungsstreits belegt werden, sind Vertreter dieser Ansicht anzuführen, nicht aber z. B. der Aufsatz eines Vertreters einer Gegenauffassung, der sich mit dieser Ansicht auseinandersetzt.

Beispiel:

»Nach Rechtsprechung und h. L. setzt die Annahme bedingten Vorsatzes voraus, daß der Täter die Möglichkeit des Erfolgseintritts nicht nur erkannt, sondern sich mit dem Deliktserfolg abgefunden bzw. diesen billigend in Kauf genommen hat.«

falsch:　Herzberg JuS 1986, 249 (250 ff.)
richtig:　Jescheck/Weigend, AT, § 29 III 3a; Stratenwerth, AT, Rdnr. 308; Rudolphi, in: SKStGB, § 16 Rdnr. 53; BGHSt 36, 1 (9); BGH NStZ 1988, 175; w.N.b. Tröndle/Fischer § 15 Rn. 10.

Soll eine im Text als »**h. M.**« oder gar als »**allgemeine Ansicht**« bezeichnete Auffassung belegt werden, ist es nicht ausreichend, lediglich ein oder zwei Verweise anzubringen. Erforderlich ist hier ein repräsentativer Querschnitt durch die Standardliteratur (Kommentare, Lehrbücher) evtl. verbunden mit vorhandenen Aufsätzen aus neuerer Zeit und vor allem zumindest einem Hinweis auf die obergerichtliche Rechtsprechung (vgl. das obige Beispiel).
Bei **Gerichtsentscheidungen** ist es nicht notwendig, **Parallelveröffentlichun-**

gen zu belegen (die wichtigsten Entscheidungen des BGH werden in praktisch allen strafrechtlich orientierten Zeitschriften veröffentlicht). Es reicht hier aus, ein Urteil durch jeweils eine Fundstelle nachzuweisen, wobei man in erster Linie auf die Entscheidungssammlung des BGH (BGHSt) und die bekannten Fachzeitschriften zurückgreifen sollte (StV, NStZ, NStZ-RR, NJW, JR, JZ, MDR, wistra).

Eine »**ständige Rechtsprechung**« kann entweder durch eine Reihe von Fundstellen belegt werden, oder dadurch, daß die Entscheidung, durch die diese Rechtsprechung begründet wurde, mit dem Verweis »ständige Rspr.« und zumindest einer weiteren Entscheidung aus jüngerer Zeit zitiert wird.

Beispiel:

»Nach Auffassung des BGH setzt der bedingte Vorsatz voraus, daß der Täter den Deliktserfolg billigend in Kauf genommen hat[1].«

---

1 BGHSt 36, 1, 9 f.; BGH NStZ 1994, 483, 484; ständige Rspr. seit BGHSt 7, 363, 369.

5. Teil: Die Bearbeitung von Meinungsständen

Zunächst ist darauf hinzuweisen, daß man nicht dem Irrtum verfallen sollte, eine Hausarbeit (oder Klausur) sei stets als »**Vehikel für Meinungsstände**« konzipiert. Im Vordergrund steht nicht die Reproduktion abstrakter Theoriestreitigkeiten, sondern vielmehr – insbesondere bei Anfängerübungen – das Ziel, von den Bearbeitern den Nachweis zu erhalten, daß sie methodisch sauber einen konkreten Fall lösen können.

Für die Bearbeitung von Meinungsstreitigkeiten sind folgende **Kernsätze** zu beherzigen:

1. Ein Meinungsstreit ist nur dann zu behandeln, wenn er für die Lösung des konkreten Falls von Bedeutung ist.
2. Auch wenn die Lösung des Falls die Bearbeitung eines Meinungsstandes erforderlich macht, ist streng darauf zu achten, daß die Bearbeitung sich auf die lösungsrelevanten Erörterungen beschränkt.

Dies bedeutet im einzelnen:

Ziel der Arbeit ist die Lösung des gestellten Falls. **Kommen alle Auffassungen, die zu einem umstrittenen Tatbestandsmerkmal vertreten werden, für den vorliegenden Fall zum gleichen Ergebnis**, ist es ein schwerer methodischer Fehler, die Frage zu erörtern, welcher Ansicht zu folgen ist. In diesem Fall beschränkt man sich darauf, den Meinungsstand und die Tatsache darzustellen, daß alle vertretenen Ansichten im konkreten Fall zum gleichen Ergebnis kommen.

Beispiel:

Schläger S schlägt den Rentner R nieder. Dem am Boden liegenden R versetzt der S mit seinen Springerstiefeln mehrere Tritte in den Rücken. R wird ins Krankenhaus transportiert. Dort werden innere Blutungen im Bereich der Nieren festgestellt. Durch eine sofortige Operation kann der Tod des R abgewendet werden.

Hier ist u. a. zu prüfen, ob das Tatbestandsmerkmal der lebensgefährdenden Behandlung i. S. d. § 224 Abs. 1 Nr. 5 StGB erfüllt ist:

Die Tritte könnten eine lebensgefährdende Behandlung darstellen. Eine lebensgefährdende Behandlung ist nach Auffassung der Rechtsprechung[1] und Teilen der Literatur[2] jede abstrakt lebensgefährliche Behandlung. Tritte mit einem beschuhten Fuß sind, zumindest dann, wenn es sich um schweres Schuhwerk handelt, abstrakt geeignet, auch lebensgefährliche Verletzungen zu erzeugen. Legt man die von der Rechtsprechung vertretene

Auffassung zugrunde, hat S daher eine Körperverletzung mittels einer lebensgefährdenden Behandlung begangen, als er dem R mit seinen Springerstiefeln in den Rücken trat.

Nach einer Gegenauffassung ist eine lediglich abstrakt lebensgefährdende Behandlung dagegen nicht ausreichend. Gefordert wird, daß durch die Handlung des Täters eine konkrete Lebensgefahr für das Opfer begründet wurde[3]. Im vorliegenden Fall haben die Tritte in den Rücken bei R zu inneren Blutungen im Bereich der Nieren geführt. Das Leben des R wurde nur durch eine sofortige ärztliche Behandlung gerettet. Da somit eine konkrete Lebensgefahr bestand, hat S auch nach dieser Auffassung eine Körperverletzung mittels einer lebensgefährdenden Behandlung begangen. S hat damit nach allen vertretenen Auffassungen den objektiven Tatbestand des § 224 Abs. 1 Nr. 5 StGB dadurch erfüllt, daß er den R in lebensgefährdender Weise behandelt hat.

---

1 RGSt 10, 1 (2 f); BGHSt 2, 160 (163); 36, 1 (9); OLG Köln NJW 1983, 2274; OLG Düsseldorf NJW 1989, 920.
2 Gallas, Heinitz-FS, S. 183; Blei § 13 II 3; Tröndle/Fischer § 224 Rn. 12 m. w. N.
3 Schönke/Schröder/Stree § 224 Rn. 12; Stree Jura 1980, 281 (292).

Die Darstellung der vertretenen Auffassungen kann dann abgekürzt werden, wenn die ihren Voraussetzungen nach restriktivste der vertretenen Meinungen dazu führt, daß im konkreten Fall das Vorliegen eines Straftatmerkmals zu bejahen ist.

Beispiel: (obiger Sachverhalt)

Die Tritte könnten eine lebensgefährdende Behandlung darstellen. Es ist umstritten, ob eine lebensgefährdende Behandlung im Sinne des § 224 Abs. 1 Nr. 5 StGB voraussetzt, daß durch die Handlung des Täters eine konkrete Lebensgefahr für das Opfer begründet wurde[1], oder auch eine lediglich abstrakt lebensgefährliche Behandlung ausreicht[2]. Im vorliegenden Fall haben die Tritte in den Rücken bei R zu inneren Blutungen im Bereich der Nieren geführt. Das Leben des R wurde nur durch eine sofortige ärztliche Behandlung gerettet. Da somit sogar eine konkrete Lebensgefahr

bestand, hat S nach allen vertretenen Auffassungen eine Körperverletzung mittels einer lebensgefährdenden Behandlung begangen.

1 Schönke/Schröder/Stree § 224 Rn. 12; Stree Jura 1980, 281 (292).
2 RGSt 10, 1 (2 f); BGHSt 2, 160 (163); 36, 1 (9); OLG Köln NJW 1983, 2274; OLG Düsseldorf NJW 1989, 920; Gallas, Heinitz-FS, S. 183; Blei § 13 II 3; Tröndle/Fischer § 224 Rn. 12 m. w. N.

Selbst auf die Darstellung der verschiedenen Ansichten kann (und sollte) verzichtet werden, wenn es eine zwischen den verschiedenen Ansichten konsensfähige (Teil-)Definition gibt, die für den vorliegend zu bearbeitenden Fall anwendbar ist.

Beispiel:

A will B berauben. Er schlägt ihn nieder. Dann bekommt er Mitleid mit dem röchelnd am Boden liegenden B und läßt von ihm ab.
Hier ist im Rahmen der Prüfung des versuchten Raubes (§§ 249, 22 StGB) zu untersuchen, ob die Grenze des (straflosen) Vorbereitungsstadiums zum Versuch (vgl. § 22 StGB) überschritten ist. Zu dieser Frage gibt es mehrere Auffassungen, die einen jeweils anderen Ansatz vertreten (vgl. Wessels/Beulke, AT, Rn. 599). Einigkeit besteht aber zwischen allen Auffassungen darüber, daß das Versuchsstadium (jedenfalls) dann erreicht ist, wenn der Täter bereits ein Tatbestandsmerkmal eines mehraktigen Delikts verwirklicht hat. Dieser Fall ist hier gegeben, weil die für den Raub notwendige Gewaltanwendung bereits vorliegt. Im Gutachten kann daher z. B. formuliert werden:
»A müßte zur Tatbegehung unmittelbar angesetzt haben (§ 22 StGB). Nach allgemeiner Auffassung ist das Versuchsstadium jedenfalls dann erreicht, wenn bereits ein Tatbestandsmerkmal des vom Täter angestrebten Delikts vollendet ist (Fußnote mit Nachweisen). Im vorliegenden Fall hat A den B niedergeschlagen. Er hat damit Gewalt angewendet, um die Wegnahme zu ermöglichen. A hat somit bereits unmittelbar zur Begehung eines Raubes angesetzt.«

Stellt man fest, daß die verschiedenen Auffassungen **im konkreten Fall zu unterschiedlichen Ergebnissen** führen, muß der Meinungsstreit entschieden wer-

den. Probleme treten hier vor allem deswegen auf, weil die Bearbeiter den Meinungsstand zu breit darstellen und ihre »eigene Lösung« im Vergleich dazu dann oft »unwissenschaftlich« wirkt. **Unpraktisch ist** insbesondere die gerade von Anfängern bevorzugte Methode, **die verschiedenen vertretenen Auffassungen jeweils mit den argumentativen Grundlagen darzustellen und aneinanderzureihen.** Diese Methode führt dazu, daß der Bearbeiter bereits bei der Darstellung des Meinungsstandes das gesamte argumentative »Pulver« verschießt, welches Rechtsprechung und Literatur in mühevoller, oft jahrelanger Auseinandersetzung mit einem Problem angehäuft haben. Die (vielfach noch durch die Überschrift »Eigene Stellungnahme« pompös eingeleitete) »eigene« Lösung des Bearbeiters beschränkt sich dann entweder darauf, die bereits oben dargelegten Argumente nochmals aufzugreifen oder sich mehr oder weniger ohne Argumente der »h. M.« oder der Auffassung des Übungsleiters anzuschließen. Im Ergebnis hinterläßt diese Vorgehensweise beim Leser bestenfalls den Eindruck, der Bearbeiter habe sich wenigstens fleißig bemüht, den Meinungsstand zu erfassen. Gerettet wird dieses methodisch schlechte Vorgehen auch nicht dadurch, daß man sich ein Argument der Auffassung, der man sich anschließen möchte, bei der Darstellung des Meinungsstandes aufspart und dieses dann im Rahmen der »eigenen Stellungnahme« (möglicherweise sogar ohne Nennung der Quelle = PLAGIAT) als »Stein des Weisen« präsentiert.

Negativbeispiel:

Schläger S stößt den Kopf des R mehrmals wuchtig auf die (fest verlegten) Gehwegplatten.
Die Frage, ob die Gehwegplatte ein gefährliches Werkzeug im Sinne des § 224 Abs. 1 Nr. 2 StGB ist, wird leider oft wie folgt angegangen:
Fraglich ist, ob die Gehwegplatten ein gefährliches Werkzeug im Sinne des § 224 Abs. 1 Nr. 2 StGB sind. Der Begriff des gefährlichen Werkzeugs ist umstritten.
Die Rechtsprechung erkennt nur solche Gegenstände als Werkzeuge an, die durch menschliche Einwirkung in Bewegung gesetzt werden können[1]. Sie beruft sich für ihre Ansicht auf den Wortsinn des Begriffs Werkzeug[2]. Weiterhin ist sie der Auffassung, eine ausdehnende Auslegung des Begriffs sei nicht notwendig, weil die Fälle der Benutzung unbeweglicher Gegenstände über das alternative Qualifikationsmerkmal der lebensgefährdenden Behandlung erfaßt werden könnten[3]. Unter Zugrundelegung dieser Auffassung wäre im vorliegenden Fall die Annahme eines gefährlichen Werkzeugs abzulehnen, weil die fest verlegten Gehwegplatten nicht beweglich sind.
Die herrschende Lehre ist demgegenüber der Ansicht, es sei gleichgültig,

ob das gefährliche Werkzeug gegen den Körper des Opfers oder das Opfer gegen den als Werkzeug dienenden Gegenstand geführt werde[4]. Die Vertreter der h. L. sind der Auffassung, der Begriff Werkzeug könne auch unbewegliche Gegenstände erfassen. Sie berufen sich darauf, daß auch der BGH durch die Anerkennung chemisch wirkender Substanzen als Werkzeuge über den Begriff des »Handwerkzeugs« hinausgegangen sei[5]. Für ausschlaggebend halten sie, daß die Unterscheidung zwischen beweglichen und unbeweglichen Gegenständen unter teleologischen Gesichtspunkten nicht sinnvoll sei, da die Benutzung eines unbeweglichen Gegenstandes zu einer gleich großen Gefährdung des Opfers führen könne wie die Benutzung eines beweglichen Gegenstandes[6]. Nach dieser Auffassung stellen die Gehwegplatten ein gefährliches Werkzeug dar, weil sie nach ihrer konkreten Benutzung geeignet sind, erhebliche Verletzungen hervorzurufen. Zu folgen ist der h. L....

1 RGSt 24, 372 (374 f.); BGHSt 22, 235 (236); BGH bei Holtz MDR 1979, 987; BGH NStZ 1988, 361 (362).
2 BGHSt 22, 235 (236); BGH bei Holtz MDR 1979, 987.
3 BGHSt 22, 235 (237); vgl. auch RGSt 24, 372 (375)
4 LK-Hirsch § 224 Rn. 27; Schönke/Schröder/Stree § 224 Rn. 8; Maurach/Schroeder/ Maiwald § 9 II Rn. 15.
5 LK-Hirsch § 224 Rn. 27.
6 Schönke/Schröder/Stree § 224 Rn. 8; Horn, in: SKStGB § 224 Rn. 17.

Ein grundlegender Fehler der oben dargestellten Methode besteht zunächst darin, daß die Darstellung des Meinungsstandes zu breit gerät. **Die Darstellung des Meinungsstandes soll allein die vertretenen Meinungen sowie die Tatsache aufzeigen, daß diese im konkreten Fall zu unterschiedlichen Lösungen kommen.** Es reicht also völlig, die verschiedenen Ansichten schlicht auf den konkreten Fall anzuwenden, wobei die verschiedenen Autoren und Gerichte möglichst zu Meinungsgruppen zusammenzufassen sind, um eine übersichtliche Darstellung zu ermöglichen. Die Frage, mit welchen Argumenten die Vertreter der verschiedenen Ansichten ihre Auffassung stützen bzw. gegen die anderen Auffassungen verteidigen, ist hier (noch) nicht relevant.

Beispiel: (obiger Sachverhalt)

Fraglich ist, ob die Gehwegplatten als gefährliche Werkzeuge anzusehen sind. Nach Auffassung der Rechtsprechung sind Werkzeuge nur solche Gegenstände, die durch menschliche Einwirkung in Bewegung gesetzt werden können[1]. Dies ist bei fest verlegten Gehwegplatten nicht der Fall, so daß die Gehwegplatten nach dieser Ansicht nicht als gefährliche Werkzeuge angesehen werden können. Demgegenüber ist es nach Auffassung der herrschenden Lehre gleichgültig, ob das gefährliche Werkzeug gegen den Körper des Opfers, oder der Körper gegen den als Werkzeug dienenden Gegenstand geführt wird[2]. Da Gehwegplatten, wenn der Kopf eines Menschen auf sie geschlagen wird, geeignet sind, erhebliche Verletzungen herbeizuführen, hat S nach Auffassung der h. L. durch die Kopfstöße auf die Gehwegplatten eine Körperverletzung mittels eines gefährlichen Werkzeugs begangen.

1 RGSt 24, 372 (374 f); BGHSt 22, 235 (236); BGH bei Holtz MDR 1979, 987; BGH NStZ 1988, 361 (362); ebenso: Wessels/Hettinger, BT1, Rn. 274.
2 LK-Lilie § 224 Rn. 27; Schönke/Schröder/Stree § 224 Rn. 8; Maurach/Schroeder/Maiwald § 9II Rn. 15; Schmitt JZ 1969, 304 (305); Stree Jura 1980, 281 (284); Welzel § 39 II 1 a.

In einem **zweiten Schritt** muß der Bearbeiter dann entscheiden, **welcher der dargelegten Ansichten der Vorzug zu geben ist**, d. h., welche Ansicht er seiner Fallösung zugrunde legt. Es ist ein Irrtum, wenn ein Bearbeiter meint, an dieser Stelle werde nun von ihm die ultimative eigenständige Lösung eines Problems erwartet. Richtig ist vielmehr, daß jetzt der Zeitpunkt gekommen ist, mit Hilfe der in Rechtsprechung und Literatur bereits erarbeiteten Argumente eine vertretbare Begründung dafür zu erarbeiten, daß der Meinung XY im Ergebnis (nicht auch zwingend in jedem Schritt der Argumentation!) zu folgen ist.
Zu diesem Zweck sollten zunächst die **Argumente**, die in Literatur und Rechtsprechung zu einem Auslegungsproblem zu finden sind, **gesammelt** und **in eine Ordnung gebracht** werden. Hierbei orientiert man sich zweckmäßigerweise an den Regeln der Methodenlehre, d. h., man ordnet die vorgefundenen Argumente der grammatikalischen, systematischen, historischen und teleologischen Auslegungsmethode zu (vgl. hierzu Seite 78 ff.).
Sodann sind die Argumente in eine sinnvolle (d. h. argumentativ logische und »darstellbare«) Reihenfolge zu bringen und **gegeneinander abzuwägen**. Eine Hilfestellung bieten hier wiederum die Quellen, denen die Argumente

entnommen wurden. Bereits bei der Durcharbeitung der Quellen wird man
bemerkt haben, daß die Vertreter der verschiedenen Auffassungen (jedenfalls in
den meisten Fällen) nicht zusammenhangslos aneinander vorbeireden, sondern
die jeweiligen Argumente auf Argumente der anderen Auffassungen bezogen
sind.

Beispiel: (obiger Sachverhalt)

Entgegen der Auffassung des BGH[1] verletzt die h. L. mit ihrer Auslegung nicht das Analogieverbot. Der Wortsinn des Begriffs Werkzeug setzt
nicht zwingend voraus, daß es sich hierbei um einen beweglichen Gegenstand handelt[2]. Soweit der BGH den Begriff des Werkzeugs mit dem des
»Handwerkzeugs« gleichsetzen will, setzt er sich mit seiner eigenen Rechtsprechung in Widerspruch, die auch chemisch wirkende Substanzen[3] als
Werkzeuge anerkennt[4]. Der BGH hat mit dieser Rechtsprechung selbst
anerkannt, daß es nicht mehr maßgebend sein kann, daß der historische
Gesetzgeber bei der Ausgestaltung des Gesetzes ursprünglich Fälle waf-
fenähnlich wirkender mechanischer Werkzeuge[5] im Auge hatte[6].
Ebensowenig kann die Argumentation überzeugen, eine ausdehnende Auslegung des Begriffs Werkzeug sei nicht notwendig, da die Fälle, in denen
der Täter unbewegliche Gegenstände zur Verletzung seines Opfers benutzt,
über das Merkmal der lebensgefährdenden Behandlung erfaßt würden[7]. Es
sind Fälle denkbar, in denen eine lebensgefährdende Behandlung, insbesondere dann, wenn man eine konkrete Lebensgefahr für erforderlich hält,
nicht gegeben ist, ohne daß die Strafwürdigkeit des Täterverhaltens so
gemindert erscheint, daß eine Bestrafung nach § 224 Abs. 1 Nr. 2 StGB
nicht erforderlich wäre[8].
Ausschlaggebend ist, daß unter teleologischen Gesichtspunkten die Abgrenzung zwischen beweglichen und unbeweglichen Gegenständen nicht
sinnvoll erscheint, da das Rechtsgut der Körperintegrität durch die Benutzung eines unbeweglichen Gegenstandes ebenso gefährdet werden kann,
wie durch die Benutzung eines beweglichen Gegenstandes[9]. Im Ergebnis
ist mit der h. L. davon auszugehen, daß jeder bewegliche oder unbewegliche Gegenstand, der aufgrund seiner Verwendung im konkreten Einzelfall geeignet ist, erhebliche Verletzungen herbeizuführen, als gefährliches
Werkzeug anzusehen ist. S hat R deshalb mittels eines gefährlichen Werkzeugs verletzt, als er dessen Kopf auf die Gehwegplatten stieß. S hat auch

vorsätzlich gehandelt, da er die Gehwegplatten bewußt als Mittel benutzt hat, um dem R Verletzungen zuzufügen.

1 BGHSt 22, 235 (236); BGH bei Holtz MDR 1979, 987; ebenso: Lackner/Kühl § 224 Rn. 4.
2 LK-Lilie § 224 Rn. 27; Schmitt JZ 1969, 304 (305); Stree Jura 1980, 281 (285).
3 Vgl. BGHSt 1, 1; 4, 125 (127); BGH bei Dallinger MDR 1956, 526; 1968, 373.
4 Stree Jura 1980, 281 (285); vgl. auch Schmitt JZ 1969, 304 (305).
5 Vgl. bei RGSt 24, 372 (374); Schmitt JZ 1969, 304 (305).
6 LK-Lilie § 224, Rn. 27; a. A. BGHSt 22, 235 (236).
7 So aber: BGHSt 22, 235 (237); vgl. auch RGSt 24, 372 (375); Wessels/Hettinger, BT1, Rn. 274.
8 Schönke/Schröder/Stree § 224 Rn. 8.
9 Horn, in: SKStGB § 224 Rn. 17; Schönke/Schröder/Stree § 224 Rn. 8; a. A. BGH bei Holtz MDR 1979, 987 (988).

1. Hinweis: Die obige Lösung ist vertretbar, nicht aber verbindlich. Werden die Argumente anders gewichtet, ergibt sich eine zumindest in der Argumentation (u.U. aber auch im Ergebnis) andere Lösung, die genauso gut vertretbar wäre.
2. Hinweis: Bei unübersichtlichen Streitständen ist es ratsam, die Argumente zunächst im Überblick zu referieren und sich dann in der obigen Art und Weise mit ihnen auseinanderzusetzen (vgl. dazu das nachfolgende Beispiel).

Weiteres Beispiel: (Schritt 1 und 2 im Zusammenhang)

Der Polizeibeamte P nimmt bei einer Hausdurchsuchung € 20.000,– Drogengelder in der Absicht an sich, sich diese rechtswidrig zuzueignen. Am nächsten Tag tauscht P die Scheine bei X gegen sauberes Geld im Werte von € 15.000,– ein.
Bei der Prüfung dieses Sachverhalts ist eindeutig, daß P durch die Mitnahme des Drogengeldes in Zueignungsabsicht einen Diebstahl begangen hat. Zweifelhaft ist dagegen, ob P sich zusätzlich noch einer Unterschlagung strafbar gemacht hat, indem er das Geld eingetauscht hat. Angesprochen ist damit das Standardproblem der sog. Zweitzueignung: Kann eine Person, die sich eine Sache bereits durch eine Handlung zugeeignet hat (hier: durch den Diebstahl), dieselbe Sache nochmals zueignen (hier: durch das Eintauschen des Geldes)? Hierzu wird die Ansicht vertreten, die mehrfache Zueignung werde schon tatbestandlich von § 246 nicht erfaßt

(sog. Tatbestandslösung). Die Vertreter einer anderen Auffassung sehen den Tatbestand des § 246 als erfüllt an, lassen den § 246 dann aber im Wege der Konkurrenzen hinter die Vortat (hier: den Diebstahl) zurücktreten. Bedeutung hat dieser Streit dann, wenn es um die Strafbarkeit anderer Personen geht. Vorliegend stellt sich z. B. die Frage, ob sich X durch den Umtausch einer Beihilfe zur Unterschlagung schuldig gemacht hat. Da die Beihilfe voraussetzt, daß eine andere Person eine vorsätzliche rechtswidrige Tat begangen hat, kommt es darauf an, ob P den Tatbestand der Unterschlagung verwirklicht hat. Diese Frage kann in einem Gutachten wie folgt angegangen werden:

X könnte sich der Beihilfe zur Unterschlagung (§ 246, 27) schuldig gemacht haben, indem er die Drogengelder gegen sauberes Geld eingetauscht hat.

Dann müsste P eine vorsätzliche rechtswidrige Haupttat begangen haben. P könnte durch das Eintauschen der Drogengelder eine Unterschlagung begangen haben. Da P die Drogengelder durch Diebstahl erlangt hat, würde es sich um eine wiederholte Zueignung handeln. Ob die sog. Zweitzueignung den Tatbestand der Unterschlagung erfüllt, ist umstritten.

Nach der von der Rechtsprechung[1] und einem Teil des Schrifttums[2] vertretenen sog. Tatbestandslösung ist eine erneute Zueignung der Sache schon tatbestandlich nicht mehr möglich, wenn sich der Täter bereits einmal durch schuldhaftes und strafbares Verhalten Eigenbesitz unter Ausschluß des Berechtigten verschafft hat. Begründet wird diese Ansicht mit dem Wortsinn der Zueignung. Diese sei Herstellung der Herrschaft über eine Sache oder aber die erstmalige Verfügung über sie, nicht aber mehr eine bloße Ausnutzung der bereits bestehenden Herrschaftsstellung[3]. Nach dieser Ansicht wäre im vorliegenden Fall eine erneute Zueignung nicht mehr möglich, und eine Strafbarkeit des P aus § 246 I würde bereits auf der Tatbestandsebene ausscheiden.

Nach der in der Literatur vertretenen Gegenauffassung, der sog. Konkurrenzlösung, erfüllt auch die wiederholte Manifestierung des Zueignungswillens an einer bereits deliktisch erlangten Sache den Tatbestand des § 246 Abs. 1,[4] da nur so die dem Eigentümer deliktisch entzogene Sache auch weiterhin gegen Eigentumsverletzungen geschützt werde[5]. Nach dieser Ansicht hätte P sich das Falschgeld erneut zugeeignet und damit tatbestandlich erfüllt. Im Hinblick auf die Strafbarkeit des P selbst tritt § 246 auf Konkurrenzebene hinter den von P begangenen Diebstahl zurück,[6] die im Hinblick auf die Strafbarkeit des X erforderliche tatbestandliche und rechtswidrige Haupttat liegt indessen vor.

Die Tatbestandslösung wäre geboten, wenn es schon vom Wortlaut her zwingend wäre, daß sich eine Person eine Sache nur einmal zueignen kann. Dies wäre der Fall, wenn die Zueignung voraussetzt, daß der Täter dem Eigentümer die Herrschaftsbefugnisse entzieht und sich selbst die dem Eigentum entsprechende Sachherrschaft anmaßt. Ist die Sachherrschaft bereits einmal entzogen, könnte sie dem Berechtigten nicht nochmals entzogen werden[7]. Jede weitere der Zueignung nachfolgende Handlung würde nichts anderes darstellen als das bloße Ausnutzen des durch die Zueignung geschaffenen Zustandes.[8] Diese Auslegung des Begriffs Zueignen ist allerdings nicht zwingend. Wenn man den Begriff des Zueignens definiert als »Manifestation eines Zueignungswillens«, dann ist es mit dem noch möglichen Wortverständnis vereinbar, auch die wiederholte Manifestation des Zueignungswillens unter den Begriff des Zueignens zu fassen.

Gegen die Tatbestandslösung spricht, daß diese zu Strafbarkeitslücken führen kann. Es sind Fälle denkbar, in denen der erste Zueignungsakt nicht strafbar ist, der Täter die Sache sodann für sich benutzt, und dann eine Strafbarkeit nach § 246 I mangels der Möglichkeit der doppelten Zueignung entfällt[9]. Als Beispiel ist hier an eine Fundunterschlagung zu denken, bei der der Täter einen Gegenstand findet und diesen abgeben möchte, sich jedoch später entscheidet, die Sache selbst zu behalten. Hier hat der Täter sich bereits mit der Ansichnahme zugeeignet, was jedoch straflos ist, denn zu diesem Zeitpunkt wollte der Finder den Gegenstand noch seinem ursprünglichen Eigentümer zurückgeben. Das Behalten der Sache wäre unter Zugrundelegung der Tatbestandslösung ebenfalls straflos, da es sich um eine Zweitzueignung handeln würde. Andererseits ist aber zu berücksichtigen, daß bei derartigen Fällen im bloßen Behalten der Sache wohl überhaupt noch keine Zueignung zu sehen ist, denn für die Zueignung ist – wie bereits dargestellt – ein nach außen erkennbarer Manifestationswille erforderlich,[10] der im Fall der Fundunterschlagung zum Zeitpunkt des Ansichnehmens der Sache noch nicht ersichtlich ist. Der eigentliche Zueignungsakt findet überhaupt erst in dem Moment statt, indem der Täter seinen Zueignungswillen auch nach außen hin manifestiert. Das Problem der Zweitzueignung wird sich deshalb nur dann stellen, wenn der Täter die Sache deliktisch erlangt hat.[11] Da der Täter in diesen Fällen aber wegen des ersten Zueignungsaktes strafbar ist, kann in diesen Fällen von Strafbarkeitslücken keine Rede sein.

Problematisch ist die Tatbestandslösung allein in den Fällen, in denen es um die Strafbarkeit etwaiger Teilnehmer geht. Ein Beteiligter, der nur an der Verwertung der Sache beteiligt ist, nicht aber an der Vortat, durch

die sich der Haupttäter die Sache erstmalig zugeeignet hat, kann nach der Tatbestandslösung mangels vorsätzlich rechtswidriger Haupttat nicht belangt werden[12]. Hat er auch die Voraussetzungen der Hehlerei gem. § 259 I oder der Begünstigung gem. § 257 I nicht erfüllt, so entfällt eine Strafbarkeit gänzlich.

Trotzdem ist aber letztlich der Tatbestandslösung der Vorzug zu geben; dies insbesondere deshalb, weil der Täter, der sich die Sache in Zueignungsabsicht verschafft, diese in der Regel später verwertet. Sieht man nun in jeder Verwertungshandlung eine Unterschlagung, so würde dies eine Verlängerung der Verjährungsfrist für die Vortat bedeuten[13]. Hat der Täter einen Diebstahl begangen, so sieht das Gesetz (§ 78 III Nr. 4) vor, daß dieser innerhalb von fünf Jahren verjährt. Stellt man nun darauf ab, daß er sich durch Gebrauch der Sache diese immer wieder zueignet, so würde es nie zu einer Unterbrechung der Frist kommen, so daß die eigentliche vom Gesetzgeber her vorgesehene Verjährungsfrist leer laufen würde. Derartige Konsequenzen erscheinen unvertretbar, insbesondere lassen sie sich nicht mit der Erwägung legitimieren, daß so in dem einen oder anderen Fall die Straflosigkeit von Personen vermieden werden kann, die sich nur an Verwertungshandlungen beteiligen. Im Ergebnis ist somit der Tatbestandslösung zu folgen.

Da es unter Zugrundelegung der Tatbestandslösung an einer vorsätzlichen rechtswidrigen Haupttat des P fehlt, hat sich X nicht der Beihilfe zur Unterschlagung strafbar gemacht.

---

1 RGSt 15, 426 (428); 22, 306 (308); 60, 371 (372); BGHSt, 14, 38 (41); 16, 280 (28).
2 Krey, BT 2, Rdnr. 174; Otto, BT, Rn. 23; Lackner / Kühl, § 246, Rn. 7; Otto, Jura 1989, 200, 205; Schünemann, JuS 1968, 114 (118).
3 Otto, Jura 1989, 200, 205; Schunemann, JuS 1968, 114 (118).
4 Mitsch, JuS 1998, 307 (312); Maurach/Schroeder/Maiwald, BT 1, § 34, Rn. 22; Schönke/ Schröder/Eser, § 246, Rn. 9; Wessels/Beulke, AT, Rn. 301; Mitsch, BT 2, § 2 Rn. 54; Seelmann, JuS 1985, 699 (702).
5 Mitsch, BT 2, § 2 Rn. 54.
6 Vgl. Wessels/Beulke, AT, Rn. 301; Mitsch, BT 2, § 2 Rn. 54; Wessels/Hillenkamp, BT 2, Rn. 279.
7 BGHSt 14, 38 (41); 16, 280 (282).
8 Otto, BT, § 42 Rn. 23.
9 Wessels/Hillenkamp, BT 2, Rn. 303.
10 Mitsch, BT 2, § 2 Rn. 32.
11 Otto, BT, § 42 Rn. 24.
12 Mitsch, BT 2, § 2 Rn. 55.
13 Schünemann, JuS 1968, 114 (119).

Bei der Ausarbeitung einer juristischen Begründung im Rahmen eines strafrechtlichen Gutachtens ist auf die Besonderheiten der strafrechtlichen Auslegungsmethodik Rücksicht zu nehmen. Dies bedeutet insbesondere, daß als Folge des **Analogieverbots** (vgl. Seite 80, 89 ff.) zunächst zu untersuchen ist, ob sich die vertretenen Ansichten **im Rahmen des möglichen Wortsinns** halten. In der schriftlichen Ausarbeitung taucht dieser (gedanklich stets durchzuspielende) Punkt natürlich nur dann auf, wenn sich aus ihm etwas für die konkrete Lösung herleiten läßt. Ist der Bearbeiter der Meinung, lediglich eine Ansicht begründe keine verbotene Analogie, kann er allein dieser Ansicht folgen. Ist der Bearbeiter der Auffassung, eine Ansicht verletzte das Analogieverbot, scheidet diese Ansicht bereits aus diesem Grunde aus. Argumente aus der systematischen, historischen oder teleologischen Auslegung können in diesen Fällen nur noch als verstärkende Argumente gebracht werden. Es sollte dann aber deutlich hervorgehoben werden, daß die grammatikalische Auslegung das Ergebnis trägt, da sonst vom Korrektor ein methodischer Fehler angenommen werden könnte.

Beispiel:

Schläger S tritt dem am Boden liegenden R in den Rücken. Im Krankenhaus wird ein irreparabler Funktionsverlust der linken Niere festgestellt. Hier ist u. a. fraglich, ob der Verlust eines wichtigen Körpergliedes (§ 226 Abs. 1 Nr. 2 StGB) zu bejahen ist. Diese Problem kann wie folgt angegangen werden:
Nach dem Befund im Krankenhaus, hat die linke Niere des R die Funktion eingestellt. Fraglich ist, ob der Verlust einer Niere als Verlust eines wichtigen Gliedes i. S. d. § 226 Abs. 1 Nr. 2 StGB angesehen werden kann.
Nach Auffassung einer Minderansicht unterfallen alle Körperteile mit einer in sich geschlossenen Existenz und besonderen Funktion innerhalb des Gesamtorganismus – und damit auch innere Organe – dem Begriff des wichtigen Gliedes[1]. Nach dieser Auffassung wäre durch den Verlust der Niere eine der in § 226 Abs. 1 Nr. 2 StGB genannten Folgen eingetreten.
Die herrschende Meinung versteht demgegenüber unter Gliedern nur äußerlich in Erscheinung tretende Körperteile[2]. Nach h. M. hätte sich S damit nicht einer schweren Körperverletzung schuldig gemacht.
Zu folgen ist der herrschenden Meinung; die Gegenauffassung greift mit ihrer Auslegung über den möglichen Wortsinn des Begriffs »Glied« hinaus und begründet damit eine verbotene Analogie zu Lasten des Täters[3]. Daß damit möglicherweise strafwürdige Fälle dem Anwendungsbereich des § 226 Abs. 1 Nr. 2 StGB entzogen werden[4], ist angesichts des fragmentarischen Charakters des Strafrechts hinzunehmen[5]. Im übrigen werden

diese Fälle z. T. durch andere Qualifikationen des § 226 StGB erfaßt, die im Falle einer erweiterten Auslegung des Qualifikationsmerkmals »wichtiges Glied« keinen eigenständigen Anwendungsbereich mehr hätten[6]. Gewichtige Strafbarkeitslücken können nicht entstehen, da alle Fälle zumindest nach § 223 StGB mit Strafe bedroht sind. Im Ergebnis hat sich S damit durch die Tritte in den Rücken des R nicht einer schweren Körperverletzung schuldig gemacht.

1 OLG Neustadt NJW 1961, 2076 (2077); Bockelmann S. 62; Ebert JA 1979, 278; Otto/ Ströber Jura 1987, 375; Wessels/Hettinger, BT1, Rn. 289.
2 BGHSt 28, 100 (102); Schönke/Schröder/Stree § 226 Rn. 2; Lackner/Kühl § 226 Rn. 3; Horn, in: SKStGB § 226 Rn. 9; Eser, Strafrecht III, 8/7; Hirsch JZ 1979, 109.
3 LK-Lilie § 226 Rn. 14; Horn, in: SKStGB § 224 Rn. 5; BGHSt 28, 100 (102); Hirsch JZ 1979, 109; a. A. Ebert JA 1979, 278.
4 Vgl. Ebert JA 1979, 278; Hirsch JZ 1979, 709 f.
5 Vgl. BGHSt 28, 100 (102); a. A. Ebert JA 1979, 278 f.
6 Hirsch JZ 1979, 109; a. A. Ebert JA 1979, 278 (279).

Exkurs: Argumentationstechnik für die Klausursituation

Im Gegensatz zur Hausarbeit kann in der Klausurbearbeitung das Problem auftauchen, daß die Auslegung eines Straftatmerkmals zweifelhaft ist bzw. der Bearbeiter zwar weiß, daß die Auslegung umstritten ist, er aber den Streit nicht »drauf hat«. In diesen Fällen muß der (im Klausurstreß zugegebenermaßen nicht einfache) Versuch unternommen werden, selbständig eine vertretbare Auslegung zu entwickeln. Grundsätzlich ist dies weniger kompliziert, als es den Anschein hat. Da gerade bei Klausurlösungen jede vertretbare (und das ist praktisch jede methodisch saubere, d. h. in sich schlüssig hergeleitete und nachvollziehbar begründete) Auffassung akzeptiert wird, muß der Bearbeiter »lediglich« die strafrechtliche Auslegungs- und Argumentationsmethodik auf das Straftatmerkmal anwenden.

Kurz gefaßt bedeutet dies:

1. Liegen die denkbaren Auslegungsergebnisse im Rahmen des möglichen Wortsinns?

2. Sprechen systematische oder teleologische Argumente[8] für oder gegen die verbliebenen Auslegungsmöglichkeiten?

* Ergibt sich etwas aus der Einordnung der Norm in das Gesetz?
* In welchem Abschnitt steht die Norm?
* Führt eine Auslegungshypothese zu Widersprüchen mit anderen Normen des Gesetzes?
* Welches Rechtsgut soll geschützt werden und welche Auslegung wird dem Schutzzweck am besten gerecht?
* Führt eine Auslegung zu unvertretbaren Strafbarkeitslücken oder im Gegensatz hierzu zu einer angesichts des fragmentarischen Charakters des Strafrechts unvertretbaren Ausweitung des strafbaren Bereichs?
* Kann von einem (sicheren) Auslegungsergebnis im Erst-recht-Schluß auf das Ergebnis des Falles geschlossen werden oder ist im Gegenteil ein Umkehrschluß angezeigt? (maßgebend sind die Gemeinsamkeiten bzw. Unterschiede zwischen den verschiedenen zu vergleichenden Sachverhaltskonstellationen)

---

8 Die historische Auslegung entfällt in der Klausursituation aus naheliegenden Gründen.

6. Teil: Formalien des Gutachtens

I. Allgemeines

Zu verwenden sind Bögen im **Format DIN A 4**. Um den Verlust einzelner Blätter und die hieraus resultierenden Beweisprobleme zu vermeiden, ist das Gutachten **geheftet** abzugeben.

Das eigentliche Gutachten selbst ist **1,5zeilig** und mit einem **Korrekturrand von mindestens einem Drittel** (7 cm) am linken Rand abzufassen. Der Korrekturrand ist stets gleich breit zu halten, d. h., der Gutachtentext ist nicht nach rechts einzurücken, wenn ein Gliederungspunkt einer niedrigeren Gliederungsstufe erreicht wird.

Die **Hausarbeit** ist **maschinenschriftlich** anzufertigen. Wird die Arbeit, was heutzutage der Normalfall sein dürfte, mit einem Computer geschrieben, ist der Text mit einer Schrift nicht kleiner als 12cpi auszudrucken (Fußnoten evtl. auch mit 10cpi).

Im Rahmen des Gutachtens sollte man, um die Lesbarkeit des Textes zu erhöhen, **Gedankenblöcke** zu Absätzen zusammenfassen und diese deutlich (durch eine Leerzeile) voneinander trennen. In der Regel wird man für jedes Tatbestandsmerkmal einen Absatz vorsehen. Erfordert ein Straftatmerkmal eine ausgedehnte Auslegung und/oder Subsumtion sind evtl. auch mehrere Absätze erforderlich. Sind andererseits mehrere Merkmale unproblematisch zu bejahen, kann ihre Prüfung auch in einem Absatz zusammengefaßt werden.

Nicht vergessen werden darf die zu Beweiszwecken unverzichtbare **Unterschrift des Bearbeiters** auf dem letzten Blatt des Gutachtens.

Die Bögen sind **einseitig zu beschreiben** und **fortlaufend zu numerieren**. Der eigentliche Gutachtentext sollte mit arabischen Ziffern, der Vorspann einer Hausarbeit (Sachverhalt, Schrifttumsverzeichnis, (evtl.) Abkürzungsverzeichnis, Gliederung) mit römischen Ziffern versehen werden. Anhand der **unterschiedlichen Bezifferung** kann im Falle einer Seitenbegrenzung ohne größeren Aufwand festgestellt werden, ob sich die für die Seitenbegrenzung allein maßgebliche gutachterliche Lösung des Falles innerhalb des vorgegebenen Limits hält.

Zum Thema **Seitenbegrenzung** ist festzuhalten, daß es sich hier nicht lediglich um einen unverbindlichen Hinweis für die Bearbeiter, sondern um eine verbindliche Lösungsanforderung handelt. Die Bearbeitung des gestellten Falles soll nicht nur innerhalb einer festgelegten Zeit, sondern auch innerhalb eines vom Aufgabensteller für angemessen erachteten Rahmens erfolgen. Praktisch bedeutsam ist, welche Folgen eine Überschreitung des gegebenen Limits hat. Allgemeinverbindliche Aussagen hierzu sind allerdings nicht möglich. Anzuraten ist

daher, den jeweiligen Übungsleiter **vor der Ausgabe der ersten Hausarbeit** in einer Übungsstunde (offiziell) auf diese Frage anzusprechen. Stellt man fest, daß die eigene Bearbeitung den angegebenen Seitenumfang überschreitet, sollte dies zunächst Anlaß sein, die Arbeit kritisch daraufhin durchzusehen, ob tatsächlich alle Ausführungen für die Lösung des Falles relevant sind. Erfahrungsgemäß sind die Hausarbeiten tatsächlich in dem vorgegebenen Rahmen zu bewältigen. Überschreitungen des Seitenlimits sind sehr häufig darauf zurückzuführen, daß von den Bearbeitern entweder nicht lösungsrelevante Punkte erörtert oder unproblematische Punkte zu breit und/oder lösungsrelevante Erörterungen durch überflüssige und langatmige lehrbuchartige Ausführungen eingeleitet werden. Eine **Überschreitung der Seitenbegrenzung** führt zwar nicht dazu, daß die Teile des Gutachtens, die außerhalb des gegebenen Limits liegen, nicht korrigiert bzw. bei der Bewertung nicht berücksichtigt werden. Der Bearbeiter, der die vorgegebene Seitenzahl überschreitet, muß aber damit rechnen, daß

* seine Arbeit, auch wenn sich in ihr alle lösungsrelevanten Ausführungen finden, nicht besser bewertet werden kann, als eine Arbeit, die sich innerhalb des Limits hält und ebenfalls alle relevanten Punkte anspricht. Eine gleiche Bewertung beider Arbeiten wird sogar nur dann möglich sein, wenn die Arbeit, die den vorgegebenen Rahmen überschreitet, auch ein entsprechendes »Mehr« an argumentativer Substanz aufweist,

* seine Arbeit, wenn die Überschreitung des Seitenlimits auf die Erörterung überflüssiger Punkte oder aber auf eine zu ausführliche (weil nicht mehr für die konkrete Fallbearbeitung notwendige) Darstellungsweise zurückzuführen ist, entsprechend abgewertet wird.

II. Die besonderen Formalien der Hausarbeit

Während für die Klausurbearbeitung neben den allgemeinen Formalien lediglich noch an die Anfertigung eines Deckblatts gedacht werden sollte, muß der Hausarbeit zwingend ein Vorspann vorangestellt werden, der (in dieser Reihenfolge) aus Deckblatt, Sachverhalt, Literaturverzeichnis, Abkürzungsverzeichnis und Gliederung besteht.

1. Das Deckblatt

Das Deckblatt (das auch einer Klausur vorangestellt werden sollte) muß eindeutig den Bearbeiter, die Übungsgruppe und die gestellte Arbeit ausweisen.

Beispiel:

Mustermann, Peter
Musterstraße X
00000 Musterburg

X. Semester
Matrikel-Nr. XXXXXX

Wintersemester 2002/03
Übungen im Strafrecht für Anfänger

Übungsgruppe X
Prof. Dr. Platzhalter
X. Hausarbeit

2. Der Sachverhalt

Bei Klausuren sollte vor dem Beginn der Arbeit geklärt werden, ob der ausgegebene Sachverhalt zusammen mit der gutachterlichen Lösung abzugeben ist. Bei der Hausarbeit ist die Beifügung des Sachverhalts stets notwendig. Der Sachverhalt ist hier direkt nach dem Deckblatt einzufügen. Es kann der Originalsachverhalt (wenn er keine Anmerkungen, Unterstreichungen etc. aufweist) bzw. eine Kopie eingeheftet werden. Wenn der Sachverhalt – wie in Anfängerhausarbeiten üblich – nicht allzu umfangreich ist, bietet es sich aber an, diesen abzuschreiben, da hierdurch der einheitliche äußere Eindruck der Arbeit verbessert wird. Ein Tip: Schreiben Sie den Sachverhalt bereits zu Beginn der Hausarbeit ab. Eine derart intensive Beschäftigung mit dem Sachverhalt kann verhindern, daß wichtige Formulierungen überlesen werden.

3. Das Literaturverzeichnis

Sinn und Zweck des Schrifttumsverzeichnisses ist es zum einen, dem Korrektor einen Überblick über die verwendete Literatur zu geben, zum anderen wird es dem Bearbeiter ermöglicht, die (in der Regel im Gutachten mehrfach verwendeten) Quellen in den Fußnoten in abgekürzter Form zu zitieren.
Im Literaturverzeichnis sind **nur** die im eigentlichen Gutachten **tatsächlich zitierten Schriften** aufzuführen, diese allerdings vollständig. In das Literatur-

verzeichnis gehören: Kommentare, Lehrbücher, Monographien, Aufsätze, Anmerkungen. Nicht aufzunehmen sind dagegen Fundstellen von Gesetzen, Verordnungen etc. sowie Fundstellen der zitierten Gerichtsentscheidungen. Diese werden allein in den Fußnoten angegeben.

Bei Werken, die in mehrfacher Auflage erschienen sind (Kommentare und Lehrbücher, selten bei Monographien), müssen die jeweils **neuesten Auflagen** in das Literaturverzeichnis aufgenommen werden. Selbstverständlich sind diese Auflagen dann auch im Gutachten zu verwenden, d. h. die Zitate müssen sich auf die im Literaturverzeichnis genannten Auflagen beziehen. Zwar sind von diesen Auflagen im Seminar in der Regel nicht so viele Exemplare vorhanden, daß jeder Bearbeiter stets die neueste Auflage zur Verfügung hat; dies ist aber auch nicht notwendig, denn mit der Vorauflage bzw. Vorvorauflage eines Lehrbuchs oder eines Kommentars kann man ohne weiteres arbeiten. Notwendig ist es dann allerdings, daß man zu einem geeigneten Zeitpunkt (in der Regel dann, wenn für den Bearbeiter klar ist, welche Probleme er zu behandeln hat) einen Blick in die neueste Auflage wirft, um festzustellen, ob der Autor seine Meinung geändert hat bzw. sich Randnummern oder Seitenzahlen geändert haben. Nicht unterlassen sollte man es, die neuesten Auflagen der Kommentare daraufhin zu überprüfen, ob zu einem lösungsrelevanten Problem neuere Entscheidungen der Gerichte ergangen sind.

Die bei der Aufsicht vorhandenen Präsenzexemplare der neuesten Auflagen können darüber hinaus natürlich auch (auszugsweise) kopiert werden.

Alle Schriften sollten **streng alphabetisch** geordnet werden. Die Untergliederung des Literaturverzeichnisses in: Kommentare, Lehrbücher, Aufsätze, Anmerkungen, hat sich nicht bewährt, da für den Leser nicht immer klar ist, in welcher Kategorie sich ein Werk findet, das in einer Fußnote evtl. nur mit dem Verfassernamen genannt ist.

Sollten **von einem Verfasser mehrere Werke** oder von einem Werk **mehrere Auflagen** verwendet werden (weil z. B. der Autor seine Meinung in einem lösungsrelevanten Punkt geändert hat), müssen die Werke in den Fußnoten jeweils so genannt werden, daß klar ist, welches Werk bzw. welche Auflage gemeint ist. In diesen Fällen bietet es sich an, bereits im Literaturverzeichnis anzugeben, wie das jeweilige Werk abgekürzt zitiert wird.

Beispiel:

Literaturverzeichnis:

Wessels, Johannes/ **Beulke**, Werner	Strafrecht Allgemeiner Teil, Die Straftat und ihr Aufbau, 31. Auflage, Heidelberg 2001, (zitiert: Wessels/ Beulke, AT)

Wessels, Johannes/   Strafrecht, Besonderer Teil 1, Straftaten gegen
Hettinger, Michael   Persönlichkeits- und Gemeinschaftswerte, 25. Auf-
                         lage, Heidelberg 2001 (zitiert: Wessels/Hettinger,
                         BT1)
Fußnoten:
Wessels/Beulke, AT, Rn. ... bzw. Wessels/Hettinger, BT1, Rn. ...

**Zu den für die jeweiligen Kategorien der Schrifttumsquellen notwendigen
Angaben im Literaturverzeichnis vgl. die folgenden**

Beispiele:

Lehrbücher (und Monographien): Verfassername, Vorname, Titel, Auflage, Erscheinungsort und -jahr, evtl. Zitierhinweis

> **Stratenwerth**, Günter: Strafrecht, Allgemeiner Teil I, 4. Auflage, Köln
> 2000
> **Welzel**, Hans: Das Deutsche Strafrecht, 11. Auflage, Berlin 1969

Kommentare: Titel, Herausgeber bzw. Bearbeiter, Auflage, Erscheinungsort und -jahr, evtl. Zitierhinweis

> **Lackner**, Karl/**Kühl**, Kristian: Strafgesetzbuch mit Erläuterungen,
> 24. Auflage, München 2001
> **Schönke**, Adolf/**Schröder**, Horst: Strafgesetzbuch Kommentar, 26. Auf-
> lage, bearbeitet von Theodor Lenckner, Peter Cramer, Albin Eser,
> Walter Stree, Günter Heine, Walter Perron und Detlev Sternberg-
> Lieben, München 2001 (zitiert: Schönke/Schröder/Bearbeiter)
> **Systematischer Kommentar zum Strafgesetzbuch:** Band I, All-
> gemeiner Teil (§§ 1-79b), bearbeitet von Hans-Joachim Rudolphi,
> Eckhard Horn, Erich Samson, Hans-Ludwig Günther und Andreas
> Hoyer, 6. Auflage, Neuwied, Loseblattsammlung, Stand 36. Lieferung
> (April 2001); Band II, Besonderer Teil (§§ 80-358), bearbeitet von
> Hans-Joachim Rudolphi, Eckhard Horn, Erich Samson, Hans-Ludwig
> Günther und Andreas Hoyer, 5. bzw. 6. neubearbeitete Auflage,

Neuwied, Loseblattsammlung, Stand 54. Lieferung (März 2002) (zitiert: Bearbeiter, in: SKStGB)

Festschriftenaufsätze: Verfassername, Vorname, Titel des Aufsatzes, Titel der Festschrift, Herausgeber der Festschrift, Erscheinungsort und -jahr, Beginn der Quelle

> **Gallas**, Wilhelm: Abstrakte und konkrete Gefährdung, in: Festschrift für Ernst Heinitz zum 70. Geburtstag am 1. Januar 1972, hrsg. von Hans Lüttger in Verbindung mit Hermann Blei und Peter Hanau, Berlin 1972, S. 171

Zeitschriftenaufsätze: Verfassername, Vorname, Titel des Aufsatzes, Beginn der Quelle

> **Stree**, Walter: Gefährliche Körperverletzung, in: Jura 1980, 281

Anmerkungen: Verfassername, Vorname, Verkündungstermin und Aktenzeichen der besprochenen Entscheidung, Fundstelle

> **Kratzsch**, D.: Anmerkung zu BGH, Beschluß vom 3. 5. 1988 (1 StR 167/88), in: JR 1989, 295

4. Das Abkürzungsverzeichnis

Ein Abkürzungsverzeichnis ist auch im Rahmen einer Hausarbeit in der Regel nicht notwendig. Soweit der Bearbeiter allein die allgemein gebräuchlichen Abkürzungen (z. B.: BGHSt, NJW) benutzt, kann auf ein Abkürzungsverzeichnis verzichtet werden. Notwendig ist ein Abkürzungsverzeichnis allerdings dann, wenn der Bearbeiter im Text des Gutachtens oder im Rahmen der Fußnoten von ihm selbst erfundene Abkürzungen benutzt. Im Gutachten selbst sollten Abkürzungen möglichst unterbleiben, um den Lesefluß nicht zu hemmen (Ausnahme: allgemein übliche Abkürzungen wie: z. B., ggf., evtl.). Hinsichtlich der Abkürzungen von Gerichten, Lehrbüchern, Zeitschriften etc. sollte man sich an der Standardliteratur orientieren. Im übrigen kann bei Zweifelsfragen das Werk von Kirchner, Abkürzungsverzeichnis der Rechtssprache, herangezogen werden. Für die Abkürzung der verwendeten Lehrbücher und Kommentare finden sich in den jeweiligen Werken Zitiervorschläge.

5. Die Gliederung

Direkt vor-dem Gutachten steht die Gliederung. Diese soll dem Korrektor
einen Überblick über die Lösung des Bearbeiters geben. Die Gliederung darf
weder zu pauschal sein, noch zu stark ins Detail gehen. Außerdem sollte
nicht das vom Bearbeiter benutzte »Prüfungsschema« wiedergegeben, sondern
problembezogen die von ihm behandelten Prüfungs(schwer)punkte aufgezeigt
werden.

In formaler Hinsicht ist auf folgendes hinzuweisen:

Es gibt **zwei Gliederungssysteme**, die wahlweise (aber dann ausschließlich)
benutzt werden können:

```
A. XXXX
    I. XXXXXXXXX
        1. XXXXXXXXX
            a) XXXX
            b) XXXXXXXXXXXXX
                aa) XXXXXXXX
                bb) XXXXX
        2. XXXXXXXXXXXX
    II. XXXXXXXXX
B. XXXXXXXXXXXXX

oder

1. XXXX
    1.1. XXXXXXXXX
        1.1.1. XXXXXXXX
            1.1.1.1. XXXX
            1.1.1.1. XXXXXXXXXXXX
                1.1.1.2.1. XXXXXXXX
                1.1.1.2.2. XXXXX
        1.1.2. XXXXXXXXXXXX
    1.2. XXXXXXXXX
2. XXXXXXXXXXXXX
```

Ein Gliederungspunkt darf nicht für sich allein stehen (»**Wer a sagt, muß auch b sagen**«).

NEGATIV-Beispiel:

```
A. XXXX
   I. XXXXXXXXXX
      1. XXXXXXXXX
         a) XXXX
         b) XXXXXXXXXXXXX
            aa) XXXXXXXX
            bb) XXXXX
  II. XXXXXXXXX
B. XXXXXXXXXXXXXX
```

Wenn ein einzelner Punkt in der Gliederung unbedingt hervorgehoben werden soll, kann dies gliederungstechnisch dadurch bewerkstelligt werden, daß man einen Zusatzpunkt »Zwischenergebnis« einfügt:

```
A.  XXXX
   I. XXXXXXXXXX
      1. XXXXXXXXX
         a) XXXX
         b) XXXXXXXXXXXXX
            aa) XXXXXXXX
            bb) XXXXX
      2. Zwischenergebnis
  II. XXXXXXXXX
B. XXXXXXXXXXXXXX
```

Als Überschriften sollen möglichst **keine vollständigen Sätze** oder gar **Fragen** verwendet werden. Sinn der Überschriften ist es, in schlagwortartiger Weise den nachfolgenden Prüfungsabschnitt inhaltlich zu umreißen. Die Überschriften sollen daher möglichst weitgehend von rechtlichen (Vor-)Wertungen freigehalten werden. Zu vermeiden ist, daß bereits die Überschrift das Ergebnis der Prüfung vorwegnimmt.

NEGATIV-Beispiel:

A. Hat A sich strafbar gemacht?
   I. Die Trunkenheitsfahrt
      1. § 315c Abs. I
         a) Die Tatbestandsmäßigkeit seines Verhaltens
            aa) A hat ein Fahrzeug im Verkehr geführt
            bb) Absolute Fahruntüchtigkeit des A aufgrund des von ihm
                 konsumierten Alkohols

POSITIV-Beispiel:

A.   Strafbarkeit des A
   I. Die Heimfahrt
      1. § 315c Abs. 1 Nr. 1a
         a) Tatbestand
            aa) Führen eines Fahrzeugs im Verkehr
            bb) Alkoholbedingte Fahruntüchtigkeit

Merke: Die einzelnen Gliederungspunkte (mit Überschriften!) müssen **im Text des Gutachtens wieder auftauchen,** um eine bessere Übersicht und die Möglichkeit des kurzfristigen Auffindens einer konkreten Stelle des Gutachtens zu gewährleisten.

III. Exkurs: Stilfragen

Viele Bearbeiter verschenken eine nicht unerhebliche Anzahl von Punkten dadurch, daß sie in die Darstellung ihrer Lösung, insbesondere in stilistischer Hinsicht, zu wenig Mühe investieren. Abgesehen davon, daß es sich die wenigsten Übungsteilnehmer leisten können, von vornherein mit einem Handikap in die Bewertung zu starten, sollte gerade der Jurist, der davon lebt, andere mit Worten von der Richtigkeit seines Standpunktes zu überzeugen, diese Fähigkeit schulen. Auch an dieser Stelle sei daher nochmals darauf hingewiesen, daß nicht in erster Linie das (richtige oder falsche) Endergebnis des Gutachtens, sondern der Weg, auf dem dieses gefunden wird, für die Bewertung entscheidend ist. Hieraus folgt, daß eine gedanklich klar gegliederte und sprachlich verständliche Bearbeitung wertvoller ist, als eine Arbeit, die auf einem völlig unverständlichen Weg zu dem Ergebnis kommt, das auch der Aufgabensteller als sachlich zutreffend ansieht.

Zunächst ist in diesem Zusammenhang darauf hinzuweisen, daß ein grammatikalisch und orthographisch »richtiger« und durch sinnvolle Absätze (vgl. oben Seite 68) klar gegliederter Text für den Korrektor besser und leichter zu verstehen ist und damit tendenziell größere Chancen hat, gut bewertet zu werden.

In stilistischer Hinsicht sollte sich der Bearbeiter allein auf eine sachliche Erörterung der für die Fallbearbeitung notwendigen Fragen beschränken. Zu vermeiden sind unter allen Umständen Versuche, der Arbeit durch »**schöngeistige**« **Formulierungen** ein höheres literarisches Niveau bzw. durch **humoristische Einsprengsel** einen höheren Unterhaltungswert zu geben. Da das gesamte Gutachten die Lösung des Bearbeiters wiedergibt, sind auch Formulierungen wie: »Meines Erachtens…« oder andere **Elemente des »Ich«-Stils** zu vermeiden.

Vermieden werden sollten auf jeden Fall auch **Bekräftigungen** (wie z. B.: eindeutig, selbstverständlich, offensichtlich) sowie **überhebliche Formulierungen** (z. B.: Völlig unhaltbar wieder einmal BGHSt…), da der Gebrauch derartiger Formulierungen ein klarer Indikator für inhaltliche Defizite der Lösung ist.

Grundsätzlich ist im Rahmen der Fallbearbeitung der **Gutachtenstil** (These, Obersatz, Untersatz, Konklusion) anzuwenden (vgl. oben Seite 11 ff). Um eine Schwerpunktbildung zu ermöglichen, ist es aber bei evident vorliegenden Tatbestandsmerkmalen zulässig und angezeigt, diese in einem **abgekürzten Gutachtenstil** oder im **Urteilsstil** zu bejahen. Ein sachgerechter Wechsel zwischen Gutachten- und Urteilsstil (vgl. Seite 22 ff.), verbunden mit einem Verzicht auf stereotype Formulierungen, trägt entscheidend dazu bei, das Interesse des Korrektors an der Arbeit aufrechtzuerhalten. Die Lesbarkeit des Textes wird weiterhin dadurch erhöht, daß man

* anstatt eines unverständlichen **Schachtelsatzes** mehrere kurze Hauptsätze bildet,
* **Substantivierungen** möglichst vermeidet und
* auf den Gebrauch von **Füllwörtern** verzichtet.

Bei der Wortwahl ist schließlich zu berücksichtigen, daß bestimmte Begriffe als **juristische Fachausdrücke** »besetzt« sind und daher in einem juristischen Fachgutachten in ihrer alltäglichen Bedeutung nicht mehr benutzt werden dürfen (z. B. Absicht, Vollendung, Beendigung, Anstiftung).

Anhang A: Einführung in die Grundlagen der Auslegung und juristischen Argumentation

I. Allgemeines

Die Auslegung kann sich grundsätzlich auf zwei Bereiche beziehen: auf Gesetze und auf Sachverhalte. Die Sachverhaltsauslegung, die stets von der allgemeinen Lebenserfahrung her vorzunehmen ist, wurde ausführlich im 2. Teil des Skripts vorgestellt. Nachfolgend sollen die Grundlagen der Auslegung von Normen erläutert werden.

Zunächst ist nicht ganz einsichtig, warum es überhaupt notwendig bzw. erlaubt sein soll, Gesetze auszulegen, d. h. die in den Normen des Gesetzes genannten Merkmale abstrakt zu definieren. In einer Rechtsordnung wie der unseren, die gerade von Strafnormen verlangt, daß diese bestimmt sein müssen (Art. 103 Abs. 2 GG; § 1 StGB), scheint die Auslegung des Gesetzes durch den Richter bestenfalls überflüssig zu sein und schlimmstenfalls darauf hinauszulaufen, daß die Judikative ihren Willen an die Stelle des Willens der Legislative setzt. Dies scheint wiederum im Widerspruch dazu zu stehen, daß der Richter an Recht und Gesetz gebunden ist (Art. 20 Abs. 3 GG). Indes: Rechtsgeschichte und Rechtstheorie zeigen, daß man zu keiner Zeit ohne eine Auslegung von Gesetzen durch den Rechtsanwender ausgekommen ist und auch gar nicht auskommen kann. Die gelegentlich – z. T. wohl unter dem Eindruck des Satzes von Montesquieu, wonach der Richter (nur) der Mund des Gesetzes sein soll – unternommenen Versuche, die Auslegung von Gesetzen ausdrücklich zu verbieten, sind sämtlich gescheitert.

Zur Begründung kann auf zwei Gesichtspunkte verwiesen werden (vgl. Jescheck/Weigend, StrafR AT, 5. Auflage, § 17 III.): Gesetze sind der Versuch, Lebenssachverhalte über sprachlich fixierte Normen zu regeln. Soll die Norm mehr als einen konkreten Sachverhalt regeln (und dies ist das grundlegende Merkmal gesetzlicher Normen), muß von den Besonderheiten des Einzelfalles abstrahiert und das einer Gruppe von Lebenssachverhalten Gemeinsame definiert werden. Bedingt durch die nicht zu vermeidende Abstraktion der Gesetzessprache stellt sich dann aber zwangsläufig die Frage, ob ein bestimmter, konkret zur Beurteilung anstehender Sachverhalt noch unter den abstrakten Begriff zu fassen ist oder nicht. Dies gilt in besonderem Maße, wenn der Gesetzgeber wertausfüllungsbedürftige Begriffe verwendet (wie z. B. »beleidigt« in § 185 StGB, »verwerflich« in § 240 StGB, »Verstoß gegen die guten Sitten« in § 226 und »niedrige Beweggründe« in § 211 StGB sowie insbesondere § 118 Abs. 1 OWiG: »Ordnungswidrig handelt, wer eine grob ungehörige Handlung vornimmt, die geeignet ist, die

Allgemeinheit zu gefährden und die öffentliche Ordnung zu beeinträchtigen«). Da nach heute allgemeiner Meinung die Verwendung wertausfüllungsbedürftiger Begriffe zwar einerseits bedenklich ist, der Gesetzgeber aber andererseits anerkanntermaßen auch nicht vollständig auf wertausfüllungsbedürftige Begriffe verzichten kann, ist ein Verbot der Auslegung bereits aus diesem Grunde nicht möglich.

Des weiteren ist zu konstatieren, daß Gesetze nicht nur hinsichtlich der offen wertausfüllungsbedürftigen Begriffe ausgelegt werden müssen. Tatsächlich gibt es so etwas wie den »klaren Wortlaut« einer Norm gar nicht. In der Rechtslehre wird verbreitet zwischen sog. deskriptiven und normativen Begriffen unterschieden. Normative Begriffe sollen wertausfüllungsbedürftig sein, während bei deskriptiven Begriffen allein durch sinnliche Wahrnehmung entscheidbar sein soll, ob ein Sachverhalt unter den Begriff zu subsumieren ist oder nicht. Diese Unterscheidung kann nicht aufrechterhalten werden (vgl. Maurach/Zipf, StrafR AT, 8. Auflage, Teilbd. 1, § 20 Rdnrn. 55 f.). Tatsächlich erfaßt nämlich ausnahmslos jeder Begriff einen Kreis von Sachverhalten, die eindeutig unter ihn zu subsumieren sind. Um diesen als »Begriffskern« zu bezeichnenden Bereich gruppieren sich eine Reihe weiterer Sachverhalte (der sog. »Begriffshof«), bei denen dann fraglich ist, ob sie dem Begriff noch unterfallen oder nicht. Normative und deskriptive Begriffe unterscheiden sich somit allein graduell. Während bei den angeblich deskriptiven Begriffen der »Begriffskern« relativ weit ist (was zur Folge hat, daß sich der Eindruck ergeben kann, bei diesen Begriffen bedürfe es »nur« der sinnlichen Wahrnehmung, um über die Zuordnung eines Sachverhalts unter einen Begriff entscheiden zu können), ist bei normativen Begriffen der Bereich der »sicheren Kandidaten« eher klein (was zur Folge hat, daß hier die Notwendigkeit einer bewertenden Ausfüllung des Begriffs eher ins Auge springt). Abgesehen davon, daß mithin bei jedem Begriff ein (mehr oder weniger großer) Bereich »unsicherer Kandidaten« existiert, muß weiterhin berücksichtigt werden, daß auch die Existenz des (unproblematisch erscheinenden) Kernbereichs nichts anderes darstellt, als das Ergebnis eines über lange Zeiträume ablaufenden Auslegungsprozesses, dessen Bewertungen nur deshalb aus der »Natur der Sache« zu folgen scheinen, weil die entsprechenden Wertentscheidungen zwischenzeitlich als selbstverständlich richtig akzeptiert werden.

Da also (mit Ausnahme von Zahlen, Daten usw.) alle Begriffe, die ein Gesetz verwendet, in größerem oder geringerem Maße mehrdeutig und damit auslegungsbedürftig sind, ergibt sich für den Bearbeiter die Schwierigkeit, zwischen verschiedenen Deutungsmöglichkeiten wählen zu müssen. Die juristische Methodenlehre hat verschiedene **Methoden der Auslegung** und bestimmte **Argumentationstypen** entwickelt, derer man sich bei der Auslegung einer Norm bedienen kann. Die Kenntnis dieser methodischen Grundlagen ist natürlich insbesondere dann unabdingbar, wenn man eine eigenständige Auslegung einer Norm versuchen möchte. Vor diesem Problem steht häufig der Examenskandidat in seiner Hausarbeit. Auch der Bearbeiter einer studentischen Übungsarbeit sollte

jedoch zumindest ein solides Verständnis der methodischen Grundlagen haben, damit er in der Lage ist, die in Literatur und Rechtsprechung vorgefundenen Argumentationen zu analysieren und zu bewerten, bevor er sie in seine Lösung einbaut (vgl. hierzu Seite 59 f.).

II. Die Methoden der Auslegung

1. Die grammatikalische Auslegung

Inhalt: **Der Sinngehalt einer Norm wird aus ihrem Wortlaut ermittelt.**

Diese Methode steht am Anfang der Auslegung, weil die gesetzliche Formulierung als unmittelbare Äußerung des Gesetzgebers Ausgangspunkt aller Überlegungen sein muß. Im Strafrecht wird diese Überlegung noch dadurch unterstützt, daß aufgrund des Verbots einer Analogie zum Nachteil des Beschuldigten (Art. 103 Abs. 2 GG; § 1 StGB) der mögliche Wortsinn einer Norm auch die Grenze der Auslegung ist. Anders als im Bürgerlichen Recht oder Öffentlichen Recht scheiden damit im Strafrecht alle (theoretisch) denkbaren Lösungen, die über den möglichen Wortsinn einer Norm hinausgehen, von vornherein aus (vgl. hierzu oben Seite 65).
Hinweis: der »mögliche« Wortsinn ist nicht mit dem »üblichen« oder »hergebrachten« Wortsinn gleichzusetzen. Ein wichtiges Hilfsmittel zur Ermittlung des noch möglichen Wortsinns können Wörterbücher sein.

Beispiele:

(1)   Das BVerfG (NStZ 1993, 75) sah es als einen Verstoß gegen das Analogieverbot des Art. 103 Abs. 2 GG an, den Begriff »Mensch« in § 131 Abs. 1 StGB dahin auszulegen, daß er auch menschenähnliche Wesen (»Zombies«) umfaßt. Anders ist dies bei einer Leibesfrucht: Da es sich hier um menschliches Leben handelt, kann sowohl der Embryo als auch der Fötus vom Wortlaut her gesehen unter den Begriff Mensch gefaßt werden; eine andere, hierdurch nicht präjudizierte Frage ist, ob man dies tun muß.

(2)   Der BGH (BGHSt 35, 390) hatte den Fall zu entscheiden, ob ein Fahrzeug bereits im Straßenverkehr »geführt« wird, wenn der Täter, in der Absicht alsbald wegzufahren, den Motor anläßt und das Abblendlicht einschaltet. Der BGH hat hierzu ausgeführt:

»In der Tat verleiht die dynamische Komponente dem Begriff des »Führens« ihre entscheidende Prägung. Das ergibt schon der Sinn des Wortes. Das Wort »führen« ist … abgeleitet von »fahren« und hat als solches den eigentlichen Sinn von »in Bewegung setzen«, »fahren machen« (Duden, Deutsches Universalwörterbuch, 1983, 442). In seiner transitiven Form hat es die Bedeutung »mittels eines … Fahrzeuges … fortkommen machen« und kann hier für das Wort »fahren« stehen (Grimm, Deutsches Wörterbuch, 4. Bd., 1. Abt. 1. Hälfte, Leipzig 1878, Sp. 432, 440, 442). Bereits nach dem Sprachgebrauch kann etwas Statisches nicht geführt werden.«

(3) In der Entscheidung BGHSt 14, 185 hatte der BGH den Fall zu entscheiden, ob das Abrollenlassen eines Pkw unter Benutzung der Lenkeinrichtung und Bremsen aber ohne Ausnutzung der Motorkraft als »Führen« eines Fahrzeugs anzusehen ist. Der BGH hat hier – zu Recht – die Auffassung vertreten, daß das Lenken eines rollenden Fahrzeugs unabhängig von der Art des Antriebsmittels (Benzin oder Ausnutzung der Schwerkraft) dem Wortlaut der Norm unterfällt.

(4) Das AG München (NStZ 1986, 458) hatte die Frage zu entscheiden, ob der Täter ein Fahrzeug im Sinne des § 248b StGB »in Gebrauch genommen« hat, wenn er ein geleastes Fahrzeug weiter benutzt, nachdem der Leasingvertrag beendet ist. Das AG beginnt seine Auslegung des Begriffes »Ingebrauchnahme« schulmäßig mit der grammatikalischen Auslegung und führt aus (die Nachweise, die das AG anführt, sind hier weggelassen):
»Schon der im Hinblick auf das strafrechtliche Bestimmtheitsgebot (Art. 103 Abs. 2 GG; § 1 StGB) besonders bedeutsame, sinnkonstituierende und sinnlimitierende und deshalb am Anfang der Gesetzesauslegung stehende Wortlaut läßt die Auffassung des BGH, daß unter Ingebrauchnahme i. S. von § 248b StGB auch das Ingebrauchhalten zu verstehen sei, als unzutreffend erscheinen. Der alltägliche Sprachgebrauch (welcher anhand von Wörterbüchern der deutschen Sprache zu ermitteln ist) versteht unter Ingebrauchnehmen »etwas zu verwenden beginnen«.
(Vgl. aber auch die Ausführungen von Schmidhäuser, NStZ 1986, 460, der in seiner Anmerkung zu einem inhaltlich abweichenden Ergebnis kommt.)

Zu beachten ist, daß bestimmte Begriffe als Rechtsbegriffe einen Inhalt haben, der – unter Umständen nicht unerheblich – von dem Inhalt abweichen kann, den der gleiche Begriff im täglichen Leben hat. Ein Beispiel hierfür ist der spezifische juristische Bedeutungsgehalt der Begriffe des »Vorsatzes« (vgl. hierzu i.e. die Lehrbücher zum Allgemeinen Teil des Strafrechts) oder der »Urkunde« (vgl.

hierzu die Kommentare zu § 267 StGB). Schließlich kann der Gesetzgeber durch die Benutzung sog. Legaldefinitionen Begriffsinhalte festlegen, ohne hierbei an den alltäglichen Wortsinn gebunden zu sein. Beispielhaft sei hier auf Art. 1 bayFischereiG aus dem Jahre 1908 verwiesen, der bestimmt: »Fische im Sinne des Gesetzes sind Fische, Krebse und andere nutzbare Wassertiere...«.

2. Die systematische Auslegung

Inhalt: **Der Sinngehalt einer Norm wird aus dem Zusammenhang, in dem die Norm steht, ermittelt.**

Ausgangspunkt dieser Methode ist die Annahme, daß der Gesetzgeber die einzelnen Vorschriften eines Gesetzes in einen sachlichen Zusammenhang gestellt hat und die Einzelvorschriften daher logisch miteinander vereinbar sein sollten. Für die systematische Auslegung ist der Standort einer Vorschrift im Gesetz, ihre Stellung und Funktion im Gefüge der Rechtsinstitute und ihr Zusammenspiel mit anderen Normen innerhalb der Rechtsordnung maßgebend (hier kommt es zum Teil zu Überschneidungen mit der teleologischen Auslegung).
Hinweise und Argumente in bezug auf die systematische Einordnung einer Norm können den Überschriften der Gesetzesabschnitte, in dem die Norm steht, entnommen werden. Wenn – wie im StGB – das Gesetz amtliche Überschriften[9] (auch) der einzelnen Paragraphen enthält, kann sich evtl. auch hieraus etwas herleiten lassen.

Beispiele:

(1)   In Literatur und Rechtsprechung war für die alte Fassung des § 221 StGB umstritten, ob die Aussetzung einer Person deren Lebensgefährdung voraussetzt oder ob auch die Begründung einer bloßen Leibesgefahr ausreicht. Für die erstgenannte Ansicht spricht unter anderem die systematische Stellung des § 221 StGB. Die Vorschrift steht im 16. Abschnitt des StGB, der überschrieben ist mit »Straftaten gegen das Leben«. Die Körperverletzungsdelikte finden sich dagegen (erst) im 17. Abschnitt des Gesetzes. Mit der Neufassung der Vorschrift durch das 6. StRG vom 26. 1. 1998 ist der Streit erledigt: »... und ihn dadurch der Gefahr des Todes oder einer schweren Gesundheitsschädigung aussetzt...«.

---

9 Kenntlich dadurch, daß diese in den Gesetzestexten nicht in Klammern gesetzt sind. Das BGB enthält z. B. keine amtlichen Überschriften der einzelnen Paragraphen.

(2) Fraglich ist, ob derjenige, der unbefugt in einem geparkten Auto übernachtet, dieses Fahrzeug im Sinne des § 248b StGB »in Gebrauch nimmt«. Vom Gesetzeswortlaut her könnte das Einsteigen zwecks Übernachtung unter diesen Begriff subsumiert werden. Dieses Ergebnis würde aber der systematischen Stellung des § 248b StGB innerhalb der Zueignungsdelikte widersprechen. Gemeint ist nicht die Ingebrauchnahme zwecks Übernachtung, sondern der Gebrauchsdiebstahl, bei dem es im Unterschied zu § 242 StGB an einer Zueignungsabsicht fehlt.

Ein Argument im Rahmen der systematischen Auslegung kann auch die Erwägung sein, daß eine bestimmte Auslegung der in Frage stehenden Norm keinen sinnvollen Anwendungsbereich beläßt.

Beispiel:

Zur umstrittenen Frage der Abgrenzung von Erpressung (§ 253 StGB) und Raub (§ 249 StGB) vertritt die Rechtsprechung die Auffassung, daß grundsätzlich alle denkbaren Verhaltensweisen, durch die der Täter eine fremde Sache mittels Gewalt bzw. Gewaltandrohung an sich bringt, von § 253 StGB erfaßt werden. Lediglich in den Fällen, in denen sich das Tatgeschehen dem äußeren Bild nach so darstellt, daß der Täter sich die Beute nicht geben läßt, sondern sie sich (selbst) nimmt, soll der (tatbestandlich erfüllte) § 253 StGB durch § 249 StGB verdrängt werden. Hiergegen wendet die Literatur unter anderem ein, die Annahme, § 249 StGB sei ein Tatbestand, der neben den gleichfalls tatbestandlich erfüllten § 253 trete und diesen lediglich verdränge, könne nicht überzeugen. Da beide Delikte den gleichen Strafrahmen aufweisen und die Qualifikationen nach § 250 StGB auch auf § 253 StGB anwendbar sind, führe die Auffassung der Rechtsprechung dazu, daß der § 249 StGB eine sinnlose Norm sei. Man könne dem Gesetzgeber aber nicht unterstellen, daß er mit § 249 StGB eine überflüssige Norm geschaffen habe. § 249 und § 253 StGB seien so abzugrenzen, daß beiden Normen ein eigenständiger, sinnvoller Anwendungsbereich eröffnet werde.

Auch die Systematik innerhalb einer Norm ist bei der Auslegung einzelner Tatbestandsmerkmale zu berücksichtigen:

Beispiele:

(1)   Nach § 224 Abs. 1 Nr. 2 StGB wird unter anderem bestraft, wer eine
Körperverletzung »mittels einer Waffe, insbesondere eines Messers oder
eines anderen gefährlichen Werkzeugs« begeht. Geht man mit der über-
wiegenden Meinung (vgl. Stree, in: Schönke/Schröder, StGB, 26. Auflage,
2001, § 224 Rn. 3 m. w. N.) davon aus, daß der Begriff des gefährlichen
Werkzeugs der Oberbegriff ist, reicht die Anwendung einer Waffe im
technischen Sinne nur dann aus, wenn sie als »gefährliches Werkzeug«
benutzt wird. D.h., die Auslegung der Modalität der Begehung »mittels
einer Waffe« hat sich an den Anforderungen des »gefährlichen Werkzeugs«
zu orientieren. Da »gefährliche Werkzeuge« nur solche Gegenstände sind,
die bei der konkreten Art ihrer Benutzung geeignet sind, erhebliche Verletzungen herbeizuführen (vgl. Tröndle/Fischer, StGB, 50. Auflage, 2001,
§ 224 Rn. 7 m. w. N.), liegt bei leichten Stößen mit einem Gewehr gegen
den Rücken keine Körperverletzung »mittels einer Waffe« vor, obwohl es
sich bei dem Gewehr um eine Waffe im technischen Sinne handelt.

(2)   Aus der Formulierung, daß Mörder sei, wer (unter anderem) »aus
Mordlust, zur Befriedigung des Geschlechtstriebs, aus Habgier **oder sonst**
niedrigen Beweggründen« einen Menschen tötet, ergibt sich, daß Mordlust
und die anderen ausdrücklich benannten Motive Beispiele für niedrige
Beweggründe sind. Will man – weil die vom Gesetzgeber ausdrücklich
genannten niedrigen Beweggründe im gegebenen Fall nicht greifen – einen
sonstigen niedrigen Beweggrund bejahen, ist darauf zu achten, daß die
Motivation des Täters in ihrem Unwertgehalt den benannten niedrigen
Beweggründen vergleichbar sein muß.

Hilfreich kann schließlich auch der Blick in andere Normen und Gesetze sein,
in denen der auszulegende Begriff ebenfalls Verwendung findet.

Beispiel:

Bei der Auslegung des Begriffs »Sache« im Sinne der §§ 242, 303 StGB
kann man die Begriffsdefinition des § 90 BGB (Sache = körperlicher
Gegenstand) heranziehen.

Zu beachten ist allerdings, daß gleichlautende Begriffe in verschiedenen Normen (auch innerhalb eines Gesetzes!) einen, durch verschiedene Schutzrichtungen bzw. Normfunktionen bedingten, unterschiedlichen Inhalt haben können.

Beispiel:

Die Tatbestandsmerkmale »Wegnahme« und »Gewahrsam« werden sowohl in den §§ 242, 246 StGB als auch in § 168 StGB (Störung der Totenruhe) benutzt. Ob diese Begriffe in § 168 StGB den gleichen Inhalt wie in den §§ 242, 246 StGB haben, oder aber aufgrund der anderen Schutzrichtung des § 168 StGB eine abweichende Auslegung geboten ist, ist heftig umstritten (vgl. z. B. OLG Zweibrücken MDR 1992, 503 m. w. N.).

---

3. Die teleologische Auslegung

Inhalt: **Der Aussagegehalt einer Norm wird aus ihrem Sinn und Zweck ermittelt.**

Bei dieser Auslegungsmethode werden verschiedene Gesichtspunkte berücksichtigt, die letztlich zur **ratio legis** (dem Normzweck) führen sollen. Gefragt wird, welches Ziel mit dem auszulegenden Rechtssatz verfolgt bzw. erreicht werden soll. Maßgebend ist hier die in der Norm zum Ausdruck kommende Interessenbewertung und die Aufgabe, die dieser Norm sinnvollerweise im Gesamtzusammenhang der Rechtsordnung zukommen kann (insoweit wieder Überschneidungen mit der systematischen Auslegung).

Bei der Auslegung von Normen des Allgemeinen Teils des StGB sind die dem materiellen Strafrecht zugrundeliegenden allgemeinen Rechtsprinzipien heranzuziehen (z. B.: ultima-ratio-Funktion des Strafrechts sowie Verhältnismäßigkeit von Schutzzweck und angedrohter Rechtsfolge einerseits und Notwendigkeit eines hinreichenden Rechtsgüterschutzes andererseits).

Bei der Auslegung von Normen des Besonderen Teils ist von Bedeutung, welches Rechtsgut in welcher Weise (soll heißen: gegen welche Art von Beeinträchtigungen) geschützt werden soll. Ist geklärt, welches Rechtsgut durch einen Straftatbestand geschützt werden soll, ist in einem zweiten Schritt zu untersuchen, ob es für den Schutz dieses Rechtsgutes erforderlich und legitim ist, eine bestimmte Verhaltensweise als unter diese Norm fallend anzusehen, oder ob es angesichts der für das Strafrecht geltenden allgemeinen Rechtsprinzipien (insbesondere: ultima-ratio-Funktion) nicht vielmehr angemessen ist, diese Verhaltensweise nicht zu pönalisieren. Gerade bei der Abwägung, Rechtsschutzlücken

zu schließen bzw. den fragmentarischen Charakter des Strafrechts zu betonen, spielen auch kriminalpolitische Erwägungen bzw. Einstellungen (desjenigen, der die Auslegung vornimmt) in die teleologische Auslegung hinein.

Beispiele:

(1)   Der BGH hat in dem bereits oben angeführten Beispiel zur Auslegung des Begriffs »Führen eines Kraftfahrzeuges« ergänzend zu seinen Erwägungen zur Wortlautinterpretation ausgeführt:
»Nach dem Willen des Gesetzgebers soll die Bestimmung (gemeint ist: § 316 StGB) der abstrakten Gefahr entgegenwirken, die dem Verkehr daraus erwächst, daß der Fahrzeugführer infolge der genannten Mängel sein Fahrzeug nicht sicher zu beherrschen vermag. Durch ein stehendes Fahrzeug, das der Beherrschung durch den Fahrzeugführer nicht bedarf, tritt eine Gefährdung des Straßenverkehrs indessen nicht ein.«

(2)   In der ebenfalls bereits oben angesprochenen Entscheidung zum Abrollenlassen eines Pkw ohne Ingangsetzung des Motors bestand das für den BGH entscheidende Argument darin, daß es im Hinblick auf die Gefährlichkeit des Verhaltens ohne Belang ist, ob der Pkw durch Motorkraft oder durch Schwerkraft angetrieben wird (vgl. BGHSt 14, 185, 187 f.).

(3)   Hinter der Frage, ob die nach außen hin unauffällige Benutzung eines öffentlichen Nahverkehrsmittels ohne Bezahlung unter § 265a StGB fällt, steht letztlich (wenn man die Hürde genommen hat, ein solches Verhalten als »Erschleichen« aufzufassen) die Entscheidung, ob man es für notwendig erachtet, ungewollte Konsequenzen der aus fiskalischen Gründen notwendigen Rationalisierungstendenzen der Nahverkehrsbetriebe (Abbau der Kontrollen) durch entsprechende Bestrafungen bzw. Bestrafungsandrohungen abzuwenden bzw. in Grenzen zu halten.

(4)   Nach Auffassung des BVerfG gebietet die hohe Strafandrohung des § 211 StGB eine restriktive (= einschränkende) Auslegung der Mordmerkmale. Anderenfalls wäre die lebenslange Freiheitsstrafe bei Mord mit der Verfassung nicht zu vereinbaren (BVerfGE 45, 267).

Da die Verfassungsrechtsordnung der Strafrechtsordnung übergeordnet ist, muß diese selbstverständlich auch bei der Auslegung strafrechtlicher Normen berücksichtigt werden. Beispielhaft: Die Frage, ob der Ausspruch »Soldaten sind Mörder« dem § 185 StGB unterfällt und/oder durch die Wahrnehmung

berechtigter Interessen gedeckt ist (vgl. § 193 StGB), kann ohne eine Berücksichtigung des Art. 5 Abs. 1 GG nicht angemessen beantwortet werden. Zu
warnen ist aber davor, verfassungsrechtliche Begriffe (»Meinungsfreiheit«,
»Gewissensfreiheit«, »Menschenwürde«, »Rechtsstaatlichkeit«) undifferenziert
als Schlagworte zu benutzen. Die bloße Behauptung, eine bestimmte Auslegung
sei mit der »Menschenwürde« nicht zu vereinbaren, hat keinen hinreichenden
argumentativen Gehalt. Entscheidend ist auch hier eine substantielle Begründung, was unter anderem eine nähere Definition des Bedeutungsgehalts
des Begriffes »Menschenwürde« sowie eine Darlegung erforderlich macht,
warum die bekämpfte Auslegungsvariante mit dem so definierten Begriff der
Menschenwürde nicht zu vereinbaren wäre.

4. Die historische Auslegung

Inhalt: **Die Entstehungsgeschichte der Norm wird zur Ermittlung ihres
Sinngehalts herangezogen.**

Die historische Auslegung ist eine in mehrfacher Hinsicht problematische Auslegungsmethode. Herangezogen werden soll hier der Wille des Gesetzgebers.
Umstritten ist aber bereits, ob auf den Willen der konkret am Gesetzgebungsverfahren beteiligten Personen und Institutionen (sog. **subjektiv-historische** Auslegung) oder auf einen, dem Gesetzgebungsvorhaben objektiv zugrundeliegenden
Willen (sog. **objektiv-historische** Auslegung) abzustellen ist. Die letztgenannte
Methode geht praktisch in der teleologischen Auslegung auf: Es wird lediglich
bei der Ermittlung der ratio legis unter anderem auch die Situation herangezogen,
aus der heraus die Norm geschaffen wurde. Die subjektiv-historische Methode
ist demgegenüber dem Einwand ausgesetzt, daß es in einer modernen Demokratie bereits schwierig ist, *den* Willen *des* Gesetzgebers überhaupt festzustellen.
Äußerungen der Regierung können in einer gewaltengeteilten parlamentarischen
Demokratie ebensowenig als Willensäußerungen des Gesetzgebers gelten wie
die Ansichten einzelner am Gesetzgebungsverfahren beteiligter Personen (z. B.
Parlamentarier, Regierungsmitglieder, Beamte der Ministerialbürokratie).
Rein faktisch stehen als Quellen zur Ermittlung des im Gesetzgebungsverfahren
zur Umsetzung gelangten gesetzgeberischen Willens die jeweiligen Gesetzesentwürfe (konkret: deren Begründung) sowie etwaige Stellungnahmen der mit der
Sache befaßten Legislativorgane (Bundesregierung, Bundesrat, Parlamentsaus-
schüsse) zur Verfügung. Die (in der Gesetzgebungspraxis regelmäßig durch die
Ministerialbürokratie erarbeiteten) sog. Materialien können zwar nicht als eine
für die Exekutive und Legislative verbindliche (»authentische«) Erläuterung
bzw. Kommentierung des Gesetzes angesehen werden. Die Materialien sind
aber ohne Frage eine nicht unwesentliche Quelle, anhand derer der von der
Legislative intendierte Regelungsgehalt ermittelt werden kann.

Eine andere Frage ist, welche Bedeutung der so ermittelte gesetzgeberische Wille für die Auslegung des Gesetzes haben soll. Will man daran festhalten, daß Exekutive und Judikative Recht nicht eigenverantwortlich selbst schaffen, sondern das vom Gesetzgeber gesetzte Recht unter Anerkennung der Prärogative der Legislative lediglich konkretisieren, kann der Wille des Gesetzgebers nicht einfach ignoriert werden. Andererseits wird man wohl auch nicht annehmen können, daß der – wie auch immer zum Ausdruck gekommene oder ermittelte – gesetzgeberische Wille die Auslegung des Gesetzes auf immer und ewig binden kann. Sowohl das gesellschaftliche Umfeld, für das ein Gesetz geschaffen wurde, als auch die hinter dem Gesetzgebungsvorhaben stehenden Wertvorstellungen können sich wandeln. Schließlich können auch die ursprünglichen Normen selbst zwischenzeitlich Änderungen erfahren haben. Jedenfalls dann, wenn seit der Schaffung einer Norm eine längere Zeit verstrichen ist und sich entweder die geregelten Lebenssachverhalte (z. B. durch technische Entwicklungen) oder aber die in einer Gesellschaft geltenden Wertmaßstäbe grundlegend gewandelt haben (insbesondere relevant bei Normen, die zwischen 1933 und 1945 geschaffen wurden), kann den Materialien keine entscheidende Bedeutung für die Auslegung der Norm beigemessen werden.

Größeres Gewicht hat die Ermittlung des gesetzgeberischen Willens in der Regel in den Fällen, in denen es um die Auslegung gerade neu geschaffener Normen geht. Hier kann den Begründungen der Gesetzesentwürfe (veröffentlicht als Bundestags- bzw. Bundesratsdrucksachen) und den Stellungnahmen der am Gesetzgebungsverfahren beteiligten Organe (Bundesregierung, Bundesrat, Bundestagsrechtsausschuß) zu diesen Entwürfen (veröffentlicht a. a. O.) nicht jede Bedeutung abgesprochen werden. Jedenfalls als Indiz dafür, was der Gesetzgeber mit der Norm bezweckt haben könnte, wird man sie zu berücksichtigen haben. Zu berücksichtigen ist aber auch hier, daß nicht die Materialien, sondern allein das Gesetz selbst Verbindlichkeit beanspruchen kann. Eine in den Materialien zum Ausdruck kommende Interpretation des gesetzgeberischen Willens ist nur dann von Bedeutung, wenn dieser sich in den Regelungszusammenhang, in dem die Norm steht, einfügt und kein Widerspruch zu höherrangigen (verfassungsrechtlichen) Normen entsteht.

Hinweis: Im Rahmen studentischer Fallbearbeitungen muß auf die Entstehungsgeschichte einer Norm nur dann eingegangen werden, wenn bereits im Rahmen der Auseinandersetzung in Literatur und Rechtsprechung auf die Entstehungsgeschichte der Norm Bezug genommen wird. Eigenständige »Forschungsarbeit« wird hier (da mit unverhältnismäßigem Aufwand verbunden) nicht erwartet. Anderes kann allenfalls für Examenshausarbeiten gelten.

5. Das Zusammenspiel der Auslegungsmethoden

Zu beachten ist, daß es sich bei den durch die systematische, teleologische und historische Auslegung jeweils gefundenen Ergebnissen nicht um die einzig mögliche (vertretbare) Lösung handelt. Vielmehr bieten die Auslegungsmethoden jeweils nur einzelne Argumente, die für einen bestimmten Standpunkt streiten, die aber durch andere Argumente entkräftet (oder gestützt) werden können. Das Ergebnis einer Auslegung steht somit erst dann fest, wenn die verschiedenen Argumente in Beziehung zueinander gesetzt und gewichtet worden sind. In dieser (notwendigen) Wertung liegt die Ursache dafür, daß letztlich nicht allein ein Ergebnis »richtig« ist, sondern eine gewisse Bandbreite »vertretbarer« Lösungen besteht.

Beispiel:

In einer Entscheidung vom 11. November 1986 hat das Bundesverfassungsgericht den von den Strafgerichten bei der Auslegung und Anwendung des § 240 StGB entwickelten sog. vergeistigten Gewaltbegriff für nicht verfassungswidrig erachtet (BVerfGE 73, 206 ff.). In einer Entscheidung vom 10. Januar 1995 hat der gleiche Senat des Bundesverfassungsgerichts (allerdings in zwischenzeitlich geänderter personeller Zusammensetzung) entschieden, daß die erweiternde Auslegung des Gewaltbegriffs in § 240 Abs. 1 StGB (= der vergeistigte Gewaltbegriff) gegen Art. 103 Abs. 2 GG verstößt (BVerfGE 92, 1 ff.). Eine Lektüre der Entscheidungen macht deutlich, daß jeweils die gleichen Argumente für und gegen den vergeistigten Gewaltbegriff herangezogen und gegeneinander abgewogen werden. Der (entscheidungserhebliche) Unterschied liegt allein in ihrer unterschiedlichen Gewichtung.

Merke: Die verschiedenen Auslegungsmethoden schließen sich grundsätzlich nicht gegenseitig aus, sondern ergänzen einander. Der Sinn einer normativen Regelung ergibt sich stets nur aus dem Gesamtbild.

Eine **Ausnahme** erfährt dieser Grundsatz im Strafrecht allein durch die besondere Rolle, die der grammatikalischen Auslegung zukommt:
Wie bereits oben angesprochen (vgl. S. 65 f., 80) muß der Bearbeiter prüfen, ob die von ihm vorgenommene Auslegung (bzw. die ihm von Literatur und Rechtsprechung angebotenen Auslegungshypothesen) die durch das **Analogieverbot**

zum Nachteil des Täters (Art. 103 Abs. 2 GG; § 1 StGB)[10] gezogenen Grenzen der Auslegung wahrt. Der Wortsinn einer Norm darf nicht überdehnt werden, um ein Verhalten, das man für strafwürdig hält, unter einen Straftatbestand subsumieren zu können. Insoweit ist nämlich zu bedenken, daß das Strafrecht – seiner Funktion als ultima ratio des Rechtsgüterschutzes entsprechend – nur fragmentarischen Charakter hat und die Frage, ob ein bestimmtes Verhalten pönalisiert werden soll, im demokratischen Rechtsstaat durch den Gesetzgeber zu entscheiden ist. Strafbarkeitslücken sind also durchaus beabsichtigt und systemgerecht und dürfen daher nicht durch Analogien zum Nachteil des Beschuldigten geschlossen werden.

Andererseits ist festzuhalten, daß die Abgrenzung der (noch) zulässigen, weiten Auslegung des Wortsinns von der (bereits) unzulässigen Analogie fließend ist. Auch insoweit besteht also ein nicht unerheblicher Wertungsspielraum.

Beispiele:

(1)   Der Täter stößt den Kopf des Opfers gegen eine Hauswand. Zwar spricht der Gesetzeszweck des § 224 Abs. 1 Nr. 2 StGB – schärfere Bestrafung besonders gefährlicher Verletzungsmethoden – dafür, eine Körperverletzung »mittels eines Werkzeugs« anzunehmen[1]. Der BGH ist aber der Auffassung, daß sich das natürliche Sprachempfinden dagegen wehre, eine feste Wand, den gewachsenen Boden oder einen Fels als Werkzeug zu bezeichnen (BGHSt 22, 235, 236). Nach Auffassung des BGH läge damit eine verbotene Analogie vor.

(2)   Begeht der Täter eine Körperverletzung »mittels einer Waffe« (§ 224 Abs. 1 Nr. 2 StGB), wenn er dem Opfer Salzsäure ins Gesicht schüttet? Nach Auffassung des BGH fordert der Wortsinn keine Beschränkung des Waffenbegriffs auf mechanisch wirkende Werkzeuge, da in der Umgangssprache der Begriff der »chemischen Waffen« geläufig sei (BGHSt 1, 1). Nach Ansicht des BGH läge damit eine (zulässige) weite Auslegung vor.

---

1 Insbesondere, wenn eine »das Leben gefährdende Behandlung« im konkreten Fall nicht zu bejahen ist.

---

10 Eine **Analogie zugunsten des Täters** ist dagegen auch im Strafrecht unter den für Analogien allgemein geltenden Voraussetzungen ohne weiteres zulässig.

In Übungsarbeiten sollte das Abgrenzungsproblem – wenn es für die konkrete Fallbearbeitung relevant wird – als ein Problem der grammatikalischen Auslegung in der Regel an den Anfang der Abwägung verschiedener Auslegungshypothesen gestellt und dort erörtert werden. Der Bearbeiter muß darauf achten, seine Formulierungen so zu wählen, daß nicht der Eindruck entstehen kann, die vom Bearbeiter vertretene Auslegung gehe über den Wortsinn hinaus.

Beispiel:

Eine unzulässige Auslegung wäre es, wenn bei der Frage, ob das Abtransportieren von Holz mit einem Kfz dem Tatbestandsmerkmal »wenn zum Zwecke des Forstdiebstahls **ein bespanntes Fuhrwerk, ein Kahn oder ein Lasttier** mitgebracht ist«, ausgeführt wird:

»Dem bloßen Wortlaut nach fällt ein Kraftfahrzeug, wie es die Angeklagten zur Ausführung des Forstdiebstahls verwendet haben, allerdings nicht unter die Vorschrift, wohl aber nach ihrem Sinn.« (BGHSt 10, 375; vgl. Roxin, Strafrecht AT, Teilbd. 1, 3. Auflage, § 5 Rn. 34)

III. Wichtige juristische Argumentationstypen

Oben wurde die Notwendigkeit angesprochen, die durch die verschiedenen Methoden der Auslegung gewonnenen Argumente für oder gegen eine bestimmte Auslegung zueinander in Beziehung zu setzen und zu gewichten. Im Rahmen dieser Abwägung haben sich verschiedene, immer wiederkehrende Argumentationsmuster herausgebildet, die auch von Studenten im Rahmen einer Fallbearbeitung genutzt werden sollten.
Merke: Durch die nachfolgenden Argumentationstypen kann die Begründung für eine vom Bearbeiter gewählte Lösung gedanklich stärker strukturiert und ihre Überzeugungskraft damit verstärkt werden. Die Argumentationsfiguren können zwar die Durchdringung einer Fragestellung erleichtern, nicht aber die inhaltliche Auseinandersetzung ersetzen.

1. Argumentum a simile

Dieser Argumentationstyp findet Verwendung, wenn ein nicht ausdrücklich geregelter Fall den gleichen Inhalt wie ein ausdrücklich geregelter Fall hat und um dieser Eigenschaft willen die für den ausdrücklich geregelten Fall getroffene Anordnung auch für den ungeregelten Fall gerechtfertigt ist. Logisch gesehen

handelt es sich um einen Analogieschluß. Im Ergebnis wird der Gleichbehand-
lungsgrundsatz verwirklicht.

Beispiel:

Die Einwilligung des Verletzten ist zwar ausdrücklich nur für die Körperverletzung in § 228 StGB geregelt, kann aber als Verzicht des Verletzten
auf Rechtsschutz auch in anderen Tatbeständen (die verzichtbare Indivi-
dualrechtsgüter schützen) rechtfertigende Wirkung entfalten.

Merke: Der Analogiegedanke kann im Strafrecht nur zugunsten des Täters
angewandt werden (vgl. hierzu Seite 65, 80). Ist die Auslegungshypothese aber
noch durch den Wortlaut gedeckt, handelt es sich bei dem dann zulässigen
argumentum a simile nicht um Analogie, sondern (noch) um Auslegung.

2. Argumentum a fortiori bzw. argumentum a maiore ad minus

Mit diesem Argumentationstyp wird ein »Erst-recht-Schluß« gezogen. Anhand
eines Beispiels kann dieser Gedankengang wie folgt beschrieben werden:

- Es ist verboten, mit einem Blutalkoholgehalt von 0,5 ‰ Auto zu fahren
- Das Fahren mit einem BAK von 1,6 ‰ ist noch gefährlicher als das
  Fahren mit 0,5 ‰
- Wenn es verboten ist, mit einem BAK von 0,5 ‰ Auto zu fahren, muß es
  daher erst recht verboten sein, mit 1,6 ‰ zu fahren.

Beispiel:

Voraussetzung einer gemäß § 227 StGB strafbaren Tat ist das Vorliegen
einer Körperverletzung im Sinne des § 223 StGB. Liegt sogar eine schwere
Körperverletzung (§ 226 StGB) vor, kann diese »erst recht« Grundlage
einer nach § 227 StGB strafbaren Körperverletzung mit Todesfolge sein.

---

3. Argumentum e contrario

Hier wird aus einer abweichenden Formulierung in einer Norm oder im Hinblick auf die Regelung in einer anderen Norm der (Umkehr-)Schluß gezogen, die auszulegende Norm müsse einen anderen Inhalt haben.

Beispiel:

Die Frage, ob die §§ 242, 246 StGB auch die Entziehung von elektrischer Energie erfassen, könnte man mit dem Argument bejahen, daß nach der Korpuskeltheorie auch elektrische Energie aus Teilchen (= körperliche Gegenstände = Sachen) besteht. Da der Entzug von elektrischer Energie aber durch § 248c StGB geregelt ist, ist aus dieser Regelung der Umkehrschluß zu ziehen, daß diese Fälle nicht von §§ 242, 246 StGB erfaßt werden.

Merke: Der Umkehrschluß ist das Gegenteil des Analogieschlusses. Wenn – was der Regelfall ist – zwei Auslegungssubstrate sowohl Gemeinsamkeiten als auch Unterschiede aufweisen, kann ein vertretbares Auslegungsergebnis nicht auf einer schlichten Anwendung des argumentum a simile bzw. argumentum e contrario beruhen. Hier muß wertend entschieden werden, ob den Gemeinsamkeiten oder den Unterschieden der Vorrang gebührt.

4. Argumentum ad absurdum

Dieses Argumentationsmuster ist angebracht, wenn eine bestimmte Auslegung deshalb ausscheidet, weil das Ergebnis offensichtlich untragbar wäre.

Beispiel:

Führt eine Auslegung dazu, daß eine Norm praktisch keinen (sinnvollen) Anwendungsbereich mehr hat, ist dieses Ergebnis nicht mehr tragbar. Vergleiche hierzu das Beispiel zur Abgrenzung des § 249 StGB von § 253 StGB (oben Seite 83).

Merke: Neben dem Anwendungsbereich im Rahmen der systematischen Auslegung findet dieses Argumentationsschema in Literatur und Rechtsprechung auch bei der teleologischen Auslegung Anwendung. Hier wird nachzuweisen versucht, daß die Auslegung der anderen Seite zu unhaltbaren rechts- bzw. kriminalpolitischen Folgen führen würde.

Anhang B: Praktische Hinweise zur Vorbereitung und zum Anfertigen von Übungsarbeiten

Neben den im vorliegenden Skript erörterten »technischen« Fähigkeiten entscheiden natürlich in erster Linie die »materiellen« Kenntnisse über die Erfolgsaussichten in Klausur und Hausarbeit. Es ist unverzichtbar, daß der Übungsteilnehmer mindestens auf dem Stand der jeweiligen Grundvorlesung ist, d. h. die Problembereiche, die Gegenstand der Vorlesung waren, nachgearbeitet und verstanden hat. Niemand sollte sich in der Sicherheit wiegen, daß die bloße Anwesenheit in der Vorlesung und/oder begleitenden Arbeitsgemeinschaft ausreicht, einen hinreichenden Wissensstand zu erreichen. Die Nachbereitung des Vorlesungsstoffes anhand eines seriösen Lehrbuches ist unverzichtbar. Die jeweiligen Problemfelder müssen so umfassend verstanden sein, daß eine Anwendung auf unbekannte Sachverhaltsgestaltungen möglich ist.

Verfahrensökonomisch ist es, das Erarbeiten materiellen Wissens mit der Aneignung »technischer« Fähigkeiten zu verbinden. Wenn man sich ein bestimmtes Problem in materieller Hinsicht aneignet, sollte man sich auch die Frage stellen, in welcher Form dieses Problem in einem Gutachten relevant werden könnte. Viele Problembereiche (z. B.: actio libera in causa, Erlaubnistatbestandsirrtum, das Fehlen subjektiver Rechtfertigungselemente, der gesamte Bereich des § 28 StGB) sind in der Klausursituation nur dann zu bewältigen, wenn man sich bereits vorher einmal überlegt hat, an welcher Stelle des Gutachtens das Problem zu erörtern und wie es darzustellen ist.

Zur Anfertigung der Übungsarbeiten ist kurz folgendes anzumerken:

Klausuren werden innerhalb sehr begrenzter Zeit geschrieben. Eine sinnvolle Zeiteinteilung ist unerläßlich. Die Klausurbearbeitung muß mit dem sorgfältigen Erfassen des Sachverhalts beginnen (s. o. 2. Teil). Anschließend sollte eine Lösungsskizze angefertigt werden, die den »Fahrplan« für die Bearbeitung enthält. Aus ihr müssen die zu prüfenden Tatbestände und die – für die Schwerpunktbildung wichtigen – problematischen Merkmale hervorgehen. Einzukalkulieren ist, daß gerade im Strafrecht die Niederschrift eine nicht unerhebliche Zeit in Anspruch nimmt und sich beim Abfassen der Arbeit noch Schwierigkeiten ergeben können, die man beim Anfertigen der Lösungsskizze übersehen hat. In strafrechtlichen Übungen sollte die Anfertigung der Lösungsskizze daher nicht mehr als 1/4 bis 1/3 der zur Verfügung stehenden Zeit in Anspruch nehmen. Eine gute Lösungsskizze ermöglicht eine sachgerechte Schwerpunktbildung und vermeidet den häufig zu beobachtenden Mangel, daß die ersten – oft völlig unproblematischen – Tatbestandsmerkmale bzw. Tatbestände viel zu breit erörtert sind und sich dann aus Zeitmangel in der zweiten Hälfte der Arbeit nur noch Stichworte oder gar + und – Zeichen finden.

Für die Anfertigung von Hausarbeiten gilt: Nach Erhalt des Sachverhalts
muß dieser wiederum zunächst sorgfältig erfaßt werden. Sodann empfiehlt
es sich, den Sachverhalt wie eine Klausur zu lösen. Dieser Aufwand lohnt, da so
die »versteckten« Probleme und die Schwerpunkte der Arbeit besonders deutlich
werden. Nimmt man diese Mühe nicht auf sich, muß zumindest eine ausführliche
Lösungsskizze angefertigt werden. Um die Bearbeitung nicht bereits zu diesem
frühen Zeitpunkt zu unübersichtlich werden zu lassen, wird die Lösungsskizze
nur mit Hilfe eines Kommentars erarbeitet. Anhand der Lösungsskizze sind dann
die einzelnen Tatbestände durchzuprüfen und insbesondere die als problematisch
erkannten Merkmale unter Benutzung der Bibliothek aufzuarbeiten.
Die auch bei der Anfertigung der Hausarbeit kostbare Zeit kann im übrigen
nur dann vollständig für die Bearbeitung des Falles genutzt werden, wenn
man bereits vor Beginn der Hausarbeit den Umgang mit der Bibliothek erlernt
hat. Man sollte in der Lage sein, den Katalog zu benutzen und wissen, wo
die stets heranzuziehende Standardliteratur sowie die wichtigsten Zeitschriften
und Entscheidungssammlungen zu finden sind. Man sollte sich auch mit den
Hilfsmitteln »Kommentar« und »Entscheidung« vertraut gemacht haben.
Eine weitere große Erleichterung ist es, die verarbeitete Literatur sofort genau
zu erfassen (Verfasser, Titel, Auflage, Erscheinungsjahr etc.). Dadurch erspart
man es sich, die benutzte Literatur zu einem späteren Zeitpunkt noch einmal
heraussuchen zu müssen, wenn man das Literaturverzeichnis anfertigen will.

Anhang C: Beispiele kompletter Fallbearbeitungen

I. Vorbemerkung

Die nachfolgenden Bearbeitungen einer Klausur- und einer Hausarbeitsaufgabe basieren auf zwei Fällen, die im Rahmen einer Übung für Fortgeschrittene (als Klausuren) zur Bearbeitung ausgegeben wurden. Die Lösungen orientieren sich inhaltlich an den insoweit vom Aufgabensteller erarbeiteten Lösungsskizzen und sollen verdeutlichen, wie diese Fälle gelöst werden können. Sie geben die unserer persönlichen Auffassung nach »richtige« Lösung wieder, wobei andere, von der Stilistik oder auch inhaltlichen Ergebnissen her abweichende Lösungen ohne Frage ebenso »richtig« sein können. Auch an dieser Stelle sei noch einmal darauf hingewiesen, daß nicht so sehr das bestimmte Ergebnis, sondern die inhaltliche Substanz einer Fallbearbeitung darüber entscheidet, wie diese zu bewerten ist.

Unser Ziel ist es, anhand der kompletten Lösungen die in den vorstehenden Abschnitten notwendigerweise nur »scheibchenweise« vorgestellten Techniken abschließend im Zusammenhang darzustellen. Die in die Klausurbearbeitung eingearbeiteten technischen Hinweise sollen an den uns besonders wichtig erscheinenden Stellen die Verzahnung mit den vorstehenden Ausführungen verstärken. Sein Hauptaugenmerk sollte der Leser vor allem auf die Schwerpunktsetzung und den hiermit verbundenen Wechsel der Stilmittel richten.

Hinzuweisen ist darauf, daß es sich hier um Lösungen handelt, die zwar ohne zeitliche Beschränkung erarbeitet wurden, die aber – weil es letztlich ja »nur« um die beispielhafte Demonstration der Gutachtentechnik geht – vom Umfang her bewußt knapp gehalten wurden. Eine ausführlichere Lösung – insbesondere eine umfangreichere Aufarbeitung der einzelnen Problemschwerpunkte – würde im Ernstfall also unter keinen Umständen ein überobligatorisches Bemühen darstellen. In diesem Sinne mögen die nachfolgenden Lösungen als Beispiele dafür verstanden werden, wie man an die Bearbeitung einer Klausur bzw. Hausarbeit herangehen kann.

II. Beispiel einer Klausurbearbeitung

Sachverhalt:

X erfährt, daß er an der Alzheimer-Krankheit leidet. Nach den Angaben seiner Ärzte wird die Krankheit in den nächsten Monaten ein Stadium erreichen, in

dem unter anderem erste erhebliche Erinnerungsschwächen auftreten werden. In der Folgezeit wird sich das Krankheitsbild zunehmend verschlechtern, bis hin zu einem Zustand, in dem X nicht einmal mehr in der Lage sein wird, einfachste Verrichtungen ohne fremde Hilfe zu bewältigen. X, der über diese Nachricht zutiefst bestürzt und entsetzt ist, beschließt, sein Leben zunächst wie gehabt weiterzuführen, insbesondere niemanden über seine Krankheit zu informieren. Um aber den mit den fortschreitenden Stadien der Krankheit verbundenen Verlust an menschlicher Würde zu vermeiden, tritt er an den ihm als Auftragskiller bekannten A heran und beauftragt diesen, ihn gegen Zahlung von € 20.000,– zu töten, wenn er – der X – nicht mehr in der Lage ist, auf einen Anruf des A mit dem vereinbarten Codewort zu reagieren. X zahlt A das vereinbarte Honorar; auf die Anrufe des A reagiert X stets mit dem vereinbarten Codewort.

B, dem bekannt ist, daß X ihn zu seinem testamentarischen Alleinerben bestimmt hat, befindet sich in einer finanziellen Notlage, aufgrund derer es ihm in absehbarer Zeit unmöglich sein wird, seine demnächst fällig werdenden Schulden zu begleichen. Nachdem X es abgelehnt hat, B mit einem größeren Darlehen auszuhelfen, verfällt dieser auf die Idee, X beseitigen zu lassen, um in den Genuß der Erbschaft zu kommen. Zu diesem Zweck wendet er sich ebenfalls an den A. A, der dem B noch einen Gefallen schuldet, weil dieser ihm vor einigen Jahren mit einer Gefälligkeitsaussage vor Gericht einen Dienst erwiesen hat, erklärt sich bereit, X zu töten. Daß er bereits von X selbst einen entsprechenden Auftrag erhalten hat, verschweigt A. B versorgt A mit einer Schußwaffe und trägt ihm auf, die Tat möglichst umgehend auszuführen, damit er seine drängenden Gläubiger befriedigen kann.

Noch in der darauffolgenden Nacht begibt sich A zum Anwesen des X und präpariert den Motor von dessen Wagen. Die Schußwaffe, die er von B erhalten hat, führt A bei sich, um gegebenenfalls etwaige Personen auszuschalten, die ihn bei seiner Tätigkeit überraschen. Als X am nächsten Morgen mit dem Wagen losfährt, explodiert dieser in dem Moment, als X gerade das Grundstück verlassen will, um sich in den noch spärlichen Verkehr einzufädeln. X kommt bei der Explosion um, andere Verkehrsteilnehmer werden nicht gefährdet. Haben sich A und B wegen der Tötung des X strafbar gemacht?

Hinweis: Verstöße gegen waffenrechtliche Bestimmungen sowie eine mögliche Strafbarkeit gemäß § 308 StGB sind nicht zu prüfen.

Lösungsvorschlag:

I. Strafbarkeit des A[11]

1. § 216 StGB[12]

A könnte sich einer Tötung auf Verlangen schuldig gemacht haben, indem er den Motor des Wagens des X derart präparierte, daß dieser explodierte, kurz nachdem X den Wagen in Bewegung gesetzt hatte.

Voraussetzung hierfür ist zunächst, daß A den X getötet hat. X ist bei der Explosion des Wagens ums Leben gekommen. Das Verhalten des A ist kausal für den Tod des X, da die Manipulation an dem Motor nicht hinweggedacht werden kann, ohne daß die Explosion des Wagens und damit der hierdurch bedingte Tod des X entfällt. Daß X zu einem nicht näher bekannten Zeitpunkt an den Folgen seiner Krankheit verstorben wäre, ändert an der Kausalität des Verhaltens des A nichts, da X krankheitsbedingt erst zu einem späteren Zeitpunkt gestorben wäre. Da es aber allein auf den tatsächlich eingetretenen konkreten Delktserfolg ankommt, stellt die Krankheit des X eine für die strafrechtliche Kausalbetrachtung unbeachtliche bloß hypothetische Ersatzursache dar.[13]
Weiterhin müßte A durch ein ausdrückliches und ernsthaftes Verlangen des X zu dessen Tötung bestimmt worden sein. Zwischen X und A war vereinbart, daß A den X töten sollte, wenn dieser auf einen Anruf des A nicht mehr mit einem zwischen ihnen vereinbarten Codewort reagieren würde. Fraglich ist, ob das in dieser Vereinbarung enthaltene Tötungsverlangen des X für die konkrete Tötungshandlung des A ursächlich gewesen ist. Laut Sachverhalt hat X auf die Anrufe des A stets mit dem vereinbarten Codewort reagiert. Da die vereinbarte Bedingung damit noch nicht eingetreten war, als sich A entschloß, den X zu töten, konnte das bedingte Tötungsverlangen des X den Tötungsentschluß des A nicht motivieren. Das Tötungsverlangen des X hat den A damit nicht zu der von ihm ausgeführten Tötungshandlung bestimmt.
A hat sich einer Straftat gemäß § 216 StGB nicht schuldig gemacht.

---

11 Es ist zwingend, mit der Strafbarkeit des A zu beginnen, da die Strafbarkeit des Haupttäters grundsätzlich vor der etwaiger Teilnehmer zu prüfen ist (3. Teil I.1.).

12 Privilegierende Tatbestände (z. B. auch § 217 im Verhältnis zu den §§ 211, 212 StGB) sind stets vor dem Grunddelikt zu prüfen (3. Teil II. 2. Grundsatz).

13 Dies ist in der Sache absolut unstreitig. Da aber der Sachverhalt diesen Umstand hervorhebt, muß er zumindest kurz abgehandelt werden (zum abgekürzten Gutachtenstil vgl. 1. Teil IV.)

2. § 211 StGB[14]

A könnte sich aber gemäß § 211 StGB eines Mordes an X schuldig gemacht haben.

Wie bereits oben (I.1.) dargelegt, hat A den X getötet.[15] A handelte auch vorsätzlich hinsichtlich des Taterfolgs, da es seine Absicht war, den X zu töten, um dem B einen Gefallen zu tun (dolus directus 1. Grades).[16]

Zu prüfen bleibt, ob A ein Mordmerkmal i. S. d. § 211 Abs. 2 StGB verwirklicht hat.

A könnte aus Habgier gehandelt haben. Habgier erfordert eine ungewöhnliche, ungesunde und sittlich anstößige Steigerung des Erwerbssinns, setzt also das Streben nach einer durch den Tod des Opfers herbeizuführenden Vermögensvermehrung voraus. Aus dem Sachverhalt ergibt sich nicht, daß A eine Belohnung oder finanzielle Entschädigung durch B angestrebt hat; dem Sachverhalt kann auch nicht entnommen werden, daß A von B eine finanzielle Entlohnung erhalten hat bzw. erhalten sollte. A hat den X vielmehr getötet, um dem B einen Gefallen zu tun.[17] Insoweit handelte A nicht aus Gewinnsucht.

A hatte aber zuvor bereits von X selbst € 20.000,– erhalten, mit dem Auftrag, den X unter bestimmten, zwischen A und X vereinbarten Bedingungen zu töten. Da X zu dem Zeitpunkt, als A ihn mittels des manipulierten Motors in die Luft sprengte, noch in der Lage war, auf die Anrufe des A mit dem vereinbarten Codewort zu reagieren, kann nicht davon ausgegangen werden, daß die Vereinbarung mit X ursächlich für den Entschluß des A war, den X zu diesem Zeitpunkt zu töten, obwohl die vereinbarte Bedingung noch nicht eingetreten war.[18] Die generelle Bereitschaft des A, Menschen gegen eine entsprechende Geldzahlung zu töten, reicht nicht aus, Habgier hinsichtlich einer konkreten Tötungshandlung zu bejahen. A handelte mithin nicht aus Habgier.

---

14 Vertretbar wäre es auch, zunächst § 212 StGB zu prüfen. Da sich nach dem Sachverhalt aber die Erörterung von Mordmerkmalen geradezu aufdrängt und die Prüfung des § 212 StGB keinerlei Probleme enthalten würde, sollte sogleich mit § 211 StGB begonnen werden, um eine Straffung der Darstellung zu erreichen.

15 Die Verweisung auf vorhergehende Ausführungen ist zulässig und aus Zeitgründen geboten; sie sollte so genau wie möglich erfolgen.

16 Da Begründung und Ergebnis an dieser Stelle eindeutig sind, bietet sich der Urteilsstil an (zu den Ausnahmen von der strikten Anwendung des Gutachtenstils vgl. 1. Teil IV.).

17 Auch wenn ein Auftragskiller in der Regel nur gegen Bezahlung tätig werden, liegt hier nach dem insoweit eindeutigen Sachverhalt eine Ausnahme vor: Von einer Entlohnung des A durch B ist keine Rede. A schuldet dem B noch einen Gefallen, so daß es naheliegt, daß er sich gerade deshalb bereit erklärt, den X zu töten (zur Aufarbeitung des Sachverhalts vgl. den 2. Teil).

18 Auch hier muß aus dem äußeren Verhalten des A und aus den Umständen der Tat auf die Beweggründe des A geschlossen werden (vgl. 2. Teil »Vertiefung«).

A könnte den X aber heimtückisch getötet haben. Die Auslegung des Merkmals Heimtücke ist umstritten.[19]
Die Rechtsprechung definiert Heimtücke als Tötung in feindseliger Willensrichtung und unter bewußter Ausnutzung der Arg- und Wehrlosigkeit des Opfers. Arglos ist hiernach, wer sich zur Tatzeit keines Angriffs von seiten des Täters versieht. Wehrlos ist, wer bei Beginn des Angriffs infolge seiner Arglosigkeit in seiner natürlichen Abwehrbereitschaft stark eingeschränkt ist. X war zwar darauf gefaßt, daß A ihn töten würde, wenn er auf einen Anruf des A nicht mehr mit dem vereinbarten Codewort reagieren würde. Da diese Bedingung aber noch nicht eingetreten war, ging X davon aus, einen Angriff von seiten des A noch nicht befürchten zu müssen. X war damit arglos. Weil sein fehlendes Mißtrauen ihn ferner davon absehen ließ, mögliche Sicherheitsmaßnahmen – wie z. B. eine Untersuchung des Wagens vor der Inbetriebnahme – durchzuführen, war er als Folge seiner Arglosigkeit in seiner Verteidigungsfähigkeit konkret eingeschränkt und damit im Zeitpunkt der Tötungshandlung wehrlos. A, der um die Arg- und Wehrlosigkeit des X wußte, hat insoweit auch vorsätzlich gehandelt. An einem Handeln in feindseliger Willensrichtung würde es fehlen, wenn A geglaubt hätte, zum Besten des X zu handeln. A hat den X aber nicht getötet, um diesen von einem Leiden zu befreien, sondern um dem B einen Gefallen zu tun. Unter Zugrundelegung der Auffassung der Rechtsprechung hätte sich A damit einer heimtückischen Tötung schuldig gemacht.
In der Literatur wird eine gegenüber der Rechtsprechung restriktivere Auslegung des Heimtückemerkmals gefordert. Nach einer Auffassung soll neben der Ausnutzung der Arg- und Wehrlosigkeit zusätzlich ein besonders verwerflicher Vertrauensbruch erforderlich sein. Eine besondere Nähebeziehung, die als Grundlage für ein besonderes Vertrauensverhältnis dienen könnte, ist im Verhältnis von A zu X nicht ersichtlich. Auch aus der Vereinbarung zwischen X und A kann ein besonderes Vertrauensverhältnis nicht hergeleitet werden. Selbst wenn die vereinbarte Bedingung noch nicht eingetreten ist, ist dies kein Anlaß dafür, daß X dem A ein besonderes Vertrauen entgegengebracht hat, das über das Vertrauen hinausgeht, das grundsätzlich jedermann gegenüber der Tötungshemmung seiner Mitmenschen hat. Unter Zugrundelegung dieser Auffassung hätte A mangels eines besonders verwerflichen Vertrauensbruches nicht heimtückisch gehandelt.
Eine andere in der Literatur vertretene Auffassung geht dahin, neben der Ausnutzung der Arg- und Wehrlosigkeit ein tückisch-verschlagenes Vorgehen zu verlangen, was wiederum voraussetzt, daß der Täter sein Opfer über seine wahren (Tötungs-)Absichten täuscht. Daß A den X im vorliegenden Fall in dieser qualifizierten Art und Weise über seine Absicht, ihn bereits jetzt zu töten, getäuscht

---

19 Die Bearbeitung von Meinungsständen ist im 5. Teil ausführlich erläutert.

hat, läßt sich dem Sachverhalt nicht entnehmen.[20] Auch nach dieser Auffassung wäre damit eine heimtückische Tötung des X durch den A zu verneinen.

Fraglich ist, welcher Auffassung der Vorzug zu geben ist. Gegen die Auffassung der Rechtsprechung spricht, daß danach schon ein heimliches Vorgehen allein genügen soll, was bereits im Hinblick auf den Wortlaut, der ausdrücklich auch ein tückisches Vorgehen verlangt, bedenklich erscheint.[21] Angesichts der extrem hohen und überdies auch absoluten Strafandrohung der lebenslangen Freiheitsstrafe muß der Anwendungsbereich des § 211 StGB durch eine restriktive Auslegung der einzelnen Mordmerkmale auf die Fallgestaltungen begrenzt werden, bei denen dem besonderen Unrechtsgehalt der Tat nicht mehr durch eine zeitige Freiheitsstrafe Rechnung getragen werden kann. Angesichts dessen, daß z. B. die heimlich ausgeführte Tötung eines körperlich überlegenen Gegners kein wesentlich anderes Unwerturteil rechtfertigt als die offen ausgeführte Tötung des gleichen Gegners mittels einer Schußwaffe, kann die Auslegung des Heimtückemerkmals durch die Rechtsprechung nicht befriedigen. Ob die Restriktion auf die den Sanktionssprung von § 212 zu § 211 StGB rechtfertigenden Fallgestaltungen durch das zusätzliche Merkmal eines »besonders verwerflichen Vertrauensbruches« oder aber durch eine Betonung des Handelns »in verschlagener Sinnesart« zu erfolgen hat, kann im Ergebnis offenbleiben,[22] da im vorliegenden Fall beide Auffassungen zur Verneinung der Heimtücke führen. A hat sich damit keiner heimtückischen Tötung des X schuldig gemacht.

A könnte den X aber mittels eines gemeingefährlichen Mittels getötet haben. Gemeingefährlich sind Mittel, deren Wirkung auf Leib oder Leben einer Mehrzahl anderer Menschen der Täter nach den konkreten Umständen der Tatausführung nicht kontrollieren kann. A hatte den Motor des von X benutzten Pkw durch seine Manipulationen praktisch in eine Bombe verwandelt. Daß möglicherweise bei der Explosion des Motors neben dem X als Fahrer des Pkw auch andere Mitinsassen des Pkw sowie Fußgänger oder andere Verkehrsteilnehmer gefährdet und getötet werden könnten, war nicht auszuschließen[23] und konnte von A in keiner Weise gesteuert oder verhindert werden. A tötete den X damit mittels eines gemeingefährlichen Mittels. Da davon ausgegangen werden muß, daß A die naheliegende Tatsache der unkontrollierbaren Gefährdung anderer Personen

---

20 Weitere Aussagen kann der Bearbeiter hierzu nicht treffen; keinesfalls darf er mit unbegründeten Annahmen arbeiten.

21 Diese Formulierung impliziert, daß die Auffassung der Rechtsprechung zwar bedenklich, nicht aber unvertretbar ist. Wäre dies anders, müßte die Argumentation an dieser Stelle abgebrochen werden (vgl. Teil V.; Anhang A II.1.).

22 Ein Meinungsstreit ist nur insoweit zu behandeln und zu entscheiden, wie dies zur Lösung des Falles erforderlich ist. Die Entscheidung zwischen Meinungen, die im konkreten Fall zu gleichen Ergebnissen kommen, ist methodisch falsch und kostet zudem wertvolle Zeit.

23 Auch wenn der Sachverhalt nicht ausdrücklich zu den durch die Explosion hervorgerufenen Gefahren Stellung nimmt, läßt eine lebensnahe Betrachtung des Geschehens keine andere Beurteilung zu.

bewußt und bekannt war,[24] handelte er auch vorsätzlich. Der Tatbestand eines vorsätzlichen Mordes durch Einsatz eines gemeingefährlichen Mittels ist damit erfüllt.

Rechtfertigungs- und Schuldausschlußgründe sind nicht ersichtlich.[25] A hat sich eines Mordes durch Einsatz eines gemeingefährlichen Mittels zum Nachteil des X schuldig gemacht.

3. Konkurrenzen

A hat sich gemäß § 211 StGB strafbar gemacht. Der gleichfalls verwirklichte Totschlag (§ 212 StGB) sowie die tatbestandlich ebenfalls erfüllten Körperverletzungsdelikte zum Nachteil des X (§§ 223 ff. StGB) treten hinter den Mord zurück.[26]

II. Strafbarkeit des B

1. §§ 211, 26 StGB

B könnte sich dadurch, daß er dem A den Auftrag gab, den X zu töten, einer Anstiftung zum Mord schuldig gemacht haben (§§ 211, 26 StGB).

Dann müßte A eine vorsätzliche und rechtswidrige Tat begangen haben. Wie oben dargelegt (I.2., 3.), hat sich A eines vorsätzlichen und rechtswidrigen Mordes (§ 211 StGB) an X schuldig gemacht.

B müßte den A zur Begehung dieser Tat bestimmt haben. Bestimmen setzt voraus, daß der Anstifter beim Haupttäter den Entschluß zur Begehung der Tat hervorruft. Im vorliegenden Fall war A zwar bereits vor dem Gespräch mit B entschlossen, den X zu töten. Dieser Entschluß stand jedoch unter der Bedingung, daß X bei einem Anruf des A das vereinbarte Codewort nicht mehr nennen würde. Dagegen war der Entschluß des A, den X durch die Explosion des Pkw zu töten, durch die Absicht motiviert, dem B einen Gefallen zu tun, und zwar unabhängig davon, daß die mit X vereinbarte Bedingung noch nicht eingetreten war. Aufgrund dessen, daß der Zeitpunkt der Tötung des X verändert wurde, handelt es sich bei der ausgeführten Tat um eine andere als die zwischen A und X vereinbarte Tat. Der Entschluß, den X bereits jetzt zu töten, ist daher

---

24 Vgl. Anm. 23.

25 Sofern sich keine Anhaltspunkte für Rechtfertigungs- und Schuldausschlußgründe aus dem Sachverhalt ergeben, reicht die kurze Erwähnung im Rahmen des (Zwischen-)Ergebnisses aus.

26 Gerade in der Klausursituation empfiehlt es sich, ebenfalls erfüllte Delikte, die offenbar wegen Gesetzeskonkurrenz hinter ein bejahtes Delikt zurücktreten, nur im Rahmen der Konkurrenzen kurz anzusprechen.

allein durch die Bitte des B verursacht worden. B hat den A damit zur Begehung dieser konkreten Tat bestimmt.

B müßte vorsätzlich gehandelt haben. Es war seine Absicht, den A zu veranlassen, den X zu töten. B hatte damit den Vorsatz, den A zu der von diesem begangenen vorsätzlichen und rechtswidrigen Tötung des X zu bewegen. B hatte damit den Vorsatz, den A zu einem Totschlag an X zu bestimmen.

Fraglich ist, ob sich der Vorsatz des B darauf erstreckte, daß A einen Mord begehen werde. Wie oben bereits dargelegt, hat A den X mit einem gemeingefährlichen Mittel getötet. Dem Sachverhalt kann aber nicht entnommen werden, daß B den A instruiert hat bzw. ihm bekannt war, daß A den X durch eine Autobombe töten wollte. Aus dem Sachverhalt geht vielmehr hervor, daß B dem A eine Schußwaffe übergeben hatte. Dieser Umstand legt die Annahme nahe, daß B davon ausgegangen ist, A werde den X erschießen.[27] Da der Täter bei der Benutzung einer Schußwaffe kontrollieren kann, welche Personen durch die Tötungshandlung gefährdet werden, wäre die Tat des A in diesem Falle aber nicht als eine Tötung mit einem gemeingefährlichen Mittel anzusehen gewesen. Im Ergebnis muß daher davon ausgegangen werden, daß B nicht wußte, daß A einen Mord (§ 211 StGB) begehen werde. B hatte somit nicht den Vorsatz, den A zu einer Straftat gemäß § 211 StGB anzustiften (§ 16 Abs. 1 Satz 1 StGB). Nach den im Rahmen des § 26 StGB allgemein geltenden Akzessorietätsgrundsätzen hätte B damit eigentlich nur den Tatbestand der Anstiftung zum Totschlag (§§ 212, 26 StGB) verwirklicht, nicht aber den Tatbestand einer Anstiftung zum Mord (§§ 211, 26 StGB).

Möglicherweise hat sich B aber dennoch einer Straftat gemäß §§ 211, 26 StGB schuldig gemacht. Voraussetzung hierfür wäre, daß B selbst ein Mordmerkmal verwirklicht hat und es sich bei diesem Mordmerkmal um ein besonderes persönliches Merkmal i. S. d. § 28 Abs. 2 StGB handelt.

B könnte das Mordmerkmal der Habgier verwirklicht haben, weil er den A zur Tötung des X bestimmt hat, um als Erbe des X dessen Vermögen zu erlangen. Unter Habgier versteht man ein Streben nach materiellen Gütern und Vorteilen, das in seiner Hemmungslosigkeit und Rücksichtslosigkeit das erträgliche Maß weit übersteigt. Das Motiv, einen Menschen töten zu lassen, um in den Genuß einer Erbschaft zu kommen, offenbart ein rücksichtsloses und ungezügeltes Streben nach Vermögensvorteilen um jeden Preis. B handelte somit aus Habgier.

---

27 Hier zeigt sich, daß grundsätzlich alle Angaben im Sachverhalt für die Lösung von Bedeutung sind (2. Teil 1. Grundsatz). Der Sachverhaltshinweis auf die Schußwaffe stellt i. V. m. der allgemeinen Lebenserfahrung klar, daß B damit rechnete, A werde X erschießen. Dagegen enthält der Sachverhalt keinen Hinweis darauf, daß B damit rechnete, A werde X durch eine Autoexplosion töten. Der Halbsatz »B versorgt A mit einer Schußwaffe« wäre bei letzterer Auslegung sinnlos.

Weiterhin müßte § 28 StGB anwendbar sein. Voraussetzung hierfür ist, daß es sich bei dem Mordmerkmal der Habgier um ein besonderes persönliches Merkmal handelt. Merkmale in diesem Sinne sind besondere persönliche Eigenschaften, Verhältnisse oder Umstände (vgl. § 14 Abs. 1 StGB). Dies bedeutet: § 28 StGB findet Anwendung bei täterbezogenen Merkmalen, nicht aber bei sog. tatbezogenen Merkmalen. Das Merkmal der Habgier ist kein Indiz, das den Unrechtsgehalt der Tat an sich bzw. deren Verwerflichkeit als solche erhöht. Habgier ist vielmehr ein Merkmal, das eine besondere Gesinnung des Täters bezeichnet. Habgier ist daher ein täterbezogenes Merkmal und § 28 StGB damit grundsätzlich anwendbar.

Zu klären bleibt, ob § 28 Abs. 2 StGB anwendbar ist. Dies setzt voraus, daß es sich bei der Habgier um ein strafmodifizierendes besonderes persönliches Merkmal handelt. Die Frage, ob es sich bei der Habgier um ein strafbegründendes oder um ein strafmodifizierendes Merkmal handelt, ist abhängig davon, ob man den Mordtatbestand als einen eigenständigen Straftatbestand oder als einen Qualifikationstatbestand zu § 212 StGB versteht. Die Rechtsprechung sieht in § 211 StGB einen eigenständigen Straftatbestand, mit der Folge, daß es sich bei den täterbezogenen Mordmerkmalen um strafbegründende Merkmale i. S. d. § 28 Abs. 1 StGB handelt. Legt man diese Auffassung zugrunde, hätte sich B im vorliegenden Fall nicht nach §§ 211, 26 StGB schuldig gemacht, obwohl er selbst das Mordmerkmal der Habgier verwirklicht hat. Demgegenüber versteht die Lehre § 211 StGB als einen Qualifikationstatbestand zu § 212 StGB, mit der Folge, daß es sich bei den täterbezogenen Mordmerkmalen um strafverschärfende Merkmale i. S. d. § 28 Abs. 2 StGB handelt. Folgt man dieser Auffassung, hätte sich B im Hinblick auf seine eigene Habgier der Anstiftung zum Mord schuldig gemacht.

Die Rechtsprechung beruft sich für ihre Auffassung auf den Wortlaut sowie auf die systematische Stellung der §§ 211, 212 StGB. Dem ist entgegenzuhalten, daß der aus dem Jahre 1935 stammende, auf die überwundene Lehre vom Tätertyp abgestimmte Wortlaut die hier zu entscheidende Fragestellung nicht mehr präjudizieren kann. Die – von der üblichen systematischen Stellung von Grund- und Qualifikationstatbeständen abweichende – Stellung des § 211 vor dem § 212 StGB ist darauf zurückzuführen, daß es sich bei dem Mordtatbestand um ein Delikt handelt, bei dem insbesondere wegen der absolut angedrohten lebenslangen Freiheitsstrafe eine besondere, herausgehobene Stellung im Gesetz angemessen ist.[28] Gegen die Auffassung der Rechtsprechung spricht weiterhin, daß dann, wenn man die §§ 211, 212 StGB als voneinander unabhängige Straftatbestände mit einem jeweils eigenständigen Unrechtscharakter versteht, in den Fällen, in

---

[28] Die Technik, ein Argument sogleich durch das entsprechende Gegenargument der anderen Auffassung zu widerlegen, erspart Platz und fördert durch die sachbezogene Argumentation die Verständlichkeit der Darstellung.

denen nicht eindeutig geklärt werden kann, ob ein Mordmerkmal vorliegt oder nicht, der Angeklagte – in dubio pro reo – sowohl vom Vorwurf des Mordes als auch vom Vorwurf des Totschlags freizusprechen wäre. Indes ist niemand – auch nicht die Rechtsprechung – bereit, dieses Ergebnis zu akzeptieren. Hinzu kommt, daß die Annahme des eigenständigen Charakters beider Straftatbestände dazu führen würde, daß im Falle der Beihilfe zum Mord im Hinblick auf die gemäß §§ 27 Abs. 2, 28 Abs. 1, 49 Abs. 1 StGB gebotene doppelte Milderung des Strafrahmens die Mindeststrafe für den Gehilfen sechs Monate betragen würde, während die Mindeststrafe des Gehilfen bei einer Beihilfe zum Totschlag aufgrund der nur einmaligen Milderung des Strafrahmens zwei Jahre betragen würde. Vor diesem Hintergrund wäre ein Gehilfe also milder zu bestrafen, wenn er Beihilfe zu einem Mord leistet. Angesichts dessen, daß die Auffassung der Lehre die aufgezeigten sachwidrigen Ergebnisse vermeidet und darüber hinaus im Gegensatz zur Auffassung der Rechtsprechung auch den Fall des qualifiziert handelnden Teilnehmers an einem Totschlag angemessen erfassen kann, ist im Ergebnis mit der Lehre davon auszugehen, daß § 211 StGB als ein Qualifikationstatbestand zu § 212 StGB anzusehen ist.

Für den vorliegenden Fall bedeutet dies, daß im Hinblick auf die bei B gegebene Habgier § 28 Abs. 2 StGB zur Anwendung kommt.

B handelte ebenfalls rechtswidrig und schuldhaft. Er hat sich damit gemäß §§ 211, 26 StGB schuldig gemacht.

2. §§ 211, 27 StGB

B könnte sich weiterhin einer Beihilfe zum Mord schuldig gemacht haben, weil er dem A eine Schußwaffe übergab, die dieser bei der Tatausführung bei sich führte.

Wie bereits oben dargelegt, hat A einen vorsätzlichen und rechtswidrigen Mord mittels eines gemeingefährlichen Mittels begangen. Zu dieser Tat des A müßte B Hilfe geleistet haben. Unter welchen Voraussetzungen ein Tatbeitrag als Hilfeleistung i. S. d. § 27 StGB anzuerkennen ist, ist im einzelnen umstritten. Einigkeit besteht insoweit, als es nicht unbedingt erforderlich ist, daß der Tatbeitrag den Eintritt des Taterfolges erst ermöglicht bzw. die Rechtsgutsverletzung intensiviert. Eine hinreichende Hilfeleistung i. S. d. § 27 StGB liegt nach allen vertretenen Auffassungen auch dann vor, wenn der Tatbeitrag dem Täter die Durchführung der Tat erleichtert bzw. diese absichert. Im vorliegenden Fall hat A die ihm von B übergebene Schußwaffe zwar nicht eingesetzt. Er hat die Waffe aber bei sich geführt, für den Fall, daß er bei der Tatausführung durch andere Personen überrascht bzw. behindert werden sollte. Die von B übergebene

Waffe hat somit die Tatausführung durch A abgesichert und stellt deswegen eine Hilfeleistung i. S. d. § 27 StGB dar.[29]
Der Vorsatz des B müßte sich sowohl auf die von A begangene Haupttat als auch auf die von ihm selbst erbrachte Hilfeleistung erstreckt haben. B ging davon aus, daß A die ihm von B übergebene Schußwaffe bei der Tatausführung bei sich führen würde, sonst hätte er sie ihm nicht bei Erteilung des Auftrages ausgehändigt. Möglicherweise gab B dem A die Waffe aber nicht nur zur Absicherung gegen mögliche Störer, sondern mit dem Gedanken, daß A sie als Mittel zur Tötung des X einsetzen würde. Ein Irrtum über den Kausalverlauf würde aber nur dann dazu führen, den Vorsatz des B hinsichtlich der Hilfeleistung zu verneinen, wenn der tatsächliche Kausalverlauf wesentlich von dem vorgestellten Kausalverlauf abweicht. Unwesentlich sind Abweichungen, die sich innerhalb der Grenzen des nach allgemeiner Lebenserfahrung Voraussehbaren halten und keine andere Bewertung der Tat rechtfertigen. Daß ein gedungener Täter eine ihm übergebene Schußwaffe nicht als Tatwaffe, sondern nur als Sicherung gegen mögliche Störer benutzt, ist ein Geschehensablauf, der sich ohne weiteres im Rahmen dessen hält, was nach allgemeiner Lebenserfahrung vorhergesehen werden kann. Der möglicherweise vorliegende Irrtum des B führt damit nicht dazu, den Vorsatz hinsichtlich der von ihm erbrachten Hilfeleistung zu verneinen.
Hinsichtlich der von A begangen Haupttat gelten die Ausführungen zum Anstiftervorsatz des B entsprechend. Zwar hatte B lediglich den Vorsatz, dem A zu einem Totschlag an X Hilfe zu leisten. Aufgrund des von B selbst verwirklichten Mordmerkmals der Habgier hat sich B aber im Ergebnis dennoch gemäß §§ 211, 27 StGB schuldig gemacht.

3. Konkurrenzen

B hat sich einer Straftat gemäß §§ 211, 26 StGB strafbar gemacht. Die Straftat gemäß §§ 211, 27 StGB tritt hinter die gewichtigere Beteiligungsform der Anstiftung zurück.

III. Gesamtergebnis

A ist wegen eines Mordes an X gemäß § 211 StGB und B wegen Anstiftung zum Mord gemäß §§ 211, 26 StGB zu bestrafen.

---

29 Deshalb wäre es ein Fehler, die verschiedenen Auffassungen im einzelnen darzulegen und auf den Fall anzuwenden. Schwerwiegend falsch wäre es, den im konkreten Fall belanglosen Meinungsstreit sogar zu entscheiden (vgl. 5. Teil).

III. Beispiel einer Hausarbeitsbearbeitung

Mustermann, Peter

Musterstraße X

00000 Musterburg

X. Semester
Matrikel-Nr. XXXXXX

Wintersemester 2002/03
Übungen im Strafrecht für Anfänger

Übungsgruppe X
Prof. Dr. Platzhalter
X. Hausarbeit

– II –

Sachverhalt:

Dem C ist bekannt, daß sich A und B in einer finanziellen Notlage befinden. Um dem ihm verhaßten W einen Schaden zuzufügen, macht C den Vorschlag, A und B könnten doch den W überfallen, wenn dieser sich – was er jeden Tag tue – gegen Mitternacht mit den Tageseinnahmen seines Lokals zu einer der beiden in der Nähe liegenden Bankfilialen begebe und die Gelder dort in den Nachttresor einwerfe. A und B beschließen, dem Vorschlag des C zu folgen. Sie verabreden, daß jeder von ihnen noch am gleichen Abend jeweils einen der beiden in Betracht kommenden Wege bewachen soll. W soll entweder von A oder B niedergeschlagen und der bewußtlose oder doch zumindest benommene W dann um die Tageseinnahmen erleichtert werden. Das Geld wollen A und B teilen. C, der eine Beteiligung an dem Erlös dankend ablehnt, beschreibt den beiden die Person des W sowie die beiden Wege, die dieser benutzt, wenn er die Tageseinnahmen wegbringt.

Gegen 23.00 Uhr begeben sich A und B auf ihre Posten und warten. Nachdem B bereits einige Zeit vergeblich gewartet hat, kommen ihm Bedenken, daß die Sache auch »nach hinten losgehen« könne. Da er auf keinen Fall eine Freiheitsstrafe riskieren will, beschließt er, aus der Sache auszusteigen. Während A, der von dem Sinneswandel des B keine Kenntnis hat, weiterhin auf der Lauer liegt, begibt sich B in seine Wohnung und geht zu Bett.

Gegen 00.15 Uhr sieht A eine Gestalt nahen, die mit der von C gegebenen Beschreibung des W übereinstimmt. Tatsächlich handelt es sich aber nicht um den W, sondern um den G, der als letzter Gast das Lokal des W verlassen hatte und der sich nun auf dem Heimweg befindet. A nähert sich dem G von hinten und versucht, diesen mit einem Schlag auf den Hinterkopf niederzustrecken. Aufgrund seiner Aufregung mißlingt ihm dies. G wird lediglich an der Schulter getroffen und rennt – laut »Überfall! Polizei!« schreiend – davon. In einigen der umliegenden Wohnungen gehen daraufhin Lichter an und es erscheinen Personen an den Fenstern. A, der der Auffassung ist, daß ihm der W sowieso entwischt sei, flüchtet, um einer Festnahme zu entgehen.

Prüfen Sie die Strafbarkeit von A, B und C.

– III –

Literaturverzeichnis:

Bemmann, Günter: Die Objektverwechslung des Täters in ihrer Bedeutung für den Anstifter, in: Beiträge zur Rechtswissenschaft, Festschrift für Walter Stree und Johannes Wessels zum 70. Geburtstag, hrsg. von Wilfried Küper und Jürgen Welp, Heidelberg 1993, S. 397, zitiert: Bemmann, Stree/Wessels-FS

Borchert, Uwe / Hellmann, Uwe: Die Abgrenzung der Versuchsstadien des § 24 Abs. 1 Satz 1 StGB anhand der objektiven Erfolgstauglichkeit, GA 1982, 429

Geppert, Klaus: Zum »error in persona vel obiecto« und zur »aberratio ictus«, insbesondere vor dem Hintergrund der neuen »Rose-Rosahl-Entscheidung« (= BGHSt 37, 214 ff), Jura 1992, 163

Hauf, Claus-Jürgen: Neuere Entscheidungen zur Mittäterschaft unter besonderer Berücksichtigung der Problematik der Aufgabe der Mitwirkung eines Beteiligten während der Tatausführung bzw. vor Eintritt in das Versuchsstadium, NStZ 1994, 263

Herzberg, Rolf Dietrich: Täterschaft und Teilnahme, München 1977

Jakobs, Günther, Strafrecht: Allgemeiner Teil, 2. Auflage, Berlin u. a. 1993

Jescheck, Hans-Heinrich / Weigend, Thomas: Lehrbuch des Strafrechts, Allgemeiner Teil, 5. Auflage, Berlin 1996

Kühl, Kristian: Strafrecht, Allgemeiner Teil, 4. Auflage, München 2002

Küper, Wilfried: Versuchsbeginn und Mittäterschaft, Heidelberg u. a. 1978

Küpper, Georg: Anspruch und wirkliche Bedeutung des Theorienstreits über die Abgrenzung von Täterschaft und Teilnahme, GA 1986, 437

– Anmerkung zu BGH, Urteil vom 25. 10. 1994 – 4 StR 371/90, JR 1992, 294

Lackner, Karl/Kühl, Kristian: Strafgesetzbuch mit Erläuterungen, 24. Auflage, erläutert von Karl Lackner und Kristian Kühl, München 2001

Leipziger Kommentar, Strafgesetzbuch, 11. Auflage, hrsg. von Jähnke, Laufhütte und Odersky, Berlin u. a. 1992 ff., zitiert: LK-Bearbeiter, 11. Auflage

Leipziger Kommentar, Strafgesetzbuch, 10. Auflage, hrsg. von Jescheck, Ruß und Willms, Berlin u. a. 1978 ff., zitiert: LK-Bearbeiter

Maatz, Kurt Rüdiger: Kann ein (nur) versuchtes schwereres Delikt den Tatbestand eines vollendeten milderen Delikts verdrängen?, NStZ 1995, 209

Maurach, Reinhart / Zipf, Heinz: Strafrecht, Allgemeiner Teil, Teilband 1, 8. Auflage, Heidelberg 1992, zitiert: Maurach/Zipf

Maurach, Reinhard / Gössel, Karl-Heinz / Zipf, Heinz: Strafrecht, Allgemeiner Teil, Teilband 2, 7. Auflage, Heidelberg 1989, zitiert: Maurach/Gössel

Müller, Jürgen: Das Urteil des BGH zu Anstiftung und »error in persona«, MDR 1991, 830

Otto, Harro: Grundkurs Strafrecht, Allgemeine Strafrechtslehre, 6. Auflage, Berlin u. a. 2000

Puppe, Ingeborg: Anmerkung zu BGH, Urteil vom 25. 10. 1990 – 4 StR 371/90, NStZ 1991, 124

– Wie wird man Mittäter durch konkludentes Verhalten?, NStZ 1991, 571

Roxin, Claus: Strafrecht, Allgemeiner Teil, Band I, 3. Auflage, München 1997

– Tatentschluß und Anfang der Ausführung beim Versuch, JuS 1979, 1

– Der fehlgeschlagene Versuch, JuS 1981, 1

– Rose-Rosahl redivivus, in: Festschrift für Günter Spendel zum 70. Geburtstag, hrsg. von Manfred Seebode, Berlin u. a. 1992, S. 289, zitiert: Roxin Spendel-FS

- IV -

Scheffler, Uwe: Der Verfolger-Fall (BGHSt 11, 268) und die Strafbarkeit der »versuchten fahrlässigen Selbsttötung«, JuS 1992, 920

Schilling, Georg: Der Verbrechensversuch des Mittäters und des mittelbaren Täters, 1975

Schönke, Adolf / Schröder, Horst, Strafgesetzbuch: 26. Auflage, bearbeitet von Theodor Lenckner, Peter Cramer, Albin Eser, Walter Stree, Günter Heine, Walter Perron und Detlev Sternberg-Lieben, München 2001, zitiert: Schönke/Schröder/Bearbeiter

Schreiber, Hans-Ludwig: Grundfälle zu »error in objecto« und »aberratio ictus« im Strafrecht, JuS 1985, 873

Seelmann, Kurt: Mittäterschaft im Strafrecht, JuS 1980, 571

Streng, Franz: Die Strafbarkeit des Anstifters bei error in persona des Täters (und verwandte Fälle) – BGHSt 37, 214, JuS 1991, 910

Systematischer Kommentar zum Strafgesetzbuch, Band I, Allgemeiner Teil (§§ 1-79b), 6. Auflage, bearbeitet von Hans-Joachim Rudolphi, Eckhard Horn, Erich Samson, Hans-Ludwig Günther und Andreas Hoyer, Stand: 27. Lieferung (November 1997), zitiert: SKStGB-Bearbeiter

Tröndle, Herbert/Fischer, Thomas: Strafgesetzbuch und Nebengesetze, 50. Auflage, München 2001

Welzel, Hans: Das Deutsche Strafrecht, 11. Auflage, Berlin 1969

Wessels, Johannes/Beulke, Werner: Strafrecht, Allgemeiner Teil, 31. Auflage, Heidelberg 2001

– V –

Gliederung:

I. Die Strafbarkeit des A

1. § 223 StGB[1]

A könnte sich einer Körperverletzung schuldig gemacht haben, als er den G, in der Absicht, diesen mit einem Schlag auf den Hinterkopf niederzustrecken, an der Schulter traf.

A hat G körperlich mißhandelt. Eine körperliche Mißhandlung, verstanden als ein üble, unangemessene Behandlung, durch die das körperliche Wohlbefinden mehr als nur unerheblich beeinträchtigt wird,[2] ist auch in einem Schlag auf die Schulter zu sehen, weil es sich um mehr als eine bloß belanglose Einwirkung auf den Körper handelt.

Ob A den G auch an der Gesundheit beschädigt hat, ist nach dem Sachverhalt zweifelhaft. Eine Gesundheitsbeschädigung ist jeder gegenüber dem Normalzustand der körperlichen Funktionen nicht nur unerheblich verschlechterte krankhafte Zustand,[3] der auch bei »blauen Flecken« oder Prellungen gegeben sein kann.[4] Davon, daß ein Schlag auf die Schulter solche Folgen hat, ist nach allgemeiner Lebenserfahrung jedenfalls dann auszugehen, wenn ein Schlag mit nicht unerheblicher Wucht ausgeführt wird. Daß es sich im vorliegenden Fall so verhält, muß angenommen werden, da es die Absicht des A war, sein Opfer mit dem Schlag niederzustrecken. Folglich liegt auch eine Gesundheitsbeschädigung vor.

Fraglich ist, ob A hinsichtlich der Körperverletzung des G vorsätzlich gehandelt hat. Er hatte die Absicht, W mit einem Schlag niederzustrecken. Ein derartiger Schlag muß mit großer Wucht geführt werden und ist deshalb für das Opfer regelmäßig zumindest mit einer schmerzhaften Beeinträchtigung seines körperlichen Wohlbefindens verbunden. Es ist nicht ersichtlich, daß A diese Konsequenz seines Tuns nicht erkannt und – zumindest – billigend in Kauf genommen hat. Als er auf G einschlug, dachte A allerdings, W vor sich zu haben. Ein solcher Irrtum über die Identität des tatsächlich angegriffenen Opfers stellt indes einen unbeachtlichen Motivirrtum dar (sog. error in persona).[5] Entscheidend ist, daß A die Absicht hatte, die tatsächlich vor ihm stehende Person zu verletzen.

Der Körperverletzungsvorsatz wird auch nicht dadurch ausgeschlossen, daß A nicht, wie von ihm geplant, den Kopf, sondern die Schulter des G getroffen hat. Eine Abweichung des tatsächlichen von dem Geschehensablauf, den sich der

---

1 Nachfolgende §§ ohne Gesetzesangabe sind solche des StGB.
2 BGHSt 14, 269, 271; 25, 277, 277/278; Lackner/Kühl § 223 Rn. 4; Schönke/Schröder/Eser § 223 Rn. 3.
3 BGHSt 36, 1, 6; Lackner/Kühl § 223 Rn. 5; LK-Lilie, 11. Auflage, § 223 Rn. 7.
4 LK-Lilie, 11. Auflage, § 223 Rn. 7.
5 BGHSt 11, 268, 270; 37, 214, 216; Roxin § 12 Rn. 173 ff.; Kühl § 13 Rn. 20 ff.

Täter vorgestellt hat, ist strafrechtlich erst dann beachtlich, wenn eine erhebliche Abweichung des Kausalverlaufes vorliegt. Hieran fehlt es, wenn sich die Abweichung noch innerhalb der Grenzen des nach allgemeiner Lebenserfahrung Voraussehbaren hält und keine andere Bewertung der Tat rechtfertigt.[6] So liegt es im vorliegenden Fall. Wenn bei einem gegen den Kopf geführten Angriff versehentlich die Schulter des Opfers getroffen wird, handelt es sich um eine Abweichung, mit der angesichts des dynamischen Geschehensablaufes stets zu rechnen ist und die – da lediglich der vom Täter gewählte Angriffspunkt durch einen anderen ersetzt wird – für die rechtliche Bewertung der Tat als körperliche Mißhandlung und Gesundheitsbeschädigung ohne Bedeutung ist. A handelte folglich vorsätzlich in Bezug auf die Körperverletzung an G.

Da A zudem rechtswidrig und schuldhaft gehandelt hat, hat er sich gemäß § 223 schuldig gemacht.

2. § 224 StGB

Eine gefährliche Körperverletzung hat A mit dem Angriff auf G nicht begangen. Es handelt sich nicht um einen hinterlistigen Überfall, da hierfür nicht schon die bewußte Ausnutzung des Überraschungsvorteils ausreicht.[7] Hinzukommen muß eine auf Verdeckung der wahren Absichten berechnete planmäßige Vorbereitung, die darauf abzielt, die wahren Absichten des Angreifers zu verbergen und gerade hierdurch dem Angegriffenen die Abwehr zu erschweren.[8] Daß A den G durch sein Verhalten in Sicherheit gewiegt hat, kann dem Sachverhalt nicht entnommen werden. Da der Sachverhalt darüber hinaus auch keinen Hinweis darauf enthält, daß sich A bei dem Schlag auf den Hinterkopf des G eines Hilfsmittels bedient hat, hat er die Körperverletzung auch nicht mittels eines gefährlichen Werkzeugs begangen.

3. §§ 249, 22 StGB

Indem A auf G von hinten in der Absicht eingeschlagen hat, den von ihm für den W Gehaltenen sodann um die Tageseinnahmen zu erleichtern, könnte er sich eines versuchten Raubes schuldig gemacht haben, der gemäß §§ 249 Abs. 1, 23 Abs. 1, 12 Abs. 1 strafbar ist. Ein vollendeter Raub liegt nicht vor, weil es nicht zu einer Wegnahme der Tageseinnahmen gekommen ist.

A müßte den Tatentschluß gehabt haben, einen Raub zu begehen. Voraussetzung ist zunächst, daß A vorsätzlich gehandelt hat. Es war seine Absicht, dem W

---

6 BGHSt 7, 325, 329; 38, 32, 34; Kühl § 13 Rn. 41.
7 BGH bei Holtz MDR 1981, 267; Schönke/Schröder/Stree § 224 Rn. 10.
8 BGH NStE Nr. 8 zu § 223a StGB; LK-Lilie, 11. Auflage, § 224 Rn. 31.

die Tageseinnahmen mit Gewalt wegzunehmen. Daß er sich über die Identität des von ihm tatsächlich angegriffenen Opfers geirrt hat, stellt – wie oben bereits ausgeführt (vgl. I.1.) – einen unbeachtlichen Motivirrtum dar. A hatte mithin den Vorsatz, einen Raub zu begehen. Da er die Tageseinnahmen, auf die er keinen Anspruch hatte, zumindest teilweise für sich behalten wollte, hatte er auch die Absicht, sich diese zuzueignen. Lebensnah ist davon auszugehen, daß A bekannt und bewußt war, daß er keinen Anspruch auf die Tageseinnahmen hatte. Er handelte damit auch im Hinblick auf die Rechtswidrigkeit der von ihm beabsichtigten Zueignung vorsätzlich und hatte somit den Tatentschluß, einen Raub zu begehen. A müßte weiterhin i. S. d. § 22 zur Verwirklichung der Tat unmittelbar angesetzt haben. Ein unmittelbares Ansetzen zum Raub ist regelmäßig dann zu bejahen, wenn der Täter die auf die Wegnahme abzielende Gewalthandlung als einen Teil der tatbestandlichen Ausführungshandlung bereits vorgenommen hat.[9] Vorliegend hatte A schon auf G eingeschlagen und damit Gewalt angewandt, mit der Zielrichtung, hierdurch die von ihm beabsichtigte Wegnahme zu ermöglichen. Damit hat er unmittelbar zum Raub angesetzt.

A handelte rechtswidrig und schuldhaft. Er hat sich somit wegen eines versuchten Raubes gemäß §§ 249, 22 schuldig gemacht.

Fraglich ist, ob A dadurch, daß er sein Vorhaben nicht mehr weiterverfolgte, gemäß § 24 strafbefreiend vom Raubversuch zurückgetreten ist. Nach heute h. M. würde ein Rücktritt von vornherein ausscheiden, wenn es sich um einen sog. fehlgeschlagenen Versuch gehandelt hat, bei dem der Täter seinen Tatplan als endgültig gescheitert ansieht.[10] A war der Auffassung, der Plan, dem W die Tageseinnahmen wegzunehmen, sei nicht mehr auszuführen, da ihm das Opfer entwischt sei. Damit war der Versuch aus der allein maßgeblichen subjektiven Sicht des A fehlgeschlagen. Erkennt man den fehlgeschlagenen Versuch als eine im Gesetz nicht geregelte besondere Kategorie an, scheidet eine Anwendung des § 24 damit bereits im Ansatz aus. Soweit der fehlgeschlagene Versuch als eine eigenständige Rechtsfigur abgelehnt wird, kommt § 24 mangels einer Tataufgabe ebenfalls nicht zur Anwendung; bei der Hinnahme des aus der Sicht des Täters Unvermeidlichen kann von einem – in § 24 durchgängig vorausgesetzten – »Aufgeben« der weiteren Tatausführung nicht die Rede sein.[11] A ist deshalb auch unter Zugrundelegung dieses Ansatzes nicht strafbefreiend vom Raub zurückgetreten.

---

9 LK-Herdegen, 11. Auflage, § 249 Rn. 19; Tröndle/Fischer § 249 Rn. 7 sowie allgemein: OLG Bamberg NStZ 1982, 247; Schönke/Schröder/Eser § 22 Rn. 37.
10 BGHSt 34, 53, 56 f.; 39, 221, 228; Lackner/Kühl § 24 Rn. 10; Roxin JuS 1981, 1, 1 f.
11 Vgl. SKStGB-Rudolphi § 24 Rn. 8; Lackner/Kühl § 24 Rn. 10.

4. Konkurrenzen

A hat sich eines versuchten Raubes strafbar gemacht. Tatbestandlich ebenfalls verwirklicht sind die §§ 242, 22 sowie die Verbrechensverabredung gemäß §§ 249, 30 Abs. 2. Der versuchte Diebstahl tritt hinter den versuchten Raub
als das speziellere Delikt zurück.[12] Die Verbrechensverabredung tritt wegen
materieller Subsidiarität hinter §§ 249, 22 zurück.[13]
Umstritten ist, ob auch der § 223 hinter den versuchten Raub zurücktritt. Nach
einer in einigen Entscheidungen auch vom Bundesgerichtshof vertretenen Auffassung treten vollendete minderschwere Delikte hinter das im Versuchsstadium
steckengebliebene schwerere Delikt zurück.[14] Nach einer anderen Ansicht soll
dann, wenn der Täter nicht nur die schwere Tat versucht, sondern auch die minder schwere Tat vollendet hat, dies durch die Annahme von Tateinheit klargestellt
werden.[15] Zur Begründung wird auf die Notwendigkeit verwiesen, den erhöhten
Schuldumfang deutlich zu machen. Letztere Ansicht ist vorzugswürdig. Die der
Rechtsprechung zugrunde liegende Annahme, für das rechtliche Verhältnis eines
Strafgesetzes zu einem anderen Strafgesetz sei es gleich, ob ein vollendeter oder
ein versuchter Verstoß vorliege, weil beide Entwicklungsstufen sich im Verhältnis zu anderen Delikten entsprechen, trifft in dieser Allgemeinheit nicht zu. Zu
beachten ist nämlich, daß z. B. Gewalt i. S. d. § 249 nicht zwingend mit einer
Körperverletzung einhergeht. Hieran anknüpfend kann der spezifische Schuldge-
halt der Tat nur durch die Annahme von Tateinheit anstelle von Gesetzeseinheit
zum Ausdruck gebracht werden.

II. Die Strafbarkeit des B

1. §§ 249, 22 StGB

B könnte sich bereits dadurch, daß er sich bereithielt, den W zu überfallen, falls
dieser den von ihm bewachten Weg benutzen sollte, eines versuchten Raubes
schuldig gemacht haben. Ein vollendeter Raub scheidet aus, da es weder zu
einer Nötigung noch zu einer Wegnahme gekommen ist. Der versuchte Raub ist
strafbar gemäß §§ 249 Abs. 1, 12 Abs. 1, 23 Abs. 1.
B müßte entschlossen gewesen sein, einen Raub zu begehen. Als B sich auf
seinen Posten begab und sich dort für den Überfall bereithielt, hatte er zunächst
noch die Absicht, W die Tageseinnahmen mit Gewalt wegzunehmen. Er hatte
damit den Tatentschluß, einen Raub zu begehen.

---

12 LK-Ruß, 11. Auflage, § 242 Rn. 82.
13 Vgl. BGHSt 14, 378, 379.
14 BGHSt 21, 265, 266 f.; 22, 248, 248/249; BGH NStZ-RR 1998, 42.
15 Lackner/Kühl Vor § 52 Rn. 28; vgl. auch Maatz NStZ 1995, 209 ff. m. w. N.

Problematisch ist, ob in dem Auflauern allein bereits ein unmittelbares Ansetzen i. S. d. § 22 gesehen werden kann. Erforderlich ist ein Verhalten, das nach dem Gesamtplan des Täters so eng mit der tatbestandsmäßigen Ausführungshandlung verknüpft ist, daß es bei ungestörtem Fortgang unmittelbar zur Verwirklichung des gesamten Straftatbestandes führen soll.[16] Ob dies der Fall ist, beurteilt sich aufgrund der Vorstellung des Täters von der Tat: Je nach Tatplan und Art des zu verwirklichenden Straftatbestandes kann sich ein Hinweis auf die Tatbestandsnähe daraus ergeben, daß die vom Täter in Gang gesetzte Ursachenreihe ohne Unterbrechung und ohne weitere wesentliche Zwischenschritte in die Tatbestandsverwirklichung einmünden soll, mit der Folge, daß aus seiner Sicht das Angriffsobjekt bereits konkret gefährdet erscheint.[17] Dafür, daß B nach seinem Plan die insoweit erforderliche Tatbestandsnähe bereits erreicht hatte, könnte sprechen, daß er sich auf seinen Posten begeben und eine gewisse Zeit auf den W gewartet hat. Wäre nämlich der W an diesem Punkt vorbeigekommen, bevor sich bei B Bedenken eingestellt hatten, hätte B den W ohne weiteres angegriffen. Soweit der BGH es als ausreichend angesehen hat, daß der Täter das Opfer am geplanten Tatort erwartet bzw. ihm dort auflauert,[18] kann dem indes im Ergebnis nicht gefolgt werden. Maßgeblich ist, daß der Angriff auch nach der Vorstellung des B gerade vom Erscheinen des W abhängig war. Solange sich aber das erwartete Opfer dem im Hinterhalt lauernden Täter noch nicht nähert, ist dieses – wie auch der BGH selbst in anderen Entscheidungen zu Bedenken gegeben hat – noch nicht konkret gefährdet.[19] Das Erscheinen des Opfers in Tatortnähe stellt damit auch aus der Sicht des Täters einen ganz wesentlichen, dem Eintritt in das Versuchsstadium vorgelagerten Zwischenakt dar.[20] Folglich hat B durch das bloße erfolglose Warten auf den W noch nicht zur Verwirklichung eines Raubes unmittelbar angesetzt.

2. §§ 249, 22, 25 Abs. 2 StGB

Zu prüfen ist jedoch, ob dem B der Raubversuch des A (vgl. oben I.3.) als mittäterschaftliches Delikt zugerechnet werden kann.

---

16 BGHSt 31, 178, 181/182; BGH NStZ 1993, 133.
17 BGHSt 30, 363, 364; 36, 249, 250; BGH NStZ 1993, 133.
18 BGH NJW 1952, 514.
19 Vgl. BGH NJW 1954, 567; BGH bei Dallinger MDR 1973, 728; BGH, NJW 1997, 3453 f.; aus der Literatur: Otto § 18 Rn. 30 f.
20 Vgl. LK-Vogler, 10. Auflage, § 22 Rn. 35 ff.; Maurach/Gössel § 41 Rn. 27.

a) Die Voraussetzungen der Mittäterschaft

Dann müßten A und B die Tat gemäß § 25 Abs. 2 gemeinschaftlich begangen haben. Nach der Tatherrschaftslehre setzt die Mittäterschaft ein von einem gemeinsamen Tatentschluß getragenes arbeitsteiliges Zusammenwirken der Tatbeteiligten voraus. Mittäter ist, wer bei der Tatbestandsverwirklichung eine Funktion ausübt, die für das Gelingen des Tatplanes wesentlich ist.[21] A und B hatten vereinbart, dem W die Tageseinnahmen zu rauben. Zu diesem Zweck sollte jeder von ihnen einen Weg bewachen und dem W, je nachdem, welchen Weg dieser nehmen würde, das Geld mit Gewalt wegnehmen. Demnach hatten sie einen gemeinsamen Tatplan.

A und B müßten ferner einen für das Gelingen des Gesamtplanes wesentlichen Tatbeitrag geleistet haben. Für A ist dies zu bejahen, denn er hat, wie oben dargestellt (vgl. I.3.), die auf die Begehung des Raubes gerichtete Ausführungshandlung vorgenommen. Fraglich ist jedoch, ob das bloße Absichern eines Weges durch B als ausreichend angesehen werden kann. Die Besonderheit der vorliegend gegebenen Fallgestaltung liegt darin, daß nach dem Tatplan feststand, daß nur einer von beiden in Aktion treten mußte. Selbst nach der Tatherrschaftslehre braucht der Tatbeitrag eines Mittäters aber nicht unbedingt darin bestehen, ein Tatbestandsmerkmal zu erfüllen. Ausreichend ist es, wenn er ein Teilstück der von einem gemeinschaftlichen Tatwillen getragenen Tatausführung in dem Sinne ist, daß er im Rahmen des arbeitsteiligen Zusammenwirkens den Tatablauf wesentlich mitgestaltet.[22] Für das Funktionieren des gemeinschaftlichen Tatplans war es eine unverzichtbare Bedingung, daß beide Wege gleichzeitig abgesichert wurden. Die Absicherung des einen Weges durch B war damit ein für das Gelingen des gemeinsamen Tatplanes wesentlicher Beitrag.[23] Mithin hat auch B einen hinreichenden Tatbeitrag geleistet.

Die in der Rechtsprechung vorherrschende subjektive Theorie zur Abgrenzung von Täterschaft und Teilnahme sieht denjenigen als Mittäter an, der – auf der Basis eines gemeinsamen Tatentschlusses – einen wie auch immer gearteten Tatbeitrag mit Täterwillen erbringt.[24] Als Kriterien für die Feststellung des Täterwillens stützt sich die Rechtsprechung auf das Tatinteresse, den Willen zur Tatherrschaft, den Umfang der Tatbeteiligung und die Tatherrschaft.[25] Als B sich auf seinen Posten begab und damit – wie oben bereits dargelegt – einen Beitrag zum Gelingen des gemeinsamen Tatplanes erbrachte, war er daran interessiert, daß die Tat durchgeführt wurde, damit er in den Genuß eines Teils der

---

21 LK-Roxin, 11. Auflage, § 25 Rn. 154; SKStGB-Samson § 25 Rn. 122, jeweils m. w. N.
22 Vgl. die Nachweise in der vorstehenden Fußnote.
23 So auch Seelmann JuS 1980, 571, 574 für einen gleichgelagerten Fall.
24 Vgl. BGHSt8, 70, 73; 28, 346, 348; w.N.b. LK-Roxin, 11. Auflage, § 25 Rn. 155.
25 BGH NStZ 1985, 165; 1993, 137, 138.

Tageseinnahmen kommen konnte. B war auch bereit, wenn notwendig, sogar den entscheidenden Beitrag – den Angriff auf W – selbst zu erbringen. B handelte damit mit Täterwillen. Folglich liegen im Zeitpunkt des Postenbeziehens durch B auch auf der Grundlage der subjektiven Theorie die Voraussetzungen für die Zurechnung des Raubversuches des A als mittäterschaftliches Delikt bei B vor.

b) Auswirkungen der Abstandnahme des B von der weiteren Mitwirkung

Problematisch ist, daß B – zeitlich bevor A zum Angriff auf G angesetzt und ohne, daß A hiervon Kenntnis hatte – seine weitere Mitwirkung an der Verwirklichung des Tatplanes aufgegeben hat. Nach Auffassung des BGH vermag das Aufkündigen eines gemeinsamen Tatplanes durch einen Mittäter diesen allerdings dann nicht zu entlasten, wenn die Abstandnahme von der weiteren Mitwirkung für den anderen Mittäter nicht erkennbar wird,[26] es sei denn, daß mit der Sinnesänderung auch gleich ein notwendiges Tatbestandsmerkmal – etwa die Zueignungsabsicht – wegfällt.[27] Vorliegend ist nicht ersichtlich, daß B auch die Absicht aufgegeben hat, an einer eventuellen Tatbeute zu partizipieren. Unter Zugrundelegung der Auffassung des BGH wäre die Aufgabe der weiteren Mitwirkung an der Tatausführung durch B damit unbeachtlich. Puppe ist demgegenüber der Ansicht, der gemeinsame Tatentschluß müsse zumindest beim Eintritt in das Versuchsstadium objektiv noch vorhanden sein.[28] Da B seine weitere Mitwirkung vor dem Zeitpunkt des Angriffs auf G durch A bereits aufgegeben hatte, wäre nach dieser Auffassung im vorliegenden Fall eine mittäterschaftliche Zurechnung nicht möglich.

Für die Auffassung Puppes spricht, daß das Opfer im Vorbereitungsstadium der Tat noch nicht in strafrechtlich relevanter Weise gefährdet ist. Dem wird man aber mit dem BGH entgegenhalten müssen, daß bei der Tatbeteiligung mehrerer Personen die Hemmschwelle, von der weiteren Tatausführung Abstand zu nehmen, aufgrund gruppendynamischer Zwänge höher ist als beim Einzeltäter. Um dieser erhöhten Gefährlichkeit der Tat hinreichend Rechnung zu tragen, ist eine manifeste, d. h. den anderen Tatbeteiligten erkennbare Abstandnahme zu verlangen. Schließlich drängt sich auch eine Parallele zu § 24 Abs. 2 auf, wo es ebenfalls nicht ausreicht, daß der Mittäter lediglich seinen Tatbeitrag neutralisiert.[29] Folglich ist die mittäterschaftliche Zurechnung nicht dadurch aus-

---

26 BGHSt 37, 289, 293 mit zust. Bespr. Hauf NStZ 1994, 263, 265.
27 BGH NStZ 1994, 29, 30.
28 Puppe NStZ 1991, 571, 572 f.
29 Vgl. Hauf NStZ 1994, 263, 265; Lackner/Kühl § 24 Rn. 26.

geschlossen, daß B seine weitere Mitwirkung an der Tatausführung aufgegeben hat.

c) Auswirkungen des error in persona des A auf die Strafbarkeit des B

Möglicherweise scheitert die Zurechnung des Verhaltens des A bei B aber daran, daß A nicht, wie von A und B geplant, den W, sondern stattdessen versehentlich den G angegriffen hat. Ob der error in persona eines Mittäters die Zurechnung der Tatausführung für den oder die anderen Mittäter ausschließt, ist umstritten.

aa) Der Meinungsstand

Nach der wohl überwiegend vertretenen Auffassung ist die Personenverwechslung nicht nur für den irrenden Mittäter selbst, sondern auch für den anderen Mittäter unbeachtlich und unterbricht daher den Zurechnungszusammenhang nicht.[30] Folgt man dieser Meinung, schließt der error in persona des A die Zurechnung der Tatausführung für den B nicht aus. Die Gegenauffassung nimmt dagegen einen Mittäterexzeß an, der die Zurechnung ausschließen soll.[31] Der error in persona des A würde danach die Zurechnung der Tatausführung durch A bei B unterbrechen.

bb) Stellungnahme

Die Vertreter der Ansicht, die vom Mittäterexzeß ausgeht, begründen ihren Standpunkt damit, daß der Angriff auf das falsche Opfer über den ursprünglichen Tatplan hinausgehe; das sei auch dann ein beachtlicher Exzeß, wenn der ausführende Mittäter nicht vorsätzlich handele, sondern sich in einem Irrtum befände.[32] Dem läßt sich entgegenhalten, daß sich der irrende Mittäter gerade an den gemeinsamen Tatplan gebunden fühlt. Anders als der vorsätzlich über den Rahmen der ursprünglichen Tatplanung hinausgehende Mittäter, handelt er, weil er den gemeinsamen Tatplan umsetzen will. Richtig ist es daher, die in der versehentlichen Personenverwechslung liegende Fehlleistung als Teil des mit dem Tatplan verbundenen Risikos der Planverwirklichung anzusehen. Wenn dieses Risiko im Falle der Realisierung für den direkt agierenden Mittäter die

---

30 BGHSt 11, 268, 272; Jakobs 21/45; Maurach/Gössel § 49 Rn. 60; Küper S. 39 f.; Streng JuS 1991, 910, 916.
31 LK-Roxin, 11. Auflage, § 25 Rn. 178; LK-Schroeder, 11. Auflage, § 16 Rn. 14; Herzberg S. 63 f.; Seelmann JuS 1980, 571, 572; Schreiber JuS 1985, 873, 876.
32 Vgl. die Nachweise in Fußn. 31.

Zurechnung nicht unterbricht, besteht kein Anlaß, dies bei den anderen Mittätern anders zu handhaben.[33]

Für den vorliegenden Fall bedeutet dies: Da bei Dunkelheit durchgeführte Angriffe stets die Gefahr einer Personenverwechslung beinhalten, kann die Realisierung dieses planimmanenten Risikos für keinen der Täter, der um die Ausführung der Tat unter diesen Umständen wußte, zum Ausschluß der Zurechnung führen. Mithin ist die Personenverwechslung nicht nur für den A selbst, sondern auch für B unbeachtlich.

d) Die Zurechnung des unmittelbaren Ansetzens zur Tat durch A bei B

B hat nicht selbst unmittelbar zur Tatbestandsverwirklichung angesetzt (vgl. oben II.1.). Zu prüfen ist daher, ob er sich das unmittelbare Ansetzen durch den A (vgl. oben I.3.) zurechnen lassen muß. Über die Frage, wann bei einem mittäterschaftlich begangenen Delikt von einem unmittelbaren Ansetzen auszugehen ist, besteht Streit.

aa) Der Meinungsstand

Überwiegend wird angenommen, daß alle Mittäter einheitlich in das Versuchsstadium eintreten, sobald einer von ihnen zur Ausführungshandlung unmittelbar angesetzt hat.[34] Da A zur Tatausführung unmittelbar angesetzt hat (vgl. oben I.3.), wäre nach dieser Ansicht auch für B von einem unmittelbaren Ansetzen auszugehen. Dagegen gehen die Vertreter der sog. Einzellösung davon aus, daß jeder Mittäter erst dann wegen eines mittäterschaftlich begangenen versuchten Delikts zu bestrafen ist, wenn auch sein verbrecherischer Wille die »Feuerprobe der kritischen Situation« bestanden hat. Unabhängig davon, ob man verlangt, daß der einzelne Mittäter zu seinem ihm nach dem Tatplan obliegenden Tatbeitrag angesetzt haben muß,[35] oder ob man es für erforderlich hält, daß sowohl die Gesamttat in das Ausführungsstadium gelangt als auch der Tatbeitrag des jeweiligen Mittäters erbracht sein muß,[36] wäre nach dieser Auffassung das unmittelbare Ansetzen des A dem B nicht zuzurechnen.

33 Streng JuS 1991, 910, 916; Scheffler JuS 1992, 920, 922.
34 Sog. Gesamtlösung: BGHSt 39, 236, 237/238; BGH NStZ 1995, 120; Roxin JuS 1979, 1, 13; Küpper GA 1986, 437, 446.
35 Schilling S. 104.
36 SKStGB-Rudolphi § 22 Rn. 19a m. w. N.

bb) Stellungnahme

Die Einzellösung muß sich entgegenhalten lassen, daß es gerade kennzeichnend für die Mittäterschaft ist, daß Mittäter im Wege des bewußten und gewollten Zusammenwirkens gemeinsam eine Tat begehen. Tat in diesem Sinne kann sowohl eine vollendete als auch eine versuchte Tat sein (vgl. § 11 Abs. 1 Nr. 6 StGB). Weil jedem Mittäter nicht nur sein eigener Tatbeitrag, sondern auch das zugerechnet wird, was die übrigen Beteiligten zum Zwecke der Planverwirklichung tun, vollzieht sich nicht erst die Vollendung, sondern schon der Versuch einheitlich.[37] Aufgrund der Struktur der Mittäterschaft ist daher die Gesamtlösung vorzugswürdig. B ist damit das unmittelbare Ansetzen des A zuzurechnen und auch B hat sich damit gemäß §§ 249, 22, 25 Abs. 2 schuldig gemacht.

e) Die Problematik des Rücktritts vom Versuch

Zu klären bleibt, ob B gemäß § 24 strafbefreiend vom mittäterschaftlichen Raubversuch zurückgetreten ist, indem er seinen Posten verließ. Der strafbefreiende Rücktritt ist hier nicht bereits unter dem Gesichtspunkt des fehlgeschlagenen Versuchs ausgeschlossen, weil aus der subjektiven Sicht des B die Deliktsvollendung zum fraglichen Zeitpunkt noch nicht ausgeschlossen war.

Da an der Tat mehrere beteiligt waren, müßte B entweder die Vollendung der Tat verhindert (§ 24 Abs. 2 Satz 1) oder sich zumindest freiwillig und ernsthaft bemüht haben, die Tatvollendung zu verhindern (§ 24 Abs. 2 Satz 2). Für keine der beiden Möglichkeiten ergeben sich Anhaltspunkte aus dem Sachverhalt. Das bloße Aufgeben der weiteren Mitwirkung reicht jedenfalls dann nicht aus, wenn dem Tatbeteiligten bekannt ist, daß die Tat – wie im vorliegenden Fall durch A – möglicherweise trotzdem vollendet werden kann.[38] B hätte sich also zumindest bemühen müssen, die Tatausführung durch A zu verhindern. Folglich ist er nicht strafbefreiend vom mittäterschaftlich begangenen Raubversuch zurückgetreten.

3. Konkurrenzen

B hat sich eines versuchten Raubes als Mittäter schuldig gemacht (§§ 249, 22, 25 Abs. 2). Zu den tatbestandlich ebenfalls erfüllten §§ 242, 22, 25 Abs. 2 sowie §§ 249, 30 Abs. 2 und §§ 223, 25 Abs. 2 gelten die Ausführungen bezüglich der Strafbarkeit des A entsprechend (vgl. oben I.4.).

---

37 Vgl. LK-Vogler, 10. Auflage, § 22 Rdnr. 88.
38 Vgl. Tröndle/Fischer § 24 Rn. 16; Lackner/Kühl § 24 Rn. 26, jeweils m. w. N.

III. Die Strafbarkeit des C

1. §§ 249, 22, 26 StGB

a) Der objektive Tatbestand der Anstiftung zum Raub

Die vorsätzlich begangene rechtswidrige Tat i. S. d. § 26 StGB ist der von A und B mittäterschaftlich versuchte Raub (§§ 249, 22, 25 Abs. 2). C müßte A und B bestimmt haben, diese Tat zu begehen. Bestimmen bedeutet Hervorrufen des Tatentschlusses.[39] Durch den Vorschlag, den W zu überfallen, hat C bei A und B den Entschluß hervorgerufen, der sich dann in dem versuchten Raub verwirklicht hat. C hat damit A und B bestimmt, diese Tat zu begehen.

b) Die Auswirkungen des error in persona des A auf den Vorsatz des C

Weiterhin müßte C vorsätzlich gehandelt haben. C wollte A und B dazu bestimmen, den W zu überfallen und auszurauben. Tatsächlich wurde aber G überfallen. Zu prüfen ist daher, welche Auswirkungen der error in persona des Haupttäters auf die Vorsatzstrafbarkeit des Anstifters hat (§ 16 Abs. 1 Satz 1).

aa) Der Meinungsstand

Nach Auffassung des Preußischen Obertribunals[40] sowie eines Teils des Schrifttums[41] ist der error in persona des Haupttäters stets auch für den Anstifter(vorsatz) unbeachtlich. Legt man diese Meinung zugrunde, schließt die Personenverwechslung durch A die Vorsatzstrafbarkeit des C nicht aus. Nach einer anderen, im Schrifttum verbreitet vertretenen Ansicht liegt aus der Sicht des Anstifters die Konstellation der aberratio ictus vor, mit der Folge, daß der Anstiftervorsatz im Falle der Personenverwechslung durch den Haupttäter stets zu verneinen ist.[42] Auf der Grundlage dieser Auffassung würde die Vorsatzstrafbarkeit des C entfallen.
Der Bundesgerichtshof und einige Autoren vertreten differenzierende Lösungen: Wenn der abweichende Geschehensablauf im Rahmen des nach allgemeiner

39 Tröndle/Fischer § 26 Rn. 4 m. w. N.
40 GA Bd. 7 (1859), 322, 336 ff.
41 Welzel S. 117; w.N.b. Maurach/Zipf § 23 Rn. 26.
42 LK-Roxin, 11. Auflage, § 26 Rn. 90 ff.; SKStGB-Rudolphi § 16 Rn. 30; Jescheck/Weigend § 64 III 4; Schreiber JuS 1985, 873, 877.

Lebenserfahrung Vorhersehbaren liegt[43] bzw. die Fehlkonkretisierung des Tatopfers durch den Haupttäter in dem durch den Anstifter angestoßenen Tatplan angelegt oder durch die Vorgaben des Anstifters vorprogrammiert ist,[44] soll der abweichende Geschehensablauf vom Vorsatz des Anstifters mitumfaßt sein. Da es bei im Dunkeln ausgeführten Angriffen stets zu Irrtümern über die Identität des Opfers kommen kann, hielt sich das Geschehen angesichts der allen Beteiligten bekannten Sichtverhältnisse im Rahmen des nach allgemeiner Lebenserfahrung Vorhersehbaren. Da der von C angestoßene Plan gerade darauf abzielte, daß die Tat bei Dunkelheit – also mit dem durch die schlechten Sichtverhältnisse behafteten Risiko – ausgeführt werden sollte, und darüber hinaus der Angriff einem Opfer galt, das dem Angreifer nicht von Person bekannt war, war das Risiko der Personenverwechslung auch in dem Plan angelegt bzw. durch diesen vorprogrammiert. Unter Zugrundelegung der differenzierenden Ansätze wäre damit im vorliegenden Fall davon auszugehen, daß die Personenverwechslung vom Vorsatz des C mitumfaßt war.

bb) Stellungnahme

Die Vertreter der Auffassung, daß es sich um die Konstellation der aberratio ictus handeln soll, machen im wesentlichen zwei Argumente geltend: Zum einen wird betont, daß das vom Anstifter anvisierte und das tatsächlich getroffene Opfer nicht identisch sind. Aus der Sicht des Anstifters liege somit genau die Konstellation vor, die typischerweise zur Annahme einer vorsatzausschließenden aberratio ictus führe. Ob die Abirrung auf dem Versagen eines mechanischen Werkzeugs – z. B. eines Gewehrs mit einem verzogenen Lauf – oder eines menschlichen Werkzeugs beruhe, sei unerheblich; entscheidend sei allein, daß sich der Kausalverlauf anders entwickelt habe, als dies der Anstifter geplant habe. Zum zweiten wird geltend gemacht, der Anstifter könne in Extremfällen, in denen der Haupttäter möglicherweise mehrfach an falschen Tatopfern ansetze, nicht für das »ganze Gemetzel« verantwortlich gemacht werden.[45]

Gegen das letztgenannte Argument ist einzuwenden, daß der Anstiftervorsatz auf ein einmaliges Ansetzen gerichtet ist, das Verhalten des mehrfach ansetzenden Haupttäters mithin einen Täterexzeß darstellt, der einer Zurechnung des »ganzen Blutbades« auch dann entgegensteht, wenn man hinsichtlich des ersten Ansetzens (am falschen Opfer) den Anstiftervorsatz bejaht und damit

---

43 So: BGHSt 37, 214, 218 f.; Wessels/Beulke, AT, Rn. 579.
44 So: Schönke/Schröder/Heine § 26 Rn. 23; Jakobs 22/29; Küpper JR 1992, 294, 296; Streng JuS 1991, 910, 914 f., 917.
45 Vgl. Schreiber JuS 1985, 873, 877; Müller MDR 1991, 830, 831.

»verbraucht«.[46] Aber auch die sonstige Argumentation vermag nicht zu überzeugen. Sie läßt die graduellen Unterschiede der Abweichung im Geschehensablauf
unberücksichtigt. Für die Beurteilung der Frage, ob sich die tatsächliche Tatausführung im Rahmen dessen gehalten hat, was der Anstifter als mögliches
Ergebnis einkalkulieren mußte, sind die ihm bekannten und insoweit von ihm
auch mitzuverantwortenden Rahmenbedingungen der Tatausführung zu beachten. Insoweit macht es dann aber doch einen wesentlichen Unterschied, ob die
Abirrung auf der Fehlfunktion eines mechanischen Werkzeugs oder aber auf dem
voraussehbaren oder eben nicht voraussehbaren Agieren einer vom Anstifter in
das Geschehen eingeschalteten Person beruht.

Die Auffassung, die für den Anstifter die zum Vorsatzausschluß führende Konstellation der aberratio ictus annehmen will, kann nach alledem nicht überzeugen. Ob man mit einer in der Literatur vertretenen Auffassung davon ausgeht,
daß das Gesetz nicht mehr verlange, als daß der Anstifter den Haupttäter zur
Begehung der Straftat bestimmt hat und der vom Gesetz vorgesehene Erfolg
eingetreten ist, die strafrechtliche Verantwortlichkeit sich also quasi zwingend
aus der Akzessorietät der Anstiftung ergibt,[47] oder ob man dies mit der neueren,
im Ergebnis auch vom BGH vertretenen Auffassung von den näheren Tatum-
ständen abhängig machen will, braucht hier nicht entschieden zu werden, da im
vorliegenden Fall nach beiden Ansätzen der Anstiftervorsatz nicht ausgeschlossen wäre.

Da auch Rechtfertigungs- und Schuldausschlußgründe nicht ersichtlich sind, hat
sich C einer Anstiftung zum versuchten Raub schuldig gemacht.

2. Konkurrenzen

C hat sich gemäß §§ 249, 22, 26 strafbar gemacht. Für die tatbestandlich ebenfalls erfüllten §§ 242, 22, 26 bzw. §§ 223, 26 gelten die Ausführungen zur
Strafbarkeit des A (vgl. oben I.4.) entsprechend.

IV. Gesamtergebnis

A und B haben sich eines versuchten, mittäterschaftlich begangenen Raubes
in Tateinheit mit einer mittäterschaftlich begangenen Körperverletzung strafbar
gemacht (§§ 249, 22, 25 Abs. 2, 223, 52). C hat sich einer Anstiftung zum
versuchten Raub in Tateinheit mit Anstiftung zur Körperverletzung strafbar
gemacht (§§ 249, 22, 26, 223, 52).

---

46 Geppert Jura 1992, 163, 167/168; vgl. auch Puppe NStZ 1991, 124, 125; Streng JuS 1991, 910,
   915, a. A. Bemmann, Stree/Wessels-FS, S. 402 f.; Roxin, Spendel-FS, S. 297 ff.
47 Vgl. BGHSt 37, 214, 217 mit zust. Anm. Puppe NStZ 1991, 124, 126.

Urs Kindhäuser

Lehrbuch des Strafrechts
– Besonderer Teil II

Straftaten gegen Vermögensrechte
3. Auflage

Für die 3. Auflage wurde das Lehrbuch von Grund auf neu gestaltet. Der bisherige Text wurde einerseits erheblich gestrafft, andererseits um die wichtigsten allgemeinen Vermögensdelikte erweitert. Ziel des Lehrbuches ist die Vermittlung gründlicher Kenntnisse auf dem Gebiet des Vermögensstrafrechts. Die ausbildungsrelevanten Schwerpunkte der Vermögensdelikte – insbesondere Diebstahl, Raub, Erpressung, Betrug, Untreue und Hehlerei – werden eingehend behandelt. Daneben werden aber auch die wichtigsten Wirtschaftsdelikte, die bei der Einführung eines universitären Schwerpunkts im Strafrecht eine bedeutsame Rolle spielen, in den Grundzügen dargestellt. Stets werden die Tatbestandsmerkmale der einzelnen Delikte den Erfordernissen der Gutachtentechnik entsprechend einprägsam definiert und erläutert. Ferner werden bei den komplizierteren Delikten spezifische Hinweise zur Fallprüfung gegeben.

2003, 422 S., brosch., 22,– €, 38,70 sFr, ISBN 3-7890-5343-0

 **NOMOS Verlagsgesellschaft**
76520 Baden-Baden